数控高速走丝电火花线切割加工实训教程

第2版

郭艳玲　耿　雷　李　健　姜凯译　编著

机械工业出版社

本书根据目前中高等职业技术院校、高等工科院校的工程教学和训练要求及相关行业需要编写而成。

数控高速走丝电火花线切割机床是数控机床的一种。为了使读者更好地理解其原理及使用，本书介绍了数控高速走丝电火花线切割加工基础知识，包括电火花加工的基本原理、特点和数控高速走丝电火花线切割加工基础名词术语等；介绍了数控技术相关的基础知识，以及数控高速走丝电火花线切割加工机床的结构、使用、日常维护及保养的相关知识；通过实际机床范例介绍了数控高速走丝电火花线切割加工工艺与加工程序的编制方法；以国内北航海尔CAXA CAM线切割2019版自动编程系统为代表，通过模具、文字等实例，讲解了数控高速走丝电火花线切割加工自动编程技术和操作方法；以机床的开机、工件的装夹、电极丝安装与调整等为主线，介绍了数控高速走丝电火花线切割加工实训项目；通过环形片、跳步模、齿轮8个典型零件实例，按照工艺分析、加工准备、程序编制、加工操作等流程顺序，完整地介绍了应用数控高速走丝电火花线切割机床加工工件的工艺过程；对加工过程中易出现的如断丝、精度、加工技巧等问题，进行了深入的分析，并根据大量的实践经验，给出了具体的解决方案。

本书体系完整、合理，加工实例丰富、讲解详尽、紧密结合生产实践，可以作为企业技术人员以及相关从业人员的培训教材，也可以作为各类中高等职业技术院校、高等工科院校的工程训练教材。

图书在版编目（CIP）数据

数控高速走丝电火花线切割加工实训教程 / 郭艳玲等编著. —2 版. —北京：机械工业出版社，2022.2

ISBN 978-7-111-70020-3

Ⅰ. ①数… Ⅱ. ①郭… Ⅲ. ①数控线切割—电火花线切割—教材 Ⅳ. ① TG484

中国版本图书馆 CIP 数据核字（2022）第 009456 号

机械工业出版社（北京市百万庄大街 22 号　邮政编码 100037）

策划编辑：周国萍　　责任编辑：周国萍　章承林

责任校对：张亚楠　王　延　　封面设计：马精明

责任印制：郜　敏

三河市骏杰印刷有限公司印刷

2022 年 3 月第 2 版第 1 次印刷

169mm×239mm · 18 印张 · 311 千字

标准书号：ISBN 978-7-111-70020-3

定价：69.00 元

电话服务　　网络服务

客服电话：010-88361066　　机　工　官　网：www.cmpbook.com

010-88379833　　机　工　官　博：weibo.com/cmp1952

010-68326294　　金　书　网：www.golden-book.com

封底无防伪标均为盗版　　机工教育服务网：www.cmpedu.com

FOREWORD
前言

本书第2版是在2013年出版的第1版基础上，根据中高等职业技术院校、高等工科院校以及相关行业实训教学、从业培训的需求特点，以夯实基础知识、拓宽知识综合应用、强化工程实践背景、增强实践能力为目的，对知识体系做了合理调整，与第一版相比，本版将电火花线切割加工相关基础知识单独列了一章，增加了电火花加工机理等内容；将高速走丝线切割机床相关常识、结构等归集在一章中，与操作分开；单独将加工工艺列成一章，参数选择等更详细到位；将自动编程实训扩充为一章，重点落在 2019 版CAXA CAM自动编程软件操作上；在加工实例一章中，补充了轴座、叶轮等零件加工操作实例，使得本书体系更完整合理、案例更丰富，更适应实践教学与专业培训，也使读者查阅更方便。

本书修订后的结构为：第1章数控高速走丝电火花线切割加工基础知识，可以使读者对数控高速走丝电火花线切割加工有系统的了解。第2章数控高速走丝电火花线切割加工机床，介绍了数控机床和电火花线切割机床的基本常识，数控高速走丝电火花线切割机床的主要组成部分、使用、日常维护及保养等知识。第3章数控高速走丝电火花线切割加工工艺，介绍了主要工艺指标、电极丝与工作液、加工路径、加工工艺方法、工艺参数的影响，使读者能够更好地理解如何合理确定加工工艺过程和选择加工参数。第4章数控高速走丝电火花线切割机床操作，介绍了加工前的机床准备、操作规程，以及编程知识，并以topwedm系列线切割机床为例介绍了数控电火花线切割机床的基本操作与加工。第5章数控高速走丝电火花线切割加工自动编程实训，以北航海尔的CAXA CAM线切割2019版自动编程系统为例，通过凸模零件、凸凹模零件、文字等实例，详细介绍了复杂工程零件的自动编程方法，为高效、准确地编制线切割加工程序打下坚实基础。第6章数控高速走丝电火花线切割加工实训项目，通过数控高速走丝电火花线切割机床开机、工件装夹与找正、电极丝安装与定位、自动编程等实操项目的学习，使读者能够对数控高速走丝线切割机床的操作和正确使用有更深入的了解。第7章数控高速走丝电火花线切割加工实例，从环形片、跳步模8个典型零件的结构分析、技术要求到工艺分析，从加工准备、程序编制再到加工实操，完整地进行了介绍。第8章数控高速走丝电火花线切割加工技能提高，介绍了在机床加工过程中出现的断丝、短路、质量等问题的解决办法，总结了数控高速走丝电火花线切割加工技巧、锥度加工以及多次切割工艺要点。

本书由东北林业大学机电工程学院郭艳玲教授等编著。第1章、第2章（除2.1节）、第3章由东北林业大学机电工程学院李健编写；第4章（除4.3节）和第5章由东北林业大学工程技术学院姜凯译编写；第6章和第7章由黑龙江科技大学耿雷编写；第8章由东北林业大学机电工程学院李健编写。郭艳玲教授负责确定本版的构架和内容，对全书进行统稿和定稿，并编写了本书的2.1节和4.3节。

感谢哈尔滨工业大学刘晋春教授为第一版大纲和内容进行审定，感谢白基成教授和上海交通大学赵万生教授对本书编著提供的支持和帮助。

在本书修订过程中参考了相关资料，在此向这些资料的作者表示衷心的感谢。

由于编著者的水平和经验有限，书中难免有欠妥和错误之处，恳请专家、读者指正。

编著者

CONTENTS

目录

前言

第1章　数控高速走丝电火花线切割加工基础知识……1

1.1　电火花加工概述……1

1.1.1　电火花加工的概念……1

1.1.2　电火花加工的发展现状……1

1.1.3　电火花加工的基本原理……3

1.2　电火花加工的机理……5

1.2.1　极间介质电离、击穿和放电通道的形成……5

1.2.2　介质热分解、电极材料热熔化、汽化热膨胀……6

1.2.3　电蚀产物的抛出……7

1.2.4　极间介质的消电离……8

1.3　数控电火花加工的特点及应用范围……9

1.3.1　数控电火花加工的特点……9

1.3.2　数控电火花加工的主要应用领域……10

1.3.3　数控电火花加工的工艺类型及适用范围……10

1.4　数控电火花线切割加工概述……11

1.4.1　数控电火花线切割加工的基本原理……11

1.4.2　数控电火花线切割加工的特点……14

1.4.3　数控电火花线切割的主要应用范围……15

1.4.4　数控电火花线切割技术的发展趋势……15

1.5　数控高速走丝电火花线切割加工基础名词术语……18

第2章　数控高速走丝电火花线切割加工机床……21

2.1　数控机床的一些常识……21

2.1.1　数控机床的工作原理……21

2.1.2　数控机床的特点……22

2.1.3　数控机床的分类……23
2.1.4　数控加工编程基础……26
2.1.5　数控加工技术的发展……29
2.2　电火花线切割机床常识……31
2.2.1　电火花线切割机床的型号……31
2.2.2　数控电火花线切割机床的主要技术参数……32
2.2.3　线切割加工机床的分类……32
2.3　数控高速走丝电火花线切割机床的主要组成部分……35
2.3.1　床身和坐标工作台……35
2.3.2　电火花线切割走丝机构……36
2.3.3　工作液及其循环系统……37
2.3.4　脉冲电源……38
2.3.5　数控装置……40
2.4　数控高速走丝电火花线切割加工机床使用、日常维护及保养须知……41
2.4.1　机床安装与使用环境要求须知……41
2.4.2　机床使用须知……42
2.4.3　机床保养须知……43

第3章　数控高速走丝电火花线切割加工工艺……45

3.1　数控高速走丝电火花线切割加工的主要工艺指标……45
3.1.1　加工精度和配合间隙……45
3.1.2　切割速度……45
3.1.3　表面质量……46
3.2　电极丝与工作液……46
3.2.1　电极丝……46
3.2.2　工作液……48
3.3　数控高速走丝电火花线切割的加工路径……51
3.3.1　电极丝的偏移……51
3.3.2　穿丝孔位置的确定……53
3.3.3　加工路径的优化……54
3.4　数控高速走丝电火花线切割加工的工艺方法……55

3.4.1 单次切割工艺 55
3.4.2 多次切割工艺 55
3.5 工艺参数对高速走丝线切割加工的影响 56
3.5.1 电参数对高速走丝线切割加工的影响 56
3.5.2 非电参数电极丝对线切割加工的影响 59
3.5.3 非电参数工件和工作液对线切割加工的影响 63
3.5.4 线切割加工工艺参数的合理选择 66

第4章 数控高速走丝电火花线切割机床操作 69

4.1 数控高速走丝电火花线切割机床通用加工准备 69
4.1.1 加工准备 69
4.1.2 工艺准备 69
4.1.3 工件安装 72
4.1.4 加工流程及步骤 76
4.1.5 图样分析与毛坯准备 78
4.2 数控高速走丝电火花线切割机床通用加工操作 81
4.2.1 开、关机与脉冲电源操作 81
4.2.2 线切割机床控制系统 82
4.2.3 线切割机床绘图式自动编程系统操作 87
4.2.4 电极丝的绕装与工件的装夹找正 89
4.2.5 机床安全操作规程和操作步骤 90
4.2.6 工件编程和加工操作实例 91
4.3 加工程序的编制 97
4.3.1 数控电火花线切割加工编程基础 98
4.3.2 数控电火花线切割加工B代码编程 98
4.3.3 ISO代码格式程序编制方法 101
4.3.4 B代码与ISO代码格式之间的关系及相互转换 103
4.4 HL线切割控制系统操作 109
4.4.1 快捷键 110
4.4.2 操作使用 110
4.4.3 数据录入 114

4.4.4　变锥切割 114
4.5　HF中走丝编程控制系统操作 116
4.5.1　HF全绘图方式编程软件简介 116
4.5.2　界面功能 117
4.5.3　加工界面操作说明 119
4.5.4　多次切割工艺参数设置 124
4.5.5　多次切割操作实例 125

第5章　数控高速走丝电火花线切割加工自动编程实训 135

5.1　CAXA CAM线切割自动编程系统简介 136
5.1.1　CAXA CAD电子图板2019的特点 136
5.1.2　CAXA CAM线切割2019加工系统 137
5.2　CAXA CAM线切割加工图形的绘制 143
5.2.1　基本曲线的绘制 144
5.2.2　高级曲线的绘制 146
5.2.3　曲线编辑 148
5.2.4　零件绘制 149
5.3　CAXA CAM线切割自动编程 153
5.3.1　加工轨迹的生成 153
5.3.2　加工代码的生成 156
5.4　实例一：凸模零件的线切割自动编程加工 160
5.4.1　绘制加工零件图 160
5.4.2　生成线切割加工轨迹 161
5.4.3　生成加工代码并传输 166
5.5　实例二：凸凹模零件的线切割自动编程加工 167
5.5.1　绘制零件图形 168
5.5.2　轨迹生成及加工仿真 170
5.5.3　生成加工代码并传输 171
5.6　实例三：文字的线切割自动编程加工 172
5.6.1　输入文字 172
5.6.2　生成加工轨迹 173

5.6.3 线切割机床加工 174
5.7 实例四：福娃工艺品的线切割自动编程加工 174
5.7.1 图像的前期处理和矢量化 174
5.7.2 图形的修整与加工轨迹生成 177
5.7.3 轨迹仿真与代码生成 178

第6章 数控高速走丝电火花线切割加工实训项目 180
6.1 数控高速走丝电火花线切割机床开机实训 180
6.1.1 开机前准备 180
6.1.2 起动并检查机床系统各部位状态 180
6.2 数控高速走丝电火花线切割加工工件装夹、找正实训 181
6.2.1 工件的装夹 181
6.2.2 工件的找正 183
6.3 数控高速走丝电火花线切割加工电极丝安装实训 185
6.3.1 电极丝的安装 185
6.3.2 电极丝垂直度的找正 187
6.4 数控高速走丝电火花线切割加工电极丝定位实训 188
6.4.1 电极丝的定位方式 189
6.4.2 电极丝定位的操作方法 190
6.5 数控高速走丝电火花线切割加工自动编程实训 192
6.5.1 加工图形的绘制或打开已绘制的图形 193
6.5.2 加工轨迹的生成 193
6.5.3 加工代码的生成 197
6.6 数控高速走丝电火花线切割加工实训 199
6.6.1 加工程序的准备与检查 199
6.6.2 电加工参数的选择 199
6.6.3 加工中常见的问题及处理方法 201
6.6.4 加工完成后的相关操作 202

第7章 数控高速走丝电火花线切割加工实例 204
7.1 环形片零件的数控高速走丝电火花线切割加工 204

7.1.1 环形片零件简介 204
7.1.2 环形片零件线切割加工工艺分析 204
7.1.3 环形片零件线切割加工准备 205
7.1.4 环形片零件加工程序的编制 206
7.1.5 环形片零件数控高速走丝电火花线切割加工操作 210
7.2 跳步模零件的数控高速走丝电火花线切割加工 212
7.2.1 了解跳步模 212
7.2.2 跳步模零件的加工工艺分析 213
7.2.3 跳步模零件线切割加工准备 213
7.2.4 跳步模零件线切割加工程序的编制 214
7.2.5 跳步模零件数控高速走丝电火花线切割加工操作 218
7.3 齿轮零件的数控高速走丝电火花线切割加工 219
7.3.1 齿轮零件的线切割加工 219
7.3.2 齿轮零件线切割加工工艺分析 220
7.3.3 齿轮零件线切割加工准备 221
7.3.4 齿轮零件线切割加工程序的编制 222
7.3.5 齿轮零件数控高速走丝电火花线切割加工操作 228
7.4 带锥度零件的数控高速走丝电火花线切割加工 229
7.4.1 带锥度零件的线切割加工原理 229
7.4.2 带锥度零件切割的加工工艺分析 230
7.4.3 带锥度零件切割加工准备 231
7.4.4 带锥度零件切割加工 233
7.5 超程零件的数控高速走丝电火花线切割加工 233
7.5.1 超程零件的线切割加工 233
7.5.2 零件的线切割加工工艺分析 234
7.5.3 拨叉零件的线切割加工 234
7.6 成形车刀的数控高速走丝电火花线切割加工 235
7.6.1 成形车刀线切割加工简介 235
7.6.2 成形车刀线切割加工工艺分析 236
7.6.3 成形车刀线切割加工 236

7.7 轴座的数控高速走丝电火花线切割加工 237
7.7.1 零件图及加工工艺路线 237
7.7.2 线切割加工工艺分析及主要工艺装备 238
7.7.3 线切割加工步骤及检验 238
7.8 叶轮的数控高速走丝电火花线切割加工 241
7.8.1 零件图 241
7.8.2 加工工艺路线及主要工艺装备 241
7.8.3 线切割加工步骤及检验 242
第8章 数控高速走丝电火花线切割加工技能提高 247
8.1 数控高速走丝电火花线切割加工断丝原因及解决办法 247
8.1.1 与电参数选择及脉冲电源相关的断丝 247
8.1.2 与运丝机构相关的断丝 248
8.1.3 与电极丝本身相关的断丝 249
8.1.4 与工件相关的断丝 250
8.1.5 与工作液相关的断丝 251
8.1.6 与操作相关的断丝 251
8.2 数控高速走丝电火花线切割短路问题的原因及解决办法 251
8.2.1 短路的状况与后果 251
8.2.2 加工前短路 252
8.2.3 加工结束时短路 252
8.2.4 加工中短路 253
8.3 数控高速走丝电火花线切割加工不良问题的解决办法 253
8.3.1 尺寸精度不良 253
8.3.2 表面精度不良 256
8.3.3 加工速度不良 258
8.3.4 斜度加工不良 258
8.3.5 过切不良 260
8.4 数控高速走丝电火花线切割加工技巧 260
8.4.1 电火花线切割加工的变形及其预防 260
8.4.2 提高电火花线切割加工模具的使用寿命 261

8.4.3　获得好的表面质量..262
8.4.4　铝材料的高速线切割..263
8.4.5　大厚度、薄壁工件的切割..264
8.5　数控高速走丝电火花线切割加工锥度..266
8.5.1　锥度加工精度问题..266
8.5.2　控制方式..267
8.5.3　切割带锥度工件的控制装置..269
8.5.4　锥度加工中应输入的数据..272
8.6　多次切割工艺要点..273
8.6.1　第一次切割..273
8.6.2　第二次切割..274
8.6.3　第三次切割..274
8.6.4　凹模板型孔小拐角的加工工艺与多次切割加工中工件余留部位的处理..275
参考文献..276

第1章

数控高速走丝电火花线切割加工基础知识

1.1 电火花加工概述

1.1.1 电火花加工的概念

电火花线切割加工是常用的特种加工方法之一，属于电火花加工类。电火花加工又称放电加工或电蚀加工（Electrical Discharge Machining，EDM），其加工原理和加工过程与传统的机械加工完全不同。电火花加工是指在一定的介质中，通过工具电极和工件电极之间不断产生的脉冲放电的电蚀作用，对工件进行蚀除，是一种利用电能、热能相结合的复合加工方法。加工时，工件与加工所用的工具为极性不同的电极对，电极对的工作环境充满了工作液，工作液主要起恢复电极间的绝缘状态、带走放电时产生的热量及清洗加工时所产生的蚀除物的作用，以维持电火花加工的持续放电。在正常电火花加工过程中，电极与工件并不接触，而是保持一定的距离（称为放电间隙），在工件与电极间施加一定的脉冲电压，当工具电极向工件进给至某一距离时，两极间的工作液介质被击穿，局部产生火花放电，放电产生的瞬时高温将电极对的表面材料熔化甚至汽化，使材料表面形成电腐蚀的微小凹坑。如果能适当控制这一过程，就能准确地加工出所需的工件形状。因为在放电过程中常伴有火花现象出现，故称为电火花加工。日本、美国、英国等国家通常称作放电加工。

1.1.2 电火花加工的发展现状

20世纪40年代后期，苏联科学院院士鲍·洛·拉扎连科针对插头或电器开关在闭合与断开时经常发生电火花烧蚀这一现象头痛不已，在研究避免烧蚀的过程中突发奇想，发明了电火花加工技术，把对人类有害的电火花烧蚀转化为对人类有益的一种全新工艺方法。20世纪50年代初研制出电火花加工装置，采用双继电器作为控制元件，控制主轴头电动机的正、反转，达到调节电极与工件间隙的目的。这台装置只能加工出简单形状的工件，自动化程度很低。

我国是国际上开展电火花加工技术研究较早的国家之一，20世纪60年代末，哈尔滨工业大学刘晋春教授去苏联莫斯科机床与工具学院和苏联科学院中央电火花加工实验研究室进修，在电火花加工发明人拉扎连科院士等指导下，学习电火花加工和特种加工新技术，最早将该技术引到国内，并率先开展包括电火花在内的特种加工的教学和科研。中国科学院电工研究所牵头，在我国率先研制出了电火花成形机床和线切割机床。瑞士、日本等一些先进工业国家已先后加入了电火花加工技术的研究行列，使电火花加工工艺在世界范围取得巨大的发展，应用范围日益广泛。

我国电火花成形机床经历了双机差动式主轴头，电液压主轴头，力矩电动机或步进电动机主轴头，直流伺服电动机主轴头，交流伺服电动机主轴头，到直线电动机主轴头的发展历程；控制系统也由单轴简易数控逐步发展到了对双轴、三轴乃至更多轴的联动控制；脉冲电源也以最初的RC张弛式电源及脉冲发电机，逐步推出了电子管电源，闸流管电源，晶体管电源，晶闸管电源，以及RC、RLC、RCLC复合的脉冲电源。成形机床的机械部分也以滑动导轨、滑动丝杠副逐步发展为滑动贴塑导轨、滚珠导轨、直线滚动导轨及滚珠丝杠副，机床的机械精度达到了微米级，最佳加工表面粗糙度Ra值已由最初的32μm提高到目前的小于0.1μm，从而使电火花成形加工步入镜面、精密加工技术领域，与国际先进水平的差距逐步缩小。

电火花成形加工的应用范围从单纯的穿孔加工冷冲模具、取出折断的丝锥与钻头，逐步扩展到加工汽车、拖拉机零件的锻模、压铸模及注塑模具，近几年又大踏步跨进精密微细加工技术领域，为航空、航天及电子、交通、无线电通信等领域解决了传统切削加工无法胜任的一大批零部件的加工难题，如心血管的支架、陀螺仪中的平衡支架、精密传感器探头、微型机器人用的直径仅1mm的电动机转子等工件的加工，充分展示了电火花加工工艺作为常规机械加工“配角”的不可缺少的重要作用。

电火花线切割加工（Wire Electrical Discharge Machining，WEDM）是在电火花加工基础上发展起来的一种新的工艺形式，采用线状电极（钼丝或铜丝等）依靠火花放电对工件进行切割加工，简称线切割。目前，线切割加工技术已经得到了迅速发展，成了一种高精度和高自动化的加工方法，在模具、各种难加工材料、成形刀具和复杂表面零件的加工等方面得到了广泛应用。

苏联于1960年研制成功了电火花线切割机床，瑞士于1968年研制成功了数控电火花线切割机床。电火花线切割加工历经半个多世纪的发展，已经成为先进制造技术领域的重要组成部分。电火花线切割加工不需要制作成形电极，能方便地加工形状复杂的、大厚度直纹面工件，工件材料的预加工量少，因此在模具制造、新产品试制和零件加工中得到了广泛应用。尤其是进入20世纪90年代以后，随着信息技术、网络技术、航空和航天技术、材料科学技术等高新技术的发展，电火花线切割加工技术也朝着更深层次、更高水平的方向发展。

我国是国际上开展电火花线切割加工技术研究较早的国家之一，20世纪50年代后期先后研制了电火花穿孔机床和线切割机床。线切割加工机床经历了靠模仿形、光电跟踪、简易数控等发展阶段，在上海张维良高级技师发明了世界独创的快速走丝线切割技术后，出现了众多形式的数控线切割机床，线切割加工技术突飞猛进，全国的线切割机床拥有量快速增长，为我国国民经济，特别是模具工业的发展做出了巨大的贡献。随着精密模具需求的增加，对线切割加工的精度要求愈来愈高，高速走丝线切割机床目前的结构与其配置已无法满足精密加工的要求。科研人员和行业工程师在研究高速走丝线切割机床工艺特点的基础上，通过多次切割、无进给切割方式，提升高速走丝线切割机床的加工精度。在大量引进国外慢走丝精密线切割机床的同时，也开始了国产慢走丝机床的研制工作，至今已有多种国产慢走丝线切割机床问世。我国的线切割加工技术的发展要高于电火花成形加工技术，如在国际市场上除高速走丝技术外，我国还陆续推出了大厚度（≥300mm）及超大厚度（≥600mm）线切割机床，在大型模具与工件的线切割加工方面，发挥了巨大的作用，拓宽了线切割工艺的应用范围，在国际上处于先进水平。

1.1.3 电火花加工的基本原理

电火花加工的原理是利用工具和工件（正、负电极）之间脉冲性火花放电时的电腐蚀现象来蚀除多余的金属，以达到对零件的尺寸、形状及表面质量预定的加工要求。研究结果表明，引起电火花腐蚀的主要原因是：电火花放电时火花通道中瞬时产生大量的热，达到很高的温度，足以使任何金属材料局部熔化、汽化而被蚀除掉，形成放电凹坑。要利用电腐蚀现象对金属材料进行尺寸加工应具备以下条件。

1）必须使工具电极和工件被加工表面之间经常保持一定的放电间隙，这一间隙由加工条件而定，通常为几微米至几百微米。如果间隙过大，极间电压不能击穿极间介质，因而不会产生火花放电；如果间隙过小，很容易形成短路接触，同样也不能产生火花放电。为此，在电火花加工过程中必须具有工具电极的自动进给和调节装置，使其和工件保持合适的放电间隙。

2）两极之间应充入有一定绝缘性能的介质。对导电材料进行加工时，两极间为液体介质；进行材料表面强化时，两极间为气体介质。液体介质又称工作液，它们必须具有较高的绝缘强度（103～107Ω·cm），如煤油、皂化液或去离子水等，以有利于产生脉冲性的火花放电。同时，液体介质还能把电火花加工过程中产生的金属小屑、炭黑等电蚀产物从放电间隙中悬浮排除出去，并且对电极和工件表面有较好的冷却作用。

3）火花放电必须是瞬时的脉冲性放电，放电延续一段时间后（1～1000μs），需停歇一段时间（50～100μs）。这样才能使放电所产生的热量来不及传导扩散到其余部分，把每一次的放电蚀除点分别局限在很小的范围内；否则，会形成电弧放电，使工件表面烧伤而无法用作尺寸加工。为此，电火花加工必须采用脉冲电源。图1-1所示为脉冲电源的空载电压波形。

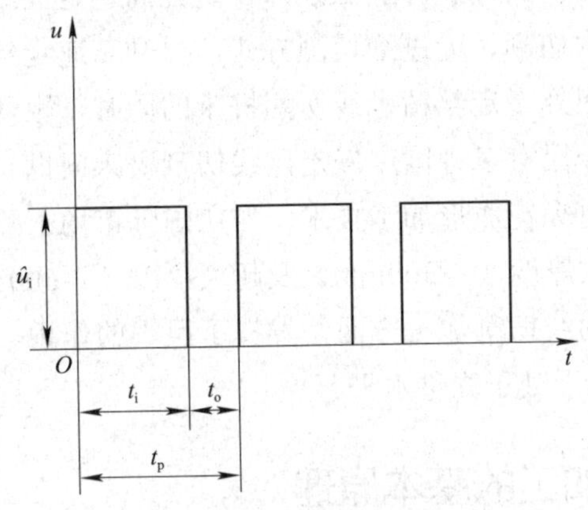

图1-1　脉冲电源的空载电压波形

以上这些目标是通过图1-2所示的电火花加工系统来实现的。工件1与工具4分别与脉冲电源2的两输出端相连接。自动进给调节装置3（此处为电动机及丝杠螺母机构）用于调节工具和工件之间的距离，使其经常保持一个很小的放电间隙。当脉冲电压加到两极之间，便在当时条件下相对某一间隙最小处或绝缘强度最低处击穿介质，在该局部产生火花放电，瞬时高温使工具和工件表面都蚀除掉一小部分金属，各自形成一个小凹坑，如图1-3所示。其中图1-3a表示单个脉冲放电后的电蚀坑，图1-3b表示多次脉冲放电后的电极和工件表面。脉冲放电结束后，经过一段间隔时间（即脉冲间隔t_o，简称脉间），使工作液恢复绝缘后，第二个脉冲电压又加到两极上并延迟一段时间（即脉冲宽度t_i，简称脉宽），又会在当时极间距离相对最近或绝缘强度最弱处击穿放电，又电蚀出一个小凹坑。就这样以相当高的频率，连续不断地重复放电，工具电极不断地向工件进给，就可将工具的形状复制在工件上，加工出所需要的零件，整个加工表面将由无数个小凹坑组成。

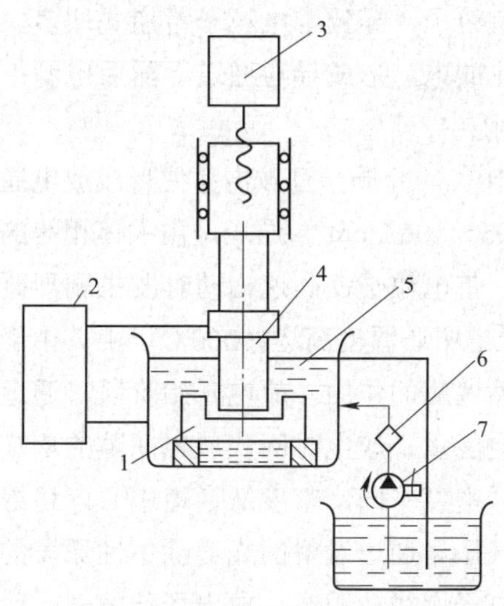

图1-2　电火花加工系统原理示意图

1—工件　2—脉冲电源　3—自动进给调节装置　4—工具　5—工作液　6—过滤器　7—工作液泵

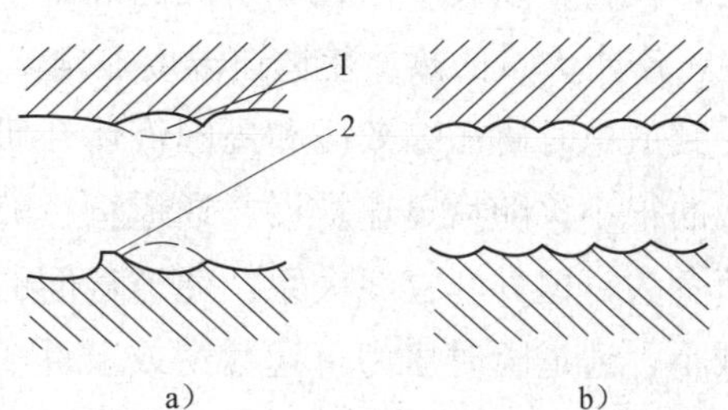

图1-3　电火花加工表面局部放大图

1—凹坑　2—凸峰

1.2　电火花加工的机理

在液体介质中进行单个脉冲放电时，材料电蚀过程大致可分为介质击穿和通道形成、能量转换和传递、电蚀产物的抛出、间隙介质消电离四个有明显区别而又连续的阶段。在实际电火花加工中，必须连续多次进行脉冲放电。为使每次脉冲放电正常进行，一般情况下，相邻两次脉冲放电之间还要有间隙介质消电离的过程。

1.2.1　极间介质电离、击穿和放电通道的形成

通常电火花加工是在液体介质中进行的，电极间介质的击穿是脉冲放电的

开始阶段。两极间的液体介质中含有各种杂质，当有电场作用时，这些杂质被吸向电场强度最大区域，并沿电力线形成特殊的接触桥，缩小了实际的极间距离，降低了极间击穿电压，即在相同电压下大大提高了电场强度。另外，两电极的微观表面凹凸不平，不平程度有时甚至可以和极间距离相比拟，使极间电场强度分布很不均匀。距离最近、电场强度最大的地方发生电子发射，阴极表面逸出电子，在电场作用下，电子高速向阳极运动，并在运动中撞击介质的中性分子和原子，产生碰撞电离，形成正、负粒子，导致带电粒子雪崩式增多。当电子到达阳极时，介质被击穿，产生火花放电，形成导通通道，随后电源中积聚的能量沿放电通道注入两极放电点及间隙中。

介质击穿过程非常迅速，一般为10^{-7}～10^{-5}s。介质一旦被击穿便形成放电通道，间隙电流迅速上升，电流密度可高达105～106A/cm^2。通道是由大体相等的正、负粒子以及中性粒子组成的等离子流。带电粒子在高速运动时发生剧烈碰撞，产生大量的热，使通道温度非常高。通道中心温度高达10000℃以上。由于受到放电时磁压缩效应和周围液体介质压缩效应的作用，放电开始阶段，通道截面很小，随后迅速扩展。通道直径随放电能量、放电时间和放电间隙的增加而变大，但并非直线关系。通道截面的气体密度不同，密度从通道中心向边缘减小，通道瞬时压力可达数十或上百个大气压。通道发射的光谱除中性原子的谱线外，还有变成电离气体的各种元素的离子谱线。同时，放电还伴随着一系列派生的现象，其中有热效应、电磁效应、光效应、声效应及波长范围很宽的电磁波辐射和爆炸冲击波等。

关于通道的结构，一般认为在单个脉冲一次放电时间内只存在一个放电通道，有时单脉冲放电后电极表面有可能出现两个或多个小凹坑，这可能是由于单个脉冲放电时先后出现两次或多次击穿所致。另外，也可能是通道受到某些随机因素的影响，产生游离、抖动，因此在单个脉冲周期内先后会出现多个或形状不规则的凹坑。但同一时间内只存在一个放电通道，因为形成通道后，极间电压迅速下降，不可能再击穿别处而形成第二个放电通道。

1.2.2　介质热分解、电极材料热熔化、汽化热膨胀

两极间的介质一旦被电离、击穿，形成放电通道后，电源就通过放电通道瞬时释放能量，把电能大部分转换为热能，用于加热两极放电点和间隙通道，两极放电点被局部熔化和汽化，通道中的介质被汽化或热裂分解，还有一些热量在传导、辐射过程中消耗掉。

热能与电火花加工的关系很大，它在放电间隙中的分布与电位分布有关。加工放电部位可由图1-4所示的放电痕剖面示意图清晰可见。中间是等离子体导电通道，叫作放电柱。放电柱中带电粒子由电场加速，电子奔向阳极，正离子奔向阴极。

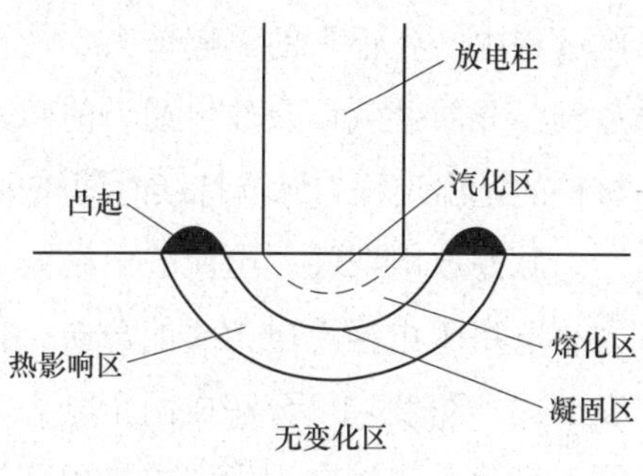

图1-4　放电痕剖面示意图

放电柱与阳极表面之间的一层为阳极区域，形成阳极压降。同样，放电柱与阴极表面之间极薄的一层为阴极区域，形成阴极压降。

显然，间隙中的总电压等于放电柱压降、阳极压降与阴极压降之和，因此间隙中的放电能量等于放电柱中的能量、阳极上的能量与阴极上的能量之和。

放电柱中的能量主要消耗在热辐射和热传导上。随着放电柱长度、电位梯度、放电电流和放电时间的增大，放电柱中消耗的能量也增大。放电能量一定时，放电柱中消耗的能量增大，意味着两极上分布的能量减少。

脉冲放电时，在放电柱等离子体中存放着大量电子，这些电子一部分来源于阴极发射，一部分来源于通道中介质的电离。在电场作用下，具有一定动能的电子奔向阳极，轰击阳极表面，动能转化为热能。电子数目越多，或者说，电子流越大，电子传递给阳极的能量就越大。

正离子同样具有一定的动能，在电场作用下奔向阴极表面。这样，传递给阴极的能量主要取决于正离子数目及其动能和复合能的大小。电压越大，电场作用越强。

电极材料蒸气的传能效应是比较复杂的。放电期间，如果电极表面汽化，则电极蒸气从电极表面喷出，当它被对面的电极表面遏止时就实现了能量的传递，其中传递的热量随蒸气密度、蒸气流速度和温度的增加而增多，因此只能在放电能量密度很大、送能速度很高的情况下，电极材料蒸气的传热效应才比较明显。实际上，阴极蒸气传递给阳极的能量取决于蒸气的温度与阳极放电点的温度之差，因此用高沸点的钨钼类材料制作阴极时，会传递给阳极更多的热量。

1.2.3　电蚀产物的抛出

脉冲放电的初期，热源产生的瞬时高温，使电极放电点部分材料汽化。汽化过程中产生很大的热爆炸力，使加热至熔化状态的材料被挤出或溅出。电极蒸气、介质蒸气以及放电通道的急剧膨胀，也会产生相当大的压力，参与熔化材料的抛出过程。脉冲持续时间较短时，这种热爆炸力抛出效应较显著。

脉冲放电期间，电流的电磁效应产生电磁力，它与电力线成法线方向，其大小取决于电极上电力线的分布。作用在放电熔化区内的电磁力的方向与电极表面成一角度，可分解成两个分力，即轴向力和径向力，它们的大小随放电时间而变化。当轴向力指向电极内部时，可将熔融材料压出，径向力却阻碍其被压出。随着放电时间的变化，电力线分布也变化。当轴向力减少、径向力增大时，熔化区将处于较高的压力下，提高了熔融材料的沸点。这时，在过热熔融材料内产生汽化中心，引起汽化爆炸，将熔化材料抛出。这种效应在脉冲持续时间较长、电流较大的情况下比较明显。

在放电电流结束后的若干时间内，由于液体动力作用，熔化材料还会大量抛出。因为放电过程产生气泡，随着脉冲电流的增大，气泡内的压力升高。电流经过最大值后，汽化速度降低，气泡内的压力降低，气泡壁上蒸气冷凝以及液体运动的惯性均导致气泡内压力的降低。电流结束后，气泡继续扩展，残余蒸气继续冷凝，致使气泡内压力急剧下降，甚至降到大气压力以下，形成局部真空，使高压力下溶解在熔融和过热材料中的气体放出，材料本身沸腾，使熔融的液滴和蒸气从小坑中再一次抛出，至此，放电小坑最后形成。

总之，材料的抛出是热爆炸力、电磁力、流体动力等综合作用的结果。人们对此复杂的抛出机理的认识还在不断深化之中。

正极、负极分别受到电子、正离子撞击的能量、热量不同；不同的电极材料的熔点、汽化点不同；脉冲宽度、脉冲电流大小不同，正、负电极上被抛出材料的数量也会不同，在目前的研究条件和方法下还较难定量计算。

1.2.4 极间介质的消电离

随着脉冲电压的结束，脉冲电流也迅速降为零，这标志着一次脉冲放电结束。但此后仍应有一段间隔时间，使间隙介质消电离，即放电通道中的带电粒子复合为中性粒子，恢复本次放电通道处间隙介质的绝缘程度，以免总是在同一处发生放电而导致电弧放电，这样可以保证在其他两极相对最近处或电阻率最小处形成下一个放电通道。

在加工过程中产生的电蚀产物（如金属微粒、碳粒子、气泡等）如果不能及时排除、扩散出去，就会改变极间介质的成分并降低绝缘程度。脉冲火花放电时产生的热量如果不能及时传出，带电粒子的自由能不易降低，将大大减少其复合的概率，使消电离过程不充分，结果将使下一个脉冲放电通道不能顺利地转移到其他部位，而始终集中在某一部位，使该处介质局部过热而破坏消电离，脉冲火花放电将恶性循环转变为有害的稳定电弧放电，同时工作液局部高温分解后可能积炭，在该处聚成焦粒而在两极间“搭桥”，使加工无法连续进行，并烧伤电极对。

由此可见，为了保证电火花加工过程的正常进行，在两次脉冲放电之间应有足够的消电离时间（脉冲间隔时间）。脉冲间隔的选择，不仅要考虑介质本身消电离所需时间，还要考虑电蚀产物排离出放电区域的难易程度。

截至目前，限于研究手段和方法，人们对电火花放电加工的微观过程了解得还不够深入，比如工作液成分的作用、间隙介质的击穿、放电间隙内的状况、正负电极间能量的转换与分配、材料的抛出，以及电火花加工过程中热场、流场、力场的变化，通道结构及振荡等，还需要进一步研究。

1.3　数控电火花加工的特点及应用范围

1.3.1　数控电火花加工的特点

数控电火花加工是靠局部电热效应实现加工的，它和传统切削加工相比具有以下特点。

1）加工时工具电极和工件不直接接触，可用较软的电极材料加工任何高硬度的导电材料，因此工具电极制造比较容易。如用石墨、纯铜电极可以加工淬火钢、硬质合金。

2）在加工过程中不施加明显的机械力，所以工件无机械变形，因而可以加工某些刚性较差的薄壁、窄缝和小孔、弯孔、深孔、曲线孔及各种复杂型腔等。

3）加工时不受热影响，加工时脉冲能量是间歇地以极短的时间作用在材料上，工作液是流动的，起散热作用，这可以保证加工不受热变形的影响。

4）电火花加工不需要复杂的切削运动，直接利用电能加工，可以加工形状复杂的零件，易于实现加工过程的自动化。

5）加工时不用刀具，可减少昂贵的切削刀具使用。

6）可减少机械加工工序，加工周期短，劳动强度低，使用维护方便。

7）电火花加工需要制造精度高的电极，但电极在加工中有一定损耗，增加了成本、降低了加工精度。

8）电火花加工一般只能对导电材料进行加工，这样也限制了该方法的应用。

1.3.2　数控电火花加工的主要应用领域

1）加工各种金属及其合金材料、特殊的热敏感材料、半导体。

2）加工各种复杂形状的型腔和型孔工件，包括加工圆孔、方孔、多边孔、异形孔、曲线孔、螺纹孔、微孔、深孔等型孔工件及各种型面的型腔工件。

3）各种工件与材料的切割，包括材料的切断、特殊结构零件的切断、切割微细窄缝及微细窄缝组成的零件，如金属栅网、慢波结构、异形孔喷丝板、激光器件等。

4）加工各种成形刀、样板、工具、量具、螺纹等成形零件。

5）工件的磨削，包括小孔、深孔、内圆、外圆、平面等的磨削和成形磨削。

6）刻写、打印铭牌和标记。

7）表面强化，如金属表面高速淬火、渗氮、涂覆特殊材料及合金化等。

8）辅助用途，如去除折断在零件中的丝锥、钻头，修复磨损件、磨合齿轮啮合件等。

1.3.3　数控电火花加工的工艺类型及适用范围

数控电火花加工范围比较广泛，根据加工过程中工具电极与工件相对运动的特点和用途，数控电火花加工可分为电火花成形加工、电火花线切割加工、电火花磨削和镗削、电火花同步共轭回转加工、电火花高速小孔加工、电火花表面强化和刻字六大类。其中，应用最广泛是电火花成形加工和电火花线切割加工。表1-1为数控电火花加工工艺分类和各类数控电火花加工方法的主要特点和适用范围。

表1-1　数控电火花加工工艺分类和各类数控电火花加工方法的主要特点和适用范围

类型	工艺类型	特点	适用范围	备注
1	电火花成形加工	1）工具和工件只有一个相对的伺服进给运动 2）工具为成形电极，与被加工表面有相同的截面和相应的形状	1）穿孔加工：加工各种冲模、挤压机、粉末冶金模、各种异形型孔和微孔 2）型腔加工：加工各种类型腔模和各种复杂的型腔工件	约占电火花机床的30%，典型机床有D7125、D7140等电火花成形机床
2	电火花线切割加工	1）工具和工件在两个水平方向同时有相对伺服进给运动 2）工具为沿电极丝轴线垂直移动的线状电极	1）切割各种冲模和具有直纹面的零件 2）下料、切割和窄缝加工	约占电火花机床的60%，典型机床有DK7725、DK7740等数控电火花线切割机床
3	电火花磨削和镗削	1）工具和工件间有径向和轴向的进给运动 2）工具和工件有相对的旋转运动	1）加工精度高、表面粗糙度值小的小孔，如拉丝模、微型轴承内环等 2）加工外圆、小模数滚刀等	约占电火花机床的3%，典型机床有D6310、电火花小孔内圆磨削机床
4	电火花同步共轭回转加工	1）工具和工件可做纵、横向进给运动 2）成形工具和工件均做旋转运动，但两者角速度相等或成整数倍，相对应接近的放电点可有切向相对运动速度	以同步回转、展成回转、倍角速度回转等不同方式，加工各种复杂型面的零件，如高精度的异形齿轮、精密螺纹环规，高精度、高对称、表面粗糙值小的内、外回转体表面	小于机床电火花机床总数的1%，典型机床有JN-2、JN-8内外螺纹加工机床
5	电火花高速小孔加工	1）采用细管电极（直径大于0.03mm），管内充入高压水工作液 2）细管电极旋转 3）穿孔速度很高(30～60mm/min)	1）线切割预穿丝孔 2）深径比很大的小孔，如喷嘴等	约占电火花机床的2%，典型机床有DK703A电火花高速小孔加工机床
6	电火花表面强化和刻字	1）工具相对工件移动 2）工具在工件表面上振动，在空气中火花放电	1）模具刃口、刀具、量具刃口表面强化和镀覆 2）电火花刻字、打印记	占电火花机床的1%～2%，典型机床有D9105电火花强化机床等

1.4　数控电火花线切割加工概述

1.4.1　数控电火花线切割加工的基本原理

数控电火花线切割加工（WEDM）是用线状电极依靠火花放电对工件进行切割加工的方法。根据电极丝的运行速度，数控电火花线切割机床通常分为两大类：高速走丝（或称快走丝）电火花线切割（WEDM-HS）机床和低速走丝

（或称慢走丝）电火花线切割（WEDM-LS）机床。

1. 高速走丝电火花线切割加工

高速走丝电火花线切割（WEDM-HS）机床，是目前我国生产和使用的主要机种，也是我国独创的电火花线切割加工模式。这类机床的电极丝（钼丝）做高速往复运动，走丝速度一般为8～10m/s。图1-5所示为高速走丝电火花线切割工艺及装置的示意图。钼丝4为切割用的工具电极，工作时钼丝穿过工件上预钻好的小孔，经导轮5由储丝筒7带动钼丝做正反向交替移动，加工能源由脉冲电源3供给。工件安装在工作台上，由数控装置按加工要求发出指令，控制两台步进电动机带动工作台在水平面*X*、*Y*两个坐标方向移动，从而合成各种曲线轨迹，把工件切割成形。在加工时，由喷嘴将工作液以一定的压力喷向加工区，当脉冲电压击穿电极丝和工件之间的放电间隙时，两极之间即产生火花放电而蚀除工件材料。

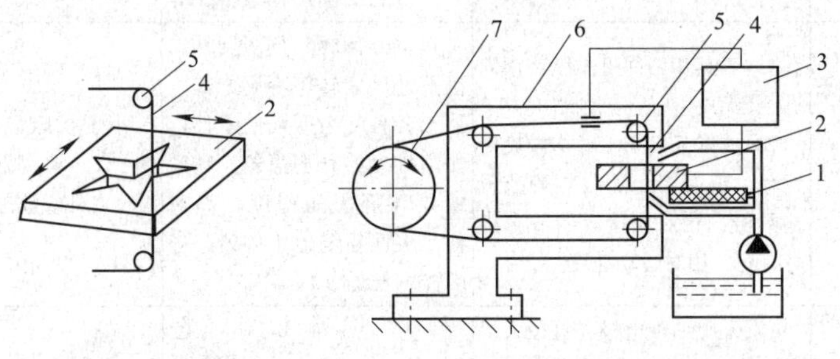

a）线切割工艺示意图　　b）快走丝线切割装置组成示意图

图1-5　高速走丝电火花线切割工艺及装置的示意图

1—夹具　2—工件　3—脉冲电源　4—钼丝　5—导轮　6—丝架　7—储丝筒

这类机床的电极丝运行速度快，而且是双向往返循环地运行，即成千上万次地反复通过加工间隙，一直使用到断丝为止。电极丝经常采用的是钼丝（直径为0.1～0.2mm），工作液通常采用乳化液，也可采用矿物油（切割速度低，易产生火灾）、去离子水等。电极丝的快速运动能将工作液带进狭窄的加工间隙，以保持加工间隙的“清洁”状态，有利于切割速度的提高。相对来说，高速走丝电火花线切割机床结构比较简单，价格比低速走丝机床便宜。但是由于其运丝速度快，机床的振动较大，电极丝的振动也大，导轮损耗也大，给提高加工精度带来较大的困难。另外，电极丝在加工反复运行中的放电损耗也是不能忽视的，因而要得到高精度的加工和维持加工精度也是比较困难的。目前能达到的精度为0.01mm，表面粗糙度*Ra*为0.63～1.25μm，当一般的加工精度为0.015～0.02mm，表面粗糙度*Ra*为1.25～2.5μm时，可满足一般模具的要求。目前我国国内制造和使用的电火花线切割机床大多为高速走丝电火花线切割机床。

2. 低速走丝电火花线切割加工

低速走丝电火花线切割（WEDM-LS）机床，是国外生产和使用的主要机种，我国已生产和逐步更多地采用慢走丝机床。这类机床的电极丝做低速单向运动，一般走丝速度低于0.2m/s。低速走丝电火花线切割加工一般是利用铜丝作为电极丝，靠火花放电对工件进行切割。图1-6所示为低速走丝电火花线切割工艺及装置的示意图。在加工中，电极丝经导轮由储丝筒6带动电极丝相对工件2不断做向上（或向下）的单向移动；另外，安装工件的工作台7，由数控伺服X轴电动机8、Y轴电动机10驱动，实现X、Y轴的切割进给，使电极丝沿加工图形的轨迹对工件进行加工。它在电极丝和工件之间加上脉冲电源1，同时在电极丝和工件之间浇注去离子水工作液，不断产生火花放电，使工件不断被电腐蚀，可控制完成工件的尺寸加工。

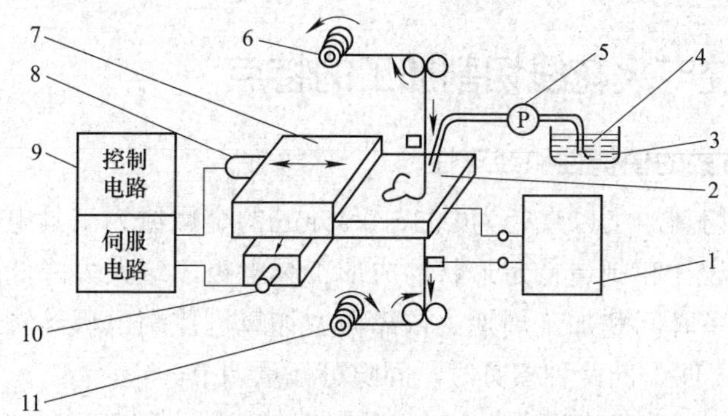

图1-6　低速走丝电火花线切割工艺及装置的示意图

1—脉冲电源　2—工件　3—工作液箱　4—去离子水　5—泵　6—储丝筒
7—工作台　8—X轴电动机　9—数控装置　10—Y轴电动机　11—收丝筒

这类机床的运丝速度慢，可使用纯铜、黄铜、钨、钼和合金以及金属涂覆线作为电极丝，其直径一般为0.03～0.35mm。这种机床所用电极丝只是单方向通过加工间隙，不重复使用，可避免电极丝损耗给加工精度带来的影响。工作液主要是去离子水或煤油。使用去离子水工作效率高，没有引起火灾的危险。这类机床的切割速度目前已达到350～400mm^2/min，最佳表面粗糙度Ra可达到0.05μm，与高速走丝线切割加工相比，尺寸精度大大提高，加工精度能达到±0.001mm，但一般的经济加工精度为0.002～0.005mm，表面粗糙度Ra为0.03μm。低速走丝电火花线切割加工机床由于解决了能自动卸除加工废料、自动搬运工件、自动穿电极丝和自适应控制技术的应用，因而已能实现无人操作的加工。但低速走丝电火花线切割加工机床在目前的造价以及加工成本均要比高速走丝电火花线切割机床高得多。

数控电火花线切割机床市场上，有一种被用户称作“中走丝”的数控电火花线切割机床正在成为销量担当。所谓的“中走丝”，并不是指走丝速度介于高速走丝与低速走丝之间，而是指加工质量介于高速走丝与低速走丝之间。中走丝数控电火花切割机床能够实现无条纹切割和多次切割，加工质量优于普通高速走丝数控电火花线切割机床，三次切割后精度和表面粗糙度接近于一般的低速走丝数控电火花线切割机床。

数控电火花线切割机床除了按走丝速度分类，也可以按加工尺寸范围分类，分为大、中、小型数控电火花线切割机床；按使用范围分类，可分为普通型与专用型数控电火花线切割机床等；按控制电动机分类，可分为步进电动机驱动和伺服电动机驱动数控电火花线切割机床；按控制核心分类，可分为单核控制和多核控制数控电火花线切割机床。数控电火花线切割机床的控制功能在不断丰富，开放化、智能化程度也在不断提高。

1.4.2　数控电火花线切割加工的特点

1. 加工方式的便捷性和经济性

电火花线切割加工以直径为0.03～0.35mm的金属线为工具电极沿轮廓切割加工，不需要设计和制造特定形状的成形工具电极，这大大降低了加工费用，缩短了生产准备时间和加工周期。依靠微型计算机控制电极丝轨迹和间隙补偿功能，同时加工凹、凸两种模具时，间隙可任意调节。

精密线切割切缝可窄达0.005mm，只对工件材料沿轮廓进行“套料”加工，材料利用率高，能有效节约贵重材料，这也是电火花线切割经济性的一种体现。

2. 加工应用的广泛性和灵活性

该加工方式通常用于加工零件上的直壁曲面。加工平面形状时，除了有金属丝直径决定的内侧拐角处最小圆弧半径的限制外，其他任何复杂的形状都可以加工。如采用*X-Y-U-V*四轴联动，可进行锥度切割和加工上下截面不同的异形体、形状扭曲的曲面体和球形体等零件，充分体现出电火花线切割加工的实用性。

直接利用电能进行脉冲放电加工，工具电极和工件不直接接触，无机械加工中的宏观切削力，因此，无论硬度如何，只要是导电或半导电的材料及细小零件都能进行加工，加工范围较宽。

任何复杂形状的零件，只要能编制加工程序就可以进行加工，因而很适合小批量零件和试制品的生产加工，应用灵活。

3. 加工过程的连续性和安全性

根据需要选择切割方式，可无视电极丝的损耗，高速走丝线切割采用低损

耗脉冲电源；慢速走丝线切割采用单向连续供丝，在加工区总是保持截面固定的新电极丝加工，加工精度高。

加工的安全性方面，电火花线切割一般采用乳化液或去离子水等水基工作液，这样可以避免发生火灾，安全可靠，可实现昼夜无人值守连续加工。

4. 高速走丝电火花线切割加工方式的局限性

数控高速走丝电火花线切割加工机床受到电极丝损耗、机械部分的结构与精度、进给系统的开环控制、加工中工作液电导率的变化、加工环境的温度变化及本身加工特点（如运丝速度快、振源比较多、导轮磨损大、电极丝换向）等因素影响，机床的加工精度受到局限。

由于数控快速走丝线切割机床的电极丝张力是固定不可调的，在加工的过程中，电极丝的抖动较大，这使得电极丝容易出现断丝现象，从而导致加工不连续，并需要有工人监管，随时解决断丝问题。

1.4.3　数控电火花线切割的主要应用范围

（1）加工模具　电火花线切割适用于各种形状的冲模，调整不同的间隙补偿量，只需一次编程就可以切割凸模、凸模固定板、凹模及卸料板等，模具配合间隙、加工精度通常都能达到要求。此外，电火花线切割还可以加工挤压模、粉末冶金模、弯曲模、塑压模等通常带锥度的模具。

（2）加工电火花成形加工用的电极　一般穿孔加工的电极以及带锥度型腔加工的电极，对于铜钨、银钨合金之类的材料，用线切割加工特别经济，同时也适用于加工微细复杂形状的电极。

（3）加工零件　在试制新产品时，用线切割在板料上直接割出零件，如切割特殊微电机硅钢片定子、转子铁心。由于不需另行制造模具，可大大缩短制造周期、降低成本。另外，修改设计、变更加工程序比较方便，加工薄件时还可以多片叠在一起加工。在零件制造方面，可用于加工品种多、数量少的零件，特殊难加工材料的零件，材料试验样件，各种型孔、凸轮、样板、成形刀具。同时还可以进行微细加工和异形槽的加工等。

（4）贵重金属下料　由于电极丝尺寸远小于传统刀具尺寸，用它切割贵重金属可以大大减少切缝消耗，节省材料。

1.4.4　数控电火花线切割技术的发展趋势

随着模具等制造业的快速发展，近年来我国数控电火花线切割机床产业得到了飞速发展，同时市场也对数控电火花线切割机床提出了更高的要求，促使我国电火花线切割生产企业积极采用现代研究手段和先进技术深入开发研究，向信息化、智能化和绿色化方向迈进。电火花线切割机床产业未来的发展，将主要表现在以下方面。

1. 高速走丝和低速走丝电火花线切割技术会同步发展

（1）稳步发展高速走丝电火花线切割机床　高速走丝电火花线切割机床是我国发明创造的。由于高速走丝有利于改善排屑条件，适合大厚度和大电流高速切割，加工性能价格比优异，深受广大用户欢迎，因而在未来较长的一段时间内，高速走丝电火花线切割机床仍是我国电加工行业的主要发展机型。目前的发展重点是提高高速走丝电火花线切割机床的质量和加工稳定性，使其满足那些量大面宽的普通模具及一般精度要求的零件加工要求。根据市场的发展需要，高速走丝电火花线切割机床的工艺水平必须相应提高，其最大切割速度应稳定在100mm^2/min以上，而加工尺寸精度控制在0.005～0.01mm范围内，加工表面粗糙度Ra达到1～2μm。这就需要在机床结构、加工工艺、高频电流及控制系统等方面加以改善，积极采用各种先进技术，重视窄脉宽、高峰值电流的高频电源的开发及应用。

（2）重视低速走丝电火花线切割机床的开发　低速走丝电火花线切割机床由于电极丝移动平稳，易获得较高的加工精度和较小的表面粗糙度值，适于精密模具和高精度零件的加工。我国在引进、消化、吸收的基础上，也开发并批量生产了低速走丝电火花线切割机床，满足了国内市场的部分需要。现在必须加强对低速走丝机床的深入研究，开发新的规格品种，为市场提供更多的国产低速走丝电火花线切割机床。与此同时，还应该在大量实验研究的基础上，建立完整的工艺数据库，完善CAD/CAM软件，使自主版权的CAD/CAM软件商品化。

2. 进一步完善机床结构设计

1）在保证机床技术性能和清洁加工的前提下，使机床结构合理，操作方便，外形新颖。为使机床结构更加合理，采用先进的技术手段对机床总体结构进行分析，例如运用有限元模拟软件对机床的结构进行力学和热稳定性的分析。为了更好地参与国际市场竞争，还应在人机工程学指导下注意造型设计和色彩设计。

2）为了提高坐标工作台精度，除考虑热变形及先进的导向结构外，还应采用丝距误差补偿和间隙补偿技术，以提高机床的运动精度。

结构设计要考虑提高机床的刚性。龙门式机床的工作台只做Y方向运动，X

方向运动在龙门架上完成，上下导轮座挂于横架上，可以分别控制。这不仅增加了丝杠的刚性，而且工作台只做Y方向运行，省去了X方向的滑板，有助于提高工作台的承重能力，降低整机总重量。

3）高速走丝电火花线切割机床的走丝机构，是影响其加工质量及加工稳定性的关键部件，目前存在的问题较多，必须认真加以改进。目前已开发的恒张力装置及可调速的走丝系统，应在进一步完善的基础上推广应用。

4）支持新机型的开发研究。目前新开发的自旋式电火花线切割机床、高低双速电火花线切割机床、走丝速度连续可调的电火花线切割机床，在机床结构和走丝方式上都有创新。尽管它们还不够完善，但这类的开发研究工作都有助于促进电火花线切割技术的发展，必须积极支持，并帮助完善。

3. 积极推广多次切割工艺，提高综合工艺水平

根据放电腐蚀原理及电火花线切割工艺规律可知，切割速度和加工表面质量是一对矛盾，要想在一次切割过程中既获得很高的切割速度，又要获得很好的加工质量是很困难的。提高电火花线切割的综合工艺水平，采用多次切割是一种有效方法。多次切割工艺在低速走丝电火花线切割机床上早已推广应用，并获得了较好的工艺效果。当前的任务是通过大量的工艺试验来完善各种机型的工艺数据库，并培训广大操作人员合理掌握工艺参数的优化选取，以提高其综合工艺效果。在此基础上，可以开发多次切割的工艺软件，帮助操作人员掌握合理的多次切割工艺。

4. 扩充线切割机床的控制功能，提高设备的智能化水平

随着计算机技术的发展，个人计算机（PC）的性能、稳定性和处理能力都在不断增强，而价格却持续下降，为电火花线切割机床应用PC数控系统创造了条件。目前基于PC的电火花线切割数控系统已经成为控制器的主流，可实现加工轨迹的编程和控制等功能，今后可以在以下几个方面进行深入开发研究。

1）开发和完善开放式的数控系统。进一步充分利用、开发PC的资源，扩充数控系统的功能。继续完善数控电火花线切割加工的计算机绘图、自动编程、加工规准控制及其缩放功能，集成或扩充自动定位、自动找中心、低速走丝的自动穿丝、高速走丝的自动紧缩等功能，提高电火花线切割加工的自动化程度。

2）研究放电间隙状态数值检测技术，建立伺服控制模型，开发加工过程伺服进给自适应控制系统。为了提高加工精度，还应对传动系统的丝距误差及传动间隙进行精确检测，并利用PC进行自动补偿。

3）开发和完善数值脉冲电源，并在工艺试验基础上建立工艺数据库，开发加工参数优化选取的智能工艺系统，以帮助操作者根据不同的加工条件和要求合理选用加工参数，充分发挥机床潜力。

4）深入研究电火花线切割加工工艺规律，建立加工参数的控制模型，开发加工参数的自适应控制系统，提高加工稳定性。

5）开发有自主版权的电火花线切割CAD/CAM和人工智能软件。在上述各模块开发利用的基础上，建立电火花线切割CAD/CAM集成系统和人工智能系统，并使其商品化，以全面提高我国电火花线切割加工的自动化程度及工艺水平。

1.5 数控高速走丝电火花线切割加工基础名词术语

数控高速走丝电火花线切割加工中常用的名词术语和符号见表1-2。

表1-2 数控高速走丝电火花线切割加工中常用的名词术语和符号

序号	名词术语	符号	定义	表示方法
1	工具电极	EL	电火花加工用的工具，因其是火花放电时电极之一，故称工具电极	
2	放电间隙	S、Δ	放电发生时，工具电极和工件之间发生火花放电的距离称为放电间隙。在加工过程中，则称为加工间隙	
3	脉冲电源	PG	以脉冲方式向工件和工具电极间的加工间隙提供放电能量的装置	
4	伺服进给系统		用作使工具电极伺服进给、自动调节的系统，使工具电极和工件在加工过程中保持稳定的加工间隙	
5	工作液介质		电火花加工时，工具电极和工件间的放电间隙一般浸泡在有一定绝缘性能的液体介质中，此液体介质称工作液介质或简称工作液	
6	电蚀产物		电火花加工过程中被蚀除下来的产物。一般指工具电极和工件表面被蚀除下来的微粒小屑及煤油等工作液在高温下分解出来的炭黑和其他产物，也称加工屑	
7	电参数		主要有脉冲宽度、脉冲间隔、峰值电压、峰值电流等脉冲参数，又称电规准	
8	脉冲宽度	t_i	脉冲宽度简称脉宽，它是加到电极间隙两端的电压脉冲的持续时间，单位为μs	

（续）

序号	名词术语	符号	定义	表示方法
9	脉冲间隔	t_o	脉冲间隔简称脉间，也称脉冲停歇时间，它是相邻两个电压脉冲之间的时间，单位为μs	
10	放电时间	t_e	指工作液介质击穿后放电间隙中流过放电电流的时间，亦即电流脉宽。它比电压脉宽稍小，差一击穿延时t_d，单位为μs	
11	击穿延时	t_d	从间隙两端施加脉冲电压到发生放电（即建立起电流之前）之间的时间，单位为μs	
12	脉冲周期	t_p	是指一个电压脉冲开始到下一个电压脉冲开始之间的时间，单位为μs	$t_p=t_i+t_o$
13	脉冲电源频率	f_p	是指单位时间（1s）内电源发出的电压脉冲的个数，单位为Hz	$f_p=1/t_p$
14	脉冲系数	τ	是指脉冲宽度与脉冲周期之比	$\tau=\frac{t_i}{t_p}=\frac{t_i}{t_i+t_o}$
15	占空比	Ψ	是指脉冲宽度与脉冲间隔之比	$\Psi=\frac{t_i}{t_o}$
16	开路电压	u_i	是指间隙开路时电极间的最高电压，有时等于电源的直流电压，单位为V。又称空载电压或峰值电压	
17	加工电压	U	是指加工时电压表上指示的放电间隙两端的平均电压，单位为V。又称间隙平均电压	
18	加工电流	I	是指加工时电流表上指示的流过放电间隙的平均电流，单位为A	
19	短路电流	I_s	是指放电间隙短路时（或人为短路时）电流表上指示的平均电流，单位为A	
20	峰值电流	i_e	是指间隙火花放电时脉冲电流的最大值（瞬时），单位为A	
21	短路峰值电流	i_s	是指间隙短路时脉冲电流的最大值（瞬时），单位为A	$i_s\tau=I_s$
22	伺服参考电压	S_V	是指电火花加工伺服进给时，事先设置的一个参考电压S_V（0～50V），用它与加工时的平均间隙电压U做比较，如$S_V>U$，则主轴回退；反之则进给。因此，S_V越大，则平均放电间隙越大；反之则越小	
23	有效脉冲频率		是指每秒钟发生的有效火花放电的次数，又称工作（火花）脉冲频率	

（续）

序号	名词术语	符号	定义	表示方法
24	脉冲利用率	λ	是指有效脉冲频率与脉冲频率之比，即单位时间内有效火花脉冲个数与该单位时间内的总脉冲个数之比，又称脉冲个数利用率	$\lambda=\frac{f_e}{f_p}$
25	相对放电时间率	φ	是指火花放电时间与脉冲宽度之比，又称相对脉冲时间利用率或放电时间比	$\varphi=\frac{t_e}{t_i}$
26	低速走丝线切割	WEDM-LS	是指电极丝低速（低于2.5m/s）单向运动的电火花线切割加工。一般走丝速度为0.2～15 m/min	
27	高速走丝线切割	WEDM-HS	是指电极丝高速（高于2.5m/s）往复运动的电火花线切割加工。一般走丝速度为7～11m/s	
28	走丝速度	v_S	是指电极丝在加工过程中沿其自身轴线运动的线速度	
29	多次切割		是指同一加工面两次或两次以上线切割加工的精密加工方法	
30	锥度切割		是指切割相同或不同斜度和上下具有相似或不相似横截面零件的线切割加工方法	
31	直壁切割		是指电极丝与工件垂直切割的方法	
32	加工轮廓		是指具有尺寸和形状等几何特征的被加工零件表面	
33	加工轨迹		程序是按加工轮廓进行编制的，而在加工时电极丝必须偏离所要加工的轮廓一个距离（偏移量）才能得到图样要求的尺寸，电极丝几何中心实际走的轨迹即为加工轨迹	
34	偏移量		在加工时电极丝必须偏离加工轮廓，预留出电极丝半径、放电间隙及后面修整所需余量，加工轨迹和加工轮廓之间的法向尺寸差值称为偏移量。沿着轨迹方向电极丝向右偏为右偏移，反之为左偏移	
35	镜像加工		是指加工轮廓与X轴或Y轴或X-Y轴完全对称，简化程序编制的加工方法	
36	主程序面		切割带有镜像图形且带有锥度的工件时，用于编制程序采用的参考基准面	

第 2 章

数控高速走丝电火花线切割加工机床

2.1　数控机床的一些常识

本节讲述通用数控机床的相关知识。

2.1.1　数控机床的工作原理

数控机床是用数字信息来控制加工运动的机床。机床所有的运动，包括主运动、进给运动及各种辅助运动，都是由数控装置来控制的。数控装置的控制任务需要外界来“告知”，人们把需要数控机床实现的全部任务编制成数控程序，记录在控制介质上，然后输入数控装置，从而指挥数控机床加工。程序清单上的内容包括：零件的几何形状、工艺过程、工艺参数、刀具位移量与方向以及其他辅助功能（换刀、冷却和夹紧等）。数控机床的工作原理框图如图2-1所示。

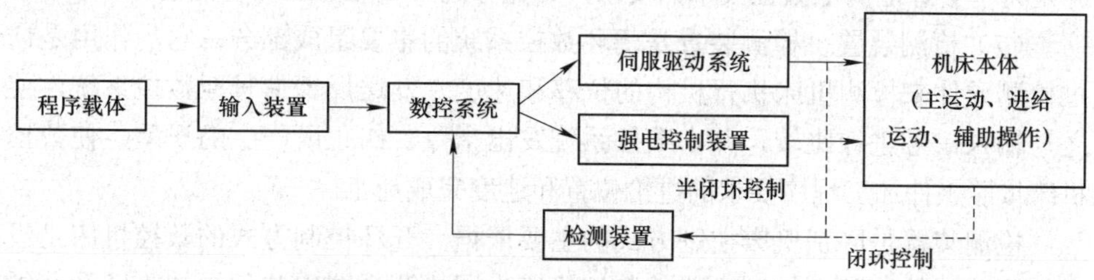

图2-1　数控机床的工作原理框图

（1）程序载体　程序载体是人与机床之间传递信息的媒介物，也称为控制介质。在程序载体上存储着加工零件所需要的全部几何信息和工艺信息。这些信息是在对加工工件进行工艺分析的基础上确定的，并用由字母、数字和符号构成的标准代码，按规定的格式编制成工件的加工程序单，再将程序单存储到多种程序载体中。

（2）输入装置　输入装置的作用是将程序载体上的数控代码信息转换成相应的电脉冲信号，并传送至数控装置的内存储器中。根据程序载体的不同，输入装置可以是键盘、光电阅读机、软盘驱动、USB口、网络通信器等。

（3）数控系统　数控系统是数控机床的核心。它根据输入的程序和数据，完成数值计算、逻辑判断、输入输出控制等工作。数控系统由软件和硬件两部分组成。

（4）强电控制装置　强电控制装置的主要功能是接收数控装置所控制的内置式可编程序控制器输出的各种辅助操作信号，经功率放大直接驱动相应的执行元件，如接触器、电磁阀等，从而实现数控机床在加工过程中的全部自动操作。例如主轴变速、换向、起动或停止，刀具的选择和更换，分度工作台的转位和锁紧，工件的夹紧或松开，切削液的开启或关闭等。

（5）伺服驱动系统　伺服驱动系统由伺服驱动电动机和伺服驱动装置组成，它是数控系统的执行部分。它接收数控系统的指令信息，按要求带动机床的移动部件运动或使执行部分动作，以加工出符合要求的零件。指令信息是以脉冲信息来体现的，每一个脉冲使机床移动部件产生的位移量叫作脉冲当量。由于伺服控制装置是数控机床的最后控制环节，因此它的伺服精度和动态响应特性将直接影响数控机床的生产率、加工精度和表面加工质量。

（6）机床本体　机床本体是数控机床的主体，由机床的基础件（如床身、底座）和各运动部件（如工作台、床鞍、主轴等）所组成，是数控机床的机械结构。

与传统的普通机床相比，数控机床在整体布局、外部造型、主传动系统、进给传动系统、刀具系统、支承系统和排屑系统等方面有很大的差异。这些差异是为了更好地满足数控技术的要求，并充分适应数控加工的特点。

（7）检测装置　检测装置是闭环数控系统的重要组成部分，它的作用是通过检测元件来检测机床执行机构的位移和速度，发送反馈信号至数控系统，使之与输入信号进行比较，并由数控系统发出指令，纠正所产生的误差，使数控机床按照工件加工程序要求的进给位置和速度完成加工。

检测装置是区别机床控制方式的主要依据。开环控制方式的数控机床是没有检测装置的。闭环控制方式的数控机床也因检测装置安装位置的不同及获得的反馈信号不同而分为两类：半闭环控制方式和全闭环控制方式。前者的反馈信号为角位移，后者为直线位移。

2.1.2　数控机床的特点

与传统加工相比，数控加工具有如下特点。

1）适应性强。数控机床的动作是由数控程序控制的，而数控程序是根据零件的要求编制的，当数控加工零件改变时，只需改变数控加工程序，而不需要改变机械结构和控制部分的硬件，就能适应新的工作要求。因此，生产准备周期短，有利于机械产品的更新换代。

2）精度高，质量稳定。数控加工基本采用电气控制，同时可以利用软件进行精度校正和补偿，而且数控机床加工零件按数控程序自动进行，可以避免人为的误差，因此加工精度较高。尤其提高了同批零件生产的一致性，产品质量稳定。更为可贵的是，产品质量不受其自身复杂程度的影响。

3）生产率高。数控设备均采用电气自动化控制，同时可以采用较大的切削用量，有效地节省了设备加工工时。而且无需工序间的检验与测量，故使辅助时间大为缩短，从而大大提高了生产率。

4）能完成复杂型面的加工。许多复杂曲线和曲面的加工，普通机床无法实现，而数控加工可以完成。

5）减轻劳动强度，改善劳动条件。因数控加工是自动完成的，许多动作不需要操作者进行，故劳动条件大为改善，劳动强度大幅降低。

6）有利于生产管理。采用数控加工，有利于向计算机控制和管理方向发展，从而为实现制造和生产管理现代化创造了条件。

2.1.3　数控机床的分类

数控机床的分类方法多种多样，通常按以下几个方面进行分类。

（1）按控制方式分类　按控制方式，数控机床可以分为开环控制数控机床、半闭环控制数控机床和闭环控制数控机床三种类型。

1）开环控制数控机床。开环控制是指不带位置反馈装置的控制方式，通常由功率步进电动机作为驱动元件。数控装置根据所要求的运动速度和位移量，输出一定频率和数量的脉冲，经驱动电路功率放大后，使相应坐标轴的步进电动机转过一定的角位移，再经过机械传动链，实现运动部件的直线移动。运动部件的速度与位移量由输入脉冲的频率和脉冲数决定。

2）半闭环控制数控机床。半闭环控制是在控制伺服电动机轴上装有角位移检测装置，通过检测伺服电动机的转角，间接地检测出运动部件的位移，反馈给数控系统的比较器，与输入指令进行比较，用差值控制运动部件。

3）闭环控制数控机床。闭环控制是在机床最终的运动部件的相应位置直接安装直线检测装置，将直接测量到的位移反馈到数控系统的比较器中，与输入指令位移量进行比较，用差值控制运动部件，使运动部件严格按实际需要的位移量运动。

（2）按工艺用途分类　按工艺用途的不同，数控机床可以分为金属切削类数控机床、金属成形类数控机床和数控特种加工机床等。

1）金属切削类数控机床包括数控车床、数控钻床、数控铣床、数控磨床、数控镗床以及加工中心等。

2）金属成形类数控机床包括数控折弯机、数控组合压力机和数控弯管机等。

3）数控特种加工机床包括数控电火花线切割机床、数控电火花成形机床、数控火焰切割机床和数控激光切割机床等，如图2-2所示。

a）数控电火花线切割机床

b）数控电火花成形机床

c）数控激光切割机床

图2-2　数控特种加工机床

（3）按运动方式分类　按照运动方式，数控机床可以分为点位控制数控机床、直线控制数控机床和轮廓控制数控机床。

1）点位控制数控机床是指机床的运动部件只能够实现从一个位置到另一个位置的精确运动，在运动和定位过程中不进行任何加工。数控系统只需要控制行程的起点和终点的坐标值，而不需控制运动部件的运动轨迹，因为运动轨迹不影响最终的定位精度。最典型的点位控制数控机床有数控钻床、数控镗床等。点位控制数控机床的加工示意如图2-3所示。

2）直线控制数控机床是指机床的运动部件不仅要实现一个坐标位置到另一个坐标位置的精确移动和定位，而且能实现平行于坐标轴的直线进给运动或同时控制两个坐标轴实现45°斜线的进给运动。在数控镗床上使用直线控制可以扩大镗床的工艺范围，有效地提高加工精度和生产率。直线控制还可以应用于加工阶梯轴或盘类零件的数控车床。直线控制数控机床的加工示意如图2-4所示。由于该方式只能做简单的直线运动，因此不能实现任意的轮廓轨迹加工。

3）轮廓控制（又称连续控制）数控机床是指机床的运动部件能够实现两个坐标轴同时进行的联动控制。它不仅要求控制机床运动部件的起点与终点坐标位置，而且要求控制整个加工过程每一点的速度和位移量，即要求控制运动轨

迹。该方式能加工平面内的直线、曲线表面或空间曲面。很显然，轮廓控制包含了点位控制和直线控制。数控铣床、数控车床、数控磨床和各类数控切割机床是典型的轮廓控制数控机床。轮廓控制数控机床的加工示意如图2-5所示。

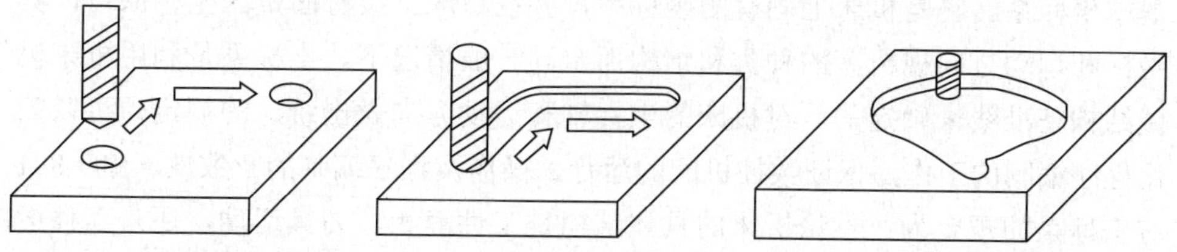

图2-3　点位控制运动方式　　图2-4　直线控制运动方式　　图2-5　轮廓控制运动方式

（4）按控制轴数分类　按控制联动的坐标轴数，数控机床可分为单轴数控机床、两轴数控机床、两轴半数控机床以及三轴和三轴以上的多轴数控机床。所谓联动，就是坐标轴的控制要同时进行，其中一个轴的运动对另外轴的运动有相互影响。

1）单轴数控机床。传统电火花成形机床就是单轴数控机床，控制的轴只有沿着电极轴线这一个方向。数控系统检测工具电极和工件之间的间隙电压得到间隙情况，并根据间隙的大小适时调节进给方向和进给速度，尽量使进给速度与火花蚀除速度相等。

2）两轴数控机床。同时控制两个坐标轴联动，比如数控车床加工螺纹，工件的转动和刀具的进给运动必须联动，否则无法得到需要的螺距。热切割机床、水切割机床等，很多是两轴联动的。

3）两轴半数控机床。除了控制两个轴联动外，还要控制第三个坐标轴做周期性运动。如增材制造（3D打印）机床，每层轨迹控制是X、Y两轴联动，Z向是第三个轴。

4）多轴数控机床。三轴和三轴以上联动的数控机床都属于多轴联动数控机床。为了加工复杂曲面，数控铣床要同时控制X、Y、Z三个轴，这是三轴联动数控机床。具有倾斜角度控制的线切割机床，可实现天圆地方等复杂直纹面的加工，是四轴联动数控机床。所以多轴联动除了控制X、Y、Z三个轴的直线运动，还要同时控制工作台的转动、刀具的摆动等，形成三轴、四轴、五轴、六轴等多轴联动。

值得提出的是，有些机床，特别是组合机床，可能有很多个运动轴，但不一定都是联动轴，同时控制、互相影响的才是联动轴。比如多个钻头各自同时钻孔，就不是联动。

2.1.4　数控加工编程基础

（1）机床坐标系基本概念　机床坐标系是用来确定工件位置和机床运动的基本坐标系。它是机床上固有的坐标系，并在机床上设有固定的坐标原点，其坐标和运动方向视机床的种类和结构而定。一般情况下，坐标系是利用机床机械结构基准线来确定的。对机床的坐标轴和运动方向做出统一的规定，可以简化程序编制的工作，保证数控机床的运行、操作及程序编制的一致性。ISO 841对坐标系的规定为：不论机床的具体结构是工件静止、刀具运动，还是工件运动、刀具静止，在确定坐标系时，一律看作工件相对静止、刀具运动。

数控机床直线运动的坐标轴*X*、*Y*和*Z*为右手笛卡儿坐标系，如图2-6所示。即右手的大拇指、食指和中指相互垂直时，分别指向*X*、*Y*和*Z*坐标轴的正方向。三个旋转轴*A*、*B*、*C*相应地表示围绕*X*、*Y*、*Z*轴的旋转运动，*A*、*B*、*C*的正方向按右手螺旋定则确定。

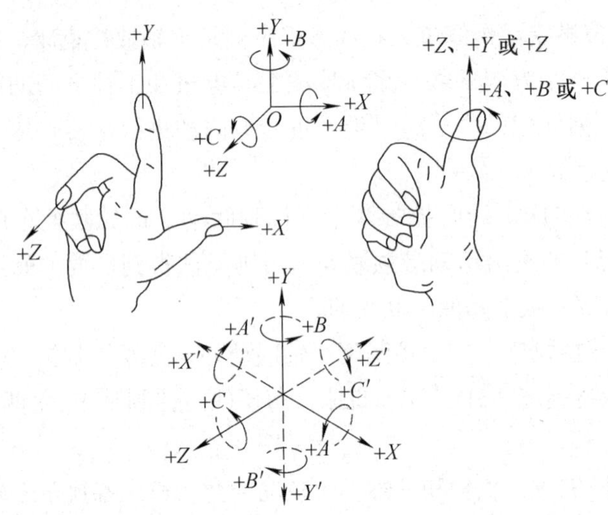

图2-6　右手笛卡儿坐标系

（2）工件坐标系

1）工件坐标系的建立。数控机床坐标系是进行编程和加工的基础。但如果以机床坐标系编程，则编程计算和工件安装就比较烦琐。首先要考虑工件在机床工作台上的装夹位置，然后计算出各点相对机床零点*M*的坐标。如图2-7a所示，工件安放的位置不同（位置1、2或3），计算出各点相对机床零点*M*的坐标也不同。用在位置1处得到的机床坐标值编制程序，加工时必须保证工件严格与位置1重合，这样势必增加操作的难度。

如果选择工件上某一固定点为工件零点，例如图2-7b中的W点，以工件零点为原点，并且平行于机床坐标轴X_M、Y_M和Z_M，建立一个新的坐标系X_W、Y_W和Z_W，该坐标系称为工件坐标系。工件坐标系的原点也称为工件原点、编程原点。有了工件坐标系，就大大简化了编程与加工。如图2-8所示，编程时以W点作为编程原点，可以直接利用图样尺寸进行编程，并且编程时无须考虑工件在机床中的装夹位置，只要在工件装夹好后，测量出工件原点在机床坐标系中的偏置值$X_{偏移}$、$Y_{偏移}$、和$Z_{偏移}$即可。

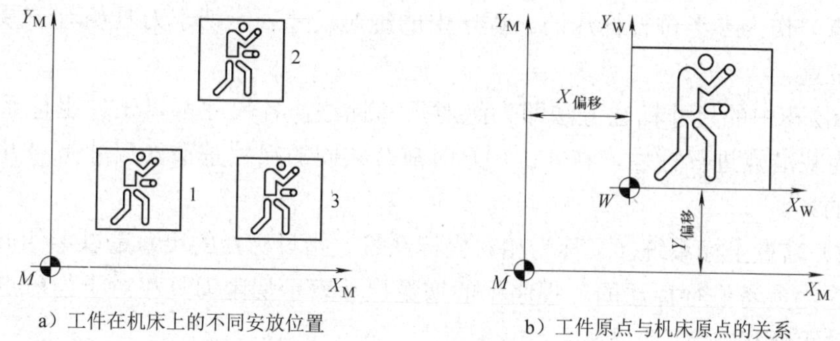

图2-7　工件坐标系

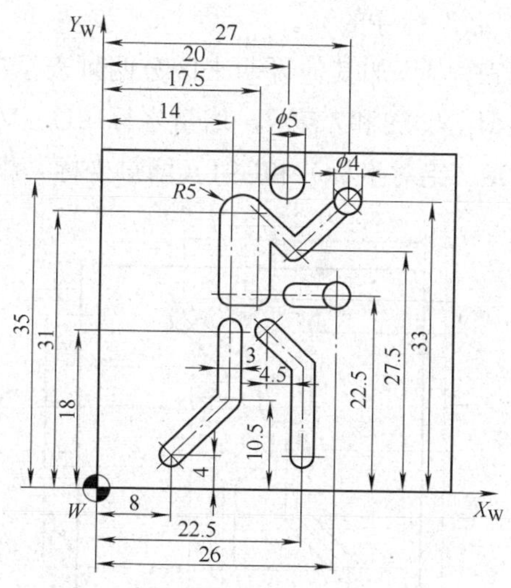

图2-8　零件尺寸（绝对尺寸标注）

2）工件原点的选取原则。工件原点是可以用程序指令设定和改变的。在一个零件的加工程序中，可以根据需要一次或多次设定或改变工件原点。从理论上讲，程序原点可以任意选择，但由于实际机床操作中的限制，只能从加工精度、机床调试和操作的便利性以及工作的安全性等方面综合考虑，选择最佳方案。为计算方便，简化编程，便于测量和检验，程序原点常按如下原则选取。

选在工件的设计基准处，铣削时常按此原则选取，工件原点*W*与零件的设计基准重合，这有利于保证加工精度。工件坐标系原点设在零件上表面的左下角，使得加工表面的*X*、*Y*坐标值均为正值，*Z*坐标值均为负值，并且便于对刀。

（3）绝对坐标系统和增量坐标系统　工件坐标系确定后，可根据编程的需要将该坐标系设定为绝对坐标系统或增量坐标系统，以简化编程。

1）绝对坐标系统指目标点的尺寸是以零件上固定的基准点（如工件坐标系的原点）作为参考进行标注的。程序中的绝对尺寸表示切削刀具相对于原点的目标位置。

图2-8中的尺寸标注方法即为绝对尺寸标注，各尺寸都以工件坐标系的原点*W*为基准点进行标注，在*X*、*Y*方向都有共同的尺寸基准（尺寸是“并联”标注的）。

2）增量坐标系统（又称为相对坐标系统）指目标点的尺寸是以零件上的当前点作为参考进行标注的。程序中的增量尺寸表示切削刀具相对于当前点的实际移动距离和方向。

图2-9中的尺寸标注方法即为增量尺寸标注，各尺寸都是以当前点为参考进行标注的（尺寸是“串联”标注的）。

数控系统需要在程序中添加其他说明来区分两种表示方式。如：FANUC系统以地址字（绝对坐标用X、Y和Z表示，增量坐标用U、V和W表示）来区分，SINUMERIK系统用G90（绝对坐标）和G91（增量坐标）指令来区分。

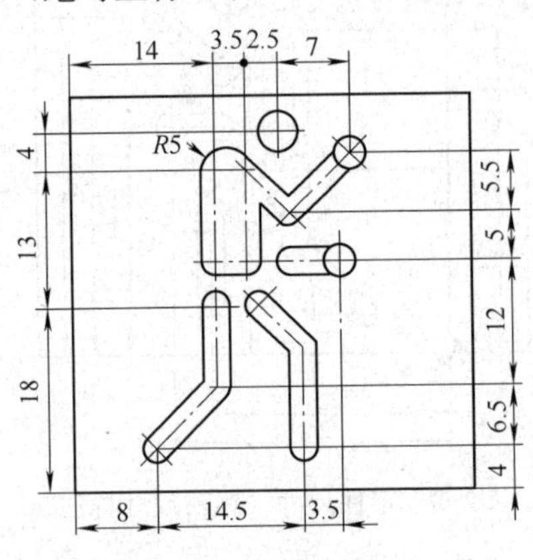

图2-9　增量尺寸标注

（4）常用功能指令　数控机床常用的功能指令有准备功能G、辅助功能M、主轴转速功能S、刀具功能T和进给功能F。其中，准备功能G和辅助功能M会因机床和数控系统的不同而有所差异，本节做概括性介绍。

1）准备功能G代码，用来将控制系统预先设置为某种预期的状态，或者某种加工模式和状态。例如预先设置刀具和工件相对运动的速度和轨迹（即指令插补功能）、机床坐标系、坐标平面、刀具补偿和坐标偏移等多种操作。准备功能这个术语就表明了它本身的含义。GB/T 8870.1—2012规定G代码由字母G及其后面两位数字组成，从G00～G99共有100种代码。不同的数控机床可选用或自定义其中的代码，不使用的代码可不定义。G代码有续效和非续效之分。续效代码也称模态指令，一经使用持续有效，直至被同组（同类型）代码取代为止。具体的数控电火花线切割代码功能解释将在4.2.3节中详细介绍。

2）辅助功能M指令，简称辅助功能，也叫M功能。它是控制机床或系统开、关功能的一种命令。如切削液开、关，主轴正、反转等。GB/T 8870.1—2012规定：M指令由字母M和其后的两位数字组成，从M00～M99这100种中选用或定义。M指令也有续效和非续效指令之分。M指令与控制机床的插补运算无关，而是根据加工时操作的需要予以规定。因为M指令与插补运算无直接关系，所以一般书写在程序段的后部，但这类指令在加工程序中是必不可少的，具体的代码功能解释将在4.2.3节中详细介绍。

3）F是控制刀具位移速度的进给速率指令，为模态指令，用字母F及其后面的若干位数字表示。在铣削加工中，刀具位移速度的单位一般为mm/min，如F150表示进给速度为150mm/min。

4）S功能用以指定主轴转速，为模态指令，用字母S及其后的若干位数字来表示。在编程时，除用S代码指定主轴转速外，还要用M代码指定主轴转向是顺时针还是逆时针。数控线切割机床不用此功能。

5）T是刀具功能代码，后跟两位数字指示更换刀具的编号，即T00～T99。因数控线切割机床无自动换刀（ATC）装置，所以T功能只用于具有刀库的加工中心的编程中。

注意：不同厂家、不同系统的加工中心，T功能格式的规定可能不同，针对具体机床的换刀操作和编程，要以生产厂家随机床提供的说明书为准。

2.1.5 数控加工技术的发展

（1）数控加工技术的发展历程　1952年，美国帕森斯公司（Parsons Co.）和麻省理工学院伺服机构实验室（Serve Mechanisms Laboratory of the Massachusetts Institute of Technology）联合研制成功了世界上第一台数控铣床。该机床实现了简单的数字控制（NC），用于加工直升机叶片轮廓检查用样板。1955年进入数控加工实用阶段，在复杂曲面的加工中发挥了作用。随着计算机技术、微电子技术、自动控制技术、精密测量技术及机械制造技术的发展，数控机床及加工技术取得了飞速的发展。随着电子技术与计算机技术的快速发展，数控机床也从简单的数控铣床发展为1958年的加工中心（MC），1961年的计算机直接数控（DNC），1965年的自适应控制（AC），1973年的计算机数控（CNC）机床。数控机床的灵活性、快速性也越来越高，加工的范围也越来越广。从1974年到1980年，数控机床作为重要组成部分和最基本单元，先后经历了计算机辅助设计/制造（CAD/CAM）、柔性制造单元/系统（FMC/FMS）、计算机集成制造系统（CIMS）的发展过程。

我国从1958年开始研制数控机床，并于同年研制出三坐标数控铣床，随后在有关院校、研究单位及企业的共同努力下，数控机床逐步应用于实际机械加工，在复杂零件的加工中发挥了一定的作用。自1980年以来，我国数控机床制造及加工应用技术发展很快，从初期的引进、仿制，到现在能够自行开发、设计、制造具有自主知识产权的中、高档数控机床及控制系统。目前，主要数控机床产品包括车床、铣床、镗铣床、钻床、磨床、加工中心、线切割机床、齿轮机床、折弯机、柔性制造单元等，品种数量达300多种，除满足国内各行业需要外，还实现了部分外销。据权威部门的统计资料显示，目前我国数控机床需求量日益增加，产量正呈飞速增长的趋势。2000年我国生产各类数控机床1.4万台，而2010年产量为22.39万台。数控加工在机械制造中发挥越来越大的作用。据统计，目前我国可供市场需求的数控机床有1500种，几乎覆盖了整个金属切削机床的品种类别和主要的锻压机械。其领域之广，可与日本、德国、美国并驾齐驱。这标志着国内数控机床产业已进入快速发展时期。数据显示，2019年我国数控机床市场规模近4000亿元，2020年我国数控机床市场规模突破4000亿元，达到了4050亿元。

（2）数控机床的发展方向

1）高精度。现代机械产品要求的精度越来越高，零件精度由以前的0.01mm级提高到0.001mm级，促使数控加工向高精度发展。

2）高速化。为进一步提高生产率和加工精度，数控加工向高速化方向发展已成为趋势。高速化不仅表现在主轴转速提高，也表现在工作台快速移动和进给速度不断提高，如加工时主轴转速超过10000r/min，工作台快速移动速度可达60～80m/min，甚至高达120 m/min。高速切削有利于减小机床振动，减少传入零件的热量，减小热变形，提高加工质量。同时，还采用快速换刀及其他提高辅助动作自动化程度的措施，如快速自动定位夹紧、缩短托盘交换时间等，进一步提高生产率。

3）智能化。智能化的内容体现在数控系统中的各个方面：提高加工效率和加工质量方面的智能化，如加工过程的自适应控制，工艺参数自动生成；提高驱动性能及使用连接方面的智能化，如前馈控制、电动机参数的自适应运算、

自动识别负载、自动选定模型、自整定等；简化编程、方便操作方面的智能化，如智能化的自动编程、智能化的人机界面等；还有方便系统的诊断及维修等的智能诊断、智能监控等方面的内容。

4）网络化。网络化数控装备是近年来机床发展的一个热点。数控装备的网络化将极大地满足生产线、制造系统、制造企业对信息集成的需求，也是实现新的制造模式，如敏捷制造、虚拟企业、全球制造的基础单元。

5）柔性自动化。数控机床向柔性自动化系统发展的趋势是：从点（数控单机、加工中心和数控复合加工机床）、线（FMC、FMS、FTL、FML）向面（工段车间独立制造岛、FA）、体（CIMS、分布式网络集成制造系统）的方向发展，另外也向注重应用性和经济性方向发展。柔性自动化技术是制造业适应动态市场需求及产品迅速更新的主要手段，是各国制造业发展的主流趋势，是先进制造领域的基础技术。其重点是以提高系统的可靠性、实用化为前提，以易于联网和集成为目标，注重加强单元技术的开拓和完善，CNC单机向高精度、高速度和高柔性方向发展。

6）复合化。复合化加工是通过增加机床的功能，减少工件加工过程中的定位装夹次数及对刀等辅助工艺时间，从而提高机床生产率。复合化加工还可减少辅助工序，减少夹具和加工机床数量，对降低整体加工和机床维护费用有利。

复合化加工有两重含义：一是工序和工艺集中，即在一台机床上一次装夹可完成多工序、多工种的任务，如数控车床向车削中心发展，加工中心向功能更多的方向发展，五轴联动向五面加工发展等；二是指工艺的复合，如激光或超声波辅助机械加工。

（3）以数控为基础的现代制造技术　在现代生产中，为了满足多品种、小批量、产品更新换代周期短等要求，原来以单功能机床为主体的生产线，已不能适应机械制造业日益提高的要求，因而出现了具有多功能和一定柔性的设备和生产系统，促使数控技术向更高层次发展。现代生产系统主要有柔性制造单元、柔性制造系统和计算机集成制造系统等。

2.2　电火花线切割机床常识

2.2.1　电火花线切割机床的型号

我国自主生产的电火花线切割机床型号是根据JB/T 7445.2—2012《特种加工机床　第2部分：型号编制方法》的规定编制的，机床型号由汉语拼音字母和阿拉伯数字组成，它表示机床的类别、特性和基本参数。现以型号为DK7732的数控电火花线切割机床为例，对其型号中各字母与数字的含义解释如下：

D为机床类代号，表示电火花加工机床；

K为机床通用特性代号，表示数控；

7为组代号，表示电火花成形机床或电火花线切割机床；

7为系代号，表示往复走丝电火花线切割机床；

32为主参数，表示短轴行程为320mm。

国外生产线切割机床的厂商主要有瑞士和日本两国。其主要的公司有：瑞士阿奇夏米尔公司、日本三菱电机公司、日本沙迪克公司、日本FANUC公司、日本牧野公司。国外机床的编号一般也是以系列代码加基本参数来编制的，如日本沙迪克公司的A系列/AQ系列/AP系列，三菱电机公司的FA系列等。

2.2.2　数控电火花线切割机床的主要技术参数

数控电火花线切割机床的主要技术参数包括工作台行程（纵向行程×横向行程）、最大切割厚度、加工表面粗糙度、加工精度、切割速度，以及数控系统的控制功能等。为有计划地开发新机床品种与规格，根据生产实际的需要，在国家颁布的GB/T 7925—2005《电火花线切割机（往复走丝型）　参数》中已有相关规定，确定了电火花线切割机床的参数规格。表2-1为DK77系列数控电火花线切割机床的主要型号及技术参数。

表2-1　DK77系列数控电火花线切割机床的主要型号及技术参数

型号	工作台尺寸/mm	工作台行程/mm	最大切削厚度/mm	加工锥度	主机质量/kg	外形尺寸/mm
DK7720	270×390	200×250	200		1000	1250×1000×1200
DK7732A	360×610	320×400	400		1400	1240×1170×1400
DK7732B	360×610	320×400	400	±6°/80mm	1400	1240×1170×1400
DK7740A	460×690	400×500	400		1600	1600×1240×1400
DK7740B	460×690	400×500	400	±6°/80mm	1600	1600×1240×1400
DK7750A	540×890	500×630	400		2300	1720×1680×1700
DK7750B	540×890	500×630	400	±6°/80mm		

2.2.3　线切割加工机床的分类

1. 高速走丝与低速走丝线切割机床

根据电极丝的运行速度不同，电火花线切割机床通常分为两类。一类是高

速走丝电火花线切割（WEDM-HS）机床，这是我国生产和使用的主要机种，也是我国独创的电火花线切割加工模式。其电极丝做快速往复运动，一般走丝速度为8～10m/s，电极丝可重复使用，加工速度较慢，且快速走丝容易造成电极丝抖动和换向时停顿，使加工质量下降。图2-10所示为数控高速走丝线切割机床。另一类是低速走丝电火花线切割（WEDM-LS）机床，其电极丝做慢速单向运动，一般走丝速度低于0.2m/s，电极丝放电后不再使用，工作平稳、均匀、抖动小，加工质量较好，加工速度较快，使用成本较高，是国外生产和使用的主要机种。图2-11所示为数控低速走丝线切割机床。

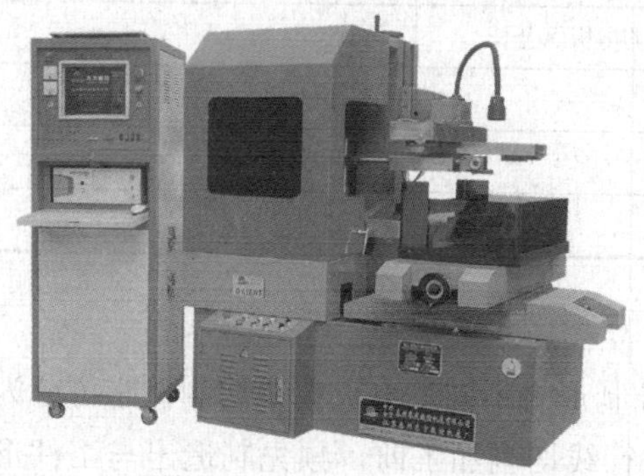

图2-10 数控高速走丝线切割机床

图2-11 数控低速走丝线切割机床

数控高速走丝线切割机床与数控低速走丝线切割机床的比较见表2-2。

表2-2 数控高速走丝线切割机床与数控低速走丝线切割机床的比较

比较项目	数控高速走丝线切割机床	数控低速走丝线切割机床
走丝速度/（m/s）	常用值8～10	常用值0.001～0.25
电极丝工作状态	往复供丝，反复使用	单向运行，一次性使用
电极丝材料	钼、钼钨合金	黄铜、铜、以铜为主的合金或镀覆材料、钼丝
电极丝直径/mm	常用值0.18	0.02～0.38，常用值0.1～0.25
穿丝换丝方式	只能手工	可手工，可半自动，可全自动
工作电极丝长度/m	200左右	数千
电极丝振动	较大	较小
运丝系统结构	简单	复杂
脉冲电源	开路电压80～100V，工作电流1～5A	开路电压300V左右，工作电流1～32A
单面放电间隙/mm	0.01～0.03	0.003～0.12

（续）

比较项目	数控高速走丝线切割机床	数控低速走丝线切割机床
工作液	线切割乳化液或水基工作液	去离子水，有的场合用电火花加工专用油
导丝机构型式	普通导轮，寿命较短	蓝宝石或钻石导向器，寿命较长
机床价格	较便宜	其中进口机床较昂贵
最大切割速度/（mm^2/min）	180	400
表面粗糙度Ra/μm	1.6～3.2	0.1～1.6
重复定位精度/mm	0.02	0.002
电极丝损耗	均布于参与工作的电极丝全长	不计
工作环保	较脏/有污染	干净/无害
操作情况	单一/机械	灵活/智能
驱动电动机	步进电动机	直线电动机

2. 按其他方式分类

1）按机床的控制形式分类：按控制形式不同，电火花线切割机床可分为三种。第一种是靠模仿形控制，其在进行线切割加工前，预先制造出与工件形状相同的靠模，加工时把工件毛坯和靠模同时装夹在机床工作台上，在切割过程中电极丝紧紧地贴着靠模边缘做轨迹移动，从而切割出与靠模形状和精度相同的工件来；第二种是光电跟踪控制，其在进行线切割加工前，先根据零件图样按一定放大比例描绘出一张光电跟踪图，加工时将图样置于机床的光电跟踪台上，跟踪台上的光电头始终追随墨线图形的轨迹运动，再借助于电气、机械的联动，控制机床工作台连同工件相对电极丝做相似形的运动，从而切割出与图样形状相同的工件来；第三种是数字程序控制，采用先进的数字化自动控制技术，驱动机床按照加工前根据工件几何形状参数预先编制好的数控加工程序自动完成加工，不需要制作靠模样板，也无须绘制放大图，比前面两种控制形式具有更高的加工精度和广阔的应用范围。目前，国内外98%以上的电火花线切割机床都已数控化，前两种机床已经停产。

2）按机床配用的脉冲电源类型分类：按机床配用的脉冲电源类型分类可分为RC电源、晶体管电源、分组脉冲电源及自适应控制电源机床等。目前，单纯配用RC电源的线切割机床也已经停产，较新的电源为纳秒级大峰值电流脉冲电源与防电解脉冲电源。先进的低速走丝电火花线切割机床采用的脉冲电源的脉宽仅几十纳秒，峰值电流在1000A以上，形成汽化蚀除，不仅加工效率高，而且

使表面质量大大提高。防电解电源是解决工件“软化层”的有效技术手段。防电解电源采用交变脉冲，平均电压为零，使在工作液中的OH⁻离子电极丝与工件之间处于振荡状态，不趋向工件和电极丝，防止工件材料的氧化。采用防电解电源进行电火花线切割加工，可使表面变质层控制在1μm以下，避免硬质合金材料中钴的析出溶解，保证硬质合金模具的寿命。测试结果表明，防电解电源加工硬质合金模具寿命已接近机械磨削加工，在接近磨损极限处甚至优于机械磨削加工。

3）按机床工作台的尺寸与行程（也就是按照加工工件的最大尺寸）的大小，可分为大型、中型、小型线切割机床。

4）按加工精度的高低，可分为普通精度型及高精度精密型两大类线切割机床。绝大多数低速走丝线切割机床属于高精度精密型机床。

2.3　数控高速走丝电火花线切割机床的主要组成部分

数控高速走丝电火花线切割机床主要由床身、坐标工作台、走丝机构、锥度切割装置、工作液循环系统、脉冲电源、附件和夹具等几部分组成，如图2-12所示。

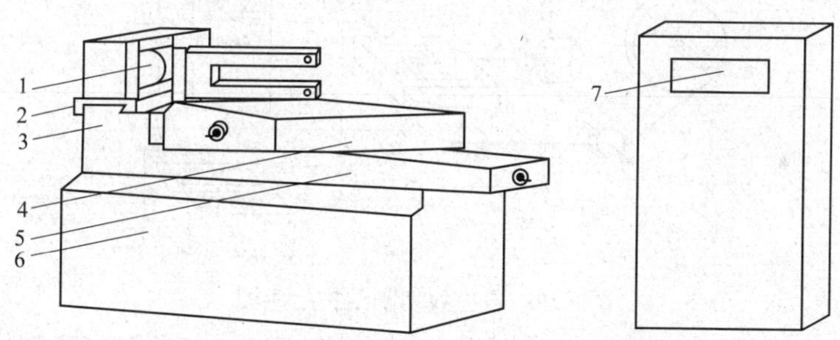

图2-12　数控高速走丝电火花线切割加工机床

1—储丝筒　2—走丝溜板　3—丝架　4—上滑板　5—下滑板　6—床身　7—电源控制柜

2.3.1　床身和坐标工作台

床身一般为铸件，是坐标工作台、绕丝机构及丝架的支承和固定基础，通常采用箱式结构，应有足够的强度和刚度。床身内部安置电源和工作液箱，考虑电源的发热和工作液泵的振动，有些机床将电源和工作液箱移出床身外另行安放。

电火花线切割机床对零件轮廓的加工是通过坐标工作台与电极丝的相对运动来完成的。坐标工作台是指在水平面上沿着X轴和Y轴两个坐标方向移动，用于装夹摆放工件的“平台”。坐标工作台由步进电动机、滚珠丝杠和导轨组成。控制系统每发出一个进给信号，步进电动机就转动一定角度，经过减速器，带动丝杠旋转，通过丝杠副，将电动机的旋转运动变为工作台的直线运动，带动工件实现X、Y两个坐标轴方向各自的进给运动，这两个运动经合成可实现各种平面图形的曲线轨迹。

2.3.2 电火花线切割走丝机构

电火花线切割走丝机构是能使电极丝具有一定的张力和直线度，以给定的速度稳定运动，并可以传递给定的电能的机构。在快走丝线切割机床上，电极丝张力与排绕在储丝筒上的电极丝的拉紧力有关，储丝筒通过联轴器与驱动电动机相连。为了重复使用电极丝，有专门的换向装置控制电动机做正、反向交替运动。在运动过程中，电极丝由支架支承，依靠导轮保持电极丝与工作台垂直或切割锥度时倾斜一定的几何角度。数控线切割结构示意图如图2-13所示。下面分别进行说明。

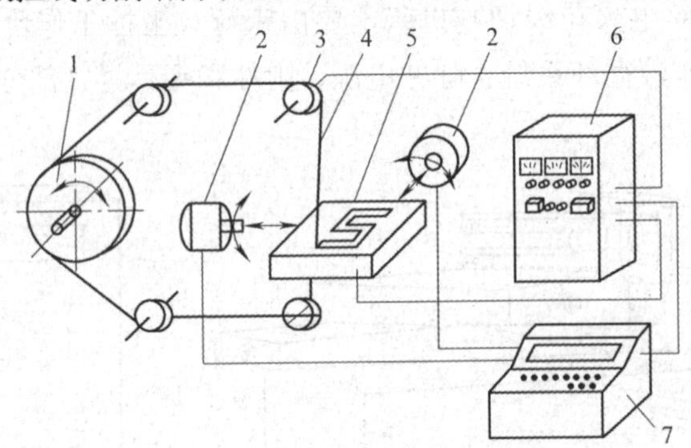

图2-13 数控线切割结构示意图

1—储丝筒 2—工作台驱动电动机 3—导轮 4—钼丝 5—工件 6—数控装置 7—脉冲电源

（1）储丝筒 储丝筒在快走丝线切割机中，兼有收、放丝卷筒的功能。储丝筒一般用轻金属材料制成，工作时，将电极丝的一端固定在储丝筒的一端柱面上，然后按一个方向有序地、密排在储丝筒上缠绕一层，将电极丝的另一端穿过整个走丝机构，回到储丝筒，按缠绕方向将电极丝头固定在储丝筒的另一端柱面上。这样缠绕的电极丝，不论储丝筒向哪个方向旋转，电极丝都会有序地一边放一边收。储丝筒通过联轴器与驱动电动机连接，电动机由专门的换向装置控制其正、反交替运转，从而使电极丝往复运动，反复使用该段电极丝。

（2）电极丝 电极丝是电火花线切割时，用来导电放电的金属丝，是线切

割机床的“刀具”，在快走丝线切割中泛指“钼丝”。电极丝的质量直接影响切割工件的质量，例如在放电条件一定的情况下，电极丝直径尺寸精度直接反映到切割工件的尺寸精度上。

（3）导轮　导轮部件是确定电极丝位置的部件，主要由导轮、轴承和调整座组成。导轮和轴承的配合由于长期高速运转很容易因磨损而松动，造成电极丝直线位置的不确定，所以需要经常调整导轮松紧或更换导轮和轴承。

（4）电源导电器　高频电源的负极通过导电器与快速运行的电极丝连接。因此，导电器必须耐磨，而且电阻要小。由于切割微粒粘附在电极丝上，导电器磨损后拉出一条凹槽，凹槽会增加电极丝与导电器的摩擦，加大电极丝的纵向振动，影响加工精度和表面粗糙度，因此，导电器要能多次使用。高速走丝电火花线切割机的导电器有两种：一种是圆柱形的，电极丝与导电器的圆柱面接触导电，可以轴向移动和圆周转动，以满足多次使用的要求；另一种是方形或圆形的薄片，电极丝与导电器的大面积接触导电，方形薄片的移动和圆形薄片的转动可满足多次使用的要求。导电器的材料都采用硬质合金，既耐磨又导电。此外，为了保证电极丝与导电块接触的可靠，有的导电器采用了弹性结构。

（5）张力调节器　在加工时电极丝因往复运行，经受交变应力及放电时的热轰击，伸长了的电极丝的张力减小，影响了加工精度和表面粗糙度。若没有张力调节器，就需人工紧丝，如果加工大工件，中途紧丝就会在加工表面形成接痕，影响表面粗糙度。张力调节器的作用就是根据丝长调节张力，使运行的电极丝保持在一个恒定的张力上，也称恒张力机构。

（6）锥度切割装置　锥度切割装置用来切割有模锻斜度的冲模或工件内、外表面的锥度。大部分数控线切割机床都具有锥度切割装置。实现锥度切割的方法有多种，快走丝线切割机床主要用的是偏移式丝架。一般采用偏移上、下导轮的方法实现电极丝的倾斜，如图2-14所示。用这种方法加工的锥度一般较小。

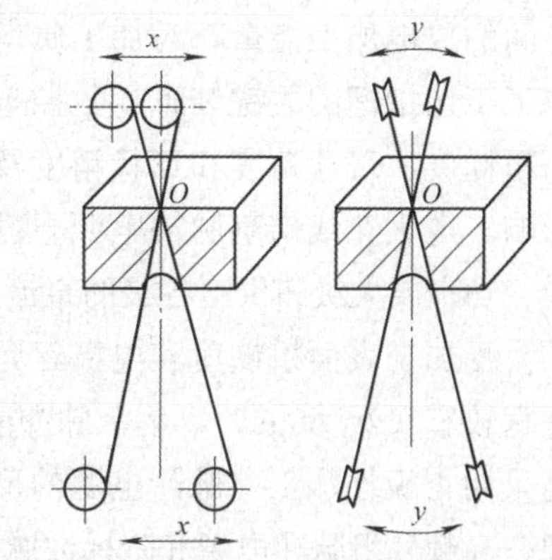

图2-14　偏移上、下导轮实现锥度切割

2.3.3　工作液及其循环系统

工作液的主要作用是在电火花线切割加工过程中的脉冲间歇时间内，及时将已蚀除下来的电蚀产物从加工区域中排除，使电极丝与工件间的介质迅速恢复绝缘状态，保证火花放电不会变为连续的弧光放电，使线切割顺利进行下去。此外，工作液还有两个作用：一个是有助于压缩放电通道，使能量更加集中，提高电蚀能力；另一个是可以冷却受热的电极丝，防止放电产生的热量扩散到不必要的地方，有助于保证工件表面质量和提高电蚀能力。

工作液在线切割加工中对加工工艺指标的影响很大，如对切割速度、表面粗糙度、加工精度和生产率影响很大。因此，工作液应具有一定的介电能力、较好的消电离能力、渗透性好、稳定性好等特性，还应有较好的洗涤性能、耐蚀性能、对人体无危害等。低速走丝线切割机床大多采用去离子水作为工作液，只有在特殊精加工时才采用绝缘性能较高的煤油。高速走丝线切割机床使用的工作液是专用乳化液，目前商品化供应的乳化液有DX-1、DX-2、DX-3等多种规格，各有其特点，有的适用于快速加工，有的适用于大厚度切割，也有的是在原来工作液中添加某些化学成分来改善其切割表面粗糙度或增加防锈能力等，应根据生产实际合理选择。一般线切割机床的工作液循环系统包括：工作液箱、工作液泵、流量控制阀、进液管、回流管及过滤网罩等。对于高速走丝线切割机床，通常采用浇注式的供液方式。

2.3.4　脉冲电源

脉冲电源是数控线切割机床最重要的组成部分之一，提供工件和电极丝之间的放电加工能量，对加工质量和加工效率有直接的影响。它是决定线切割加工工艺指标的关键装置。数控电火花线切割加工的切割速度、被加工面的表面粗糙度、尺寸精度和形状精度及电极丝的损耗等，都将受到脉冲电源性能的影响。电火花线切割脉冲电源一般是由主振级（脉冲信号发生器）、前置放大级、功率放大级和供给各级的直流电源组成。

受加工表面粗糙度和电极丝允许承载电流的限制，线切割加工脉冲电源的脉宽较窄（2～60μs），单个脉冲能量、平均电流一般较小，所以线切割加工总是采用正极性加工。脉冲电源的形式和品种很多，主要有晶体管矩形波脉冲电源、高频分组脉冲电源和阶梯波脉冲电源等。

1. 晶体管矩形波脉冲电源

晶体管矩形波脉冲电源的工作方式与电火花成形加工类同，如图2-15所示，通过控制功率晶体管VT的基极以形成电压脉宽t_i、电流脉宽t_e和脉冲间隔t_o，限流电阻R_1、R_2决定峰值电流i_e。这种电源广泛用于高速走丝线切割机床，

而在低速走丝机床中用得不多。因为低速走丝线切割机床排屑条件较差，要求采用0.1μs的窄脉宽和500A以上的高峰值电流，这样势必要用到高速大电流的开关元件，电源装置也要大型化。

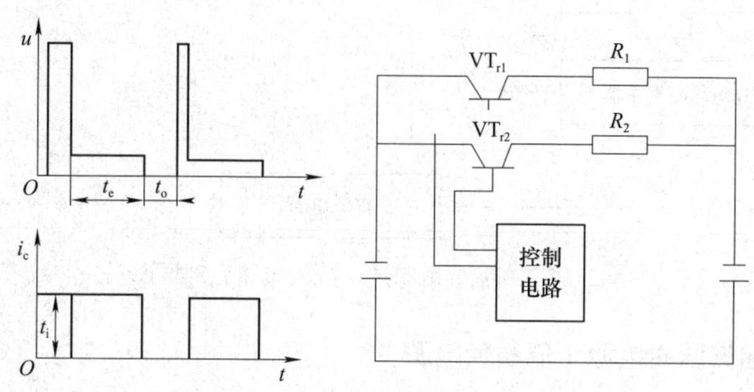

图2-15　晶体管矩形波脉冲电源

2. 高频分组脉冲电源

高频分组脉冲波形如图2-16所示，这种波是由矩形波派生出来的，即把较高频率的小脉宽t_i和小脉间t_o的矩形波脉冲分组成为大脉宽T_i和大脉间T_o输出。

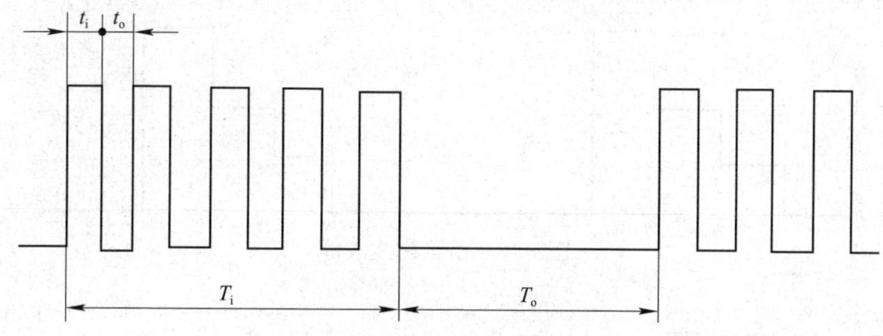

图2-16　高频分组脉冲波形

矩形波不能同时满足提高切割速度和改善表面粗糙度这两项工艺指标。若想提高切割速度，则表面粗糙度较差；若想使表面粗糙度值较小，则切割速度急剧下降。而高频分组脉冲电源在一定程度上缓解了两者之间的矛盾，它既具有高频脉冲加工表面粗糙度值小，又具有低频脉冲加工速度高、电极丝损耗低的双重特点，在相同的加工条件下，可获得较好的加工工艺效果，因而得到了越来越广泛的应用。高频分组脉冲电源的电路原理框图如图2-17所示。

由图2-17 可见，加工时由高频脉冲发生器、分组脉冲发生器和与门电路产生高频分组脉冲波形，然后经脉冲放大和功率输出，将高频分组脉冲能量输送到放电间隙，进行放电腐蚀加工。一般取$t_o \geqslant t_i$，T_i=（4～6）t_i，$T_o \leqslant T_i$。

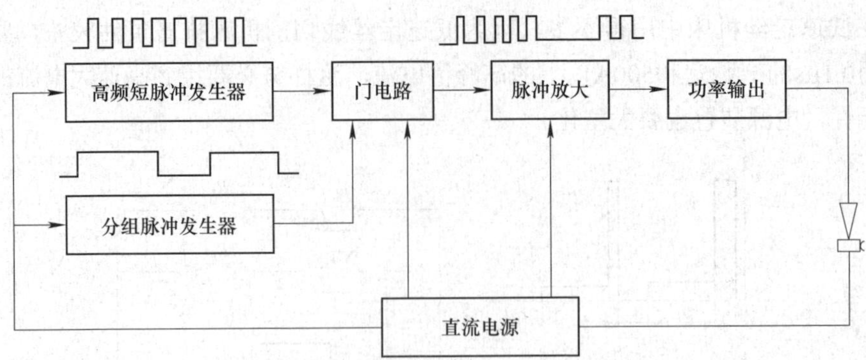

图2-17　高频分组脉冲电源的电路原理框图

3. 阶梯波脉冲电源（低损耗电源）

实践证明，如果每个脉冲在击穿放电间隙后，电压及电流逐步升高，则可以在不太降低生产率的情况下，大大减少电极丝的损耗，延长重复使用电极丝的寿命，提高加工精度，这对于快速走丝线切割加工是很有意义的。这种脉冲电源就是阶梯波脉冲电源，一般为前阶梯波，其电流波形如图2-18所示。前阶梯波由矩形波组合而成，可由几路起始脉冲放电时间顺序延迟的矩形波叠加而成。

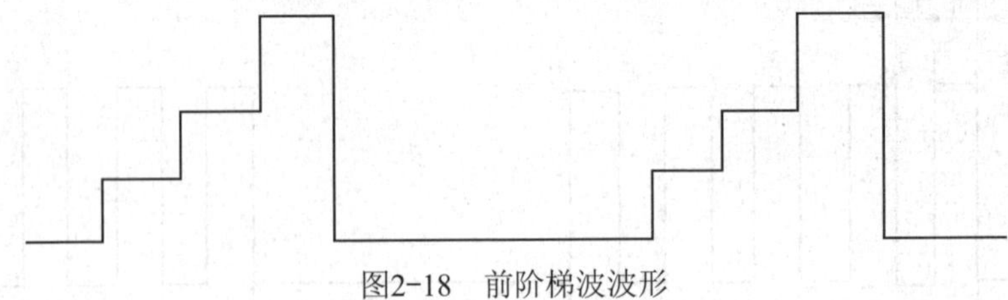

图2-18　前阶梯波波形

2.3.5　数控装置

数控装置是电火花线切割机床的控制核心。其主要作用有两个。首先，在电火花线切割加工过程中，按加工要求自动控制电极丝相对工件的运动轨迹和进给速度，从而实现对工件的形状和尺寸加工。具体来讲，用户在系统软件上对拟加工零件编写加工图形或加工代码，数控装置中的运动控制模块实现加工指令的转换，并实现X、Y、U、V四轴的直线/圆弧插补和位置反馈补偿，自动升降速的处理，各轴的伺服控制器通过控制电动机就会带动工作台按要求实现运动。其次，电火花线切割数控装置除需具备基本的运动控制功能之外，还需对电火花线切割加工过程中出现的加工状态进行检测，将放电电压与火花放电状态的放电电压阈值进行比较，确定电极丝与工件所需的相对运动运动方向，

并将其反馈给数控系统，确保整个加工过程能够始终以合适的间隙和走丝速度实现火花放电。

总之，电火花线切割数控装置需要实现对高频电源的脉冲宽度、脉冲间隙、电压大小、电流高低的控制；实现对运丝电动机运丝速度的控制；实现对机床冷却电动机、运动电动机及各电源模块的控制。此外，电火花线切割数控装置根据实际需求还可以具有掉电回退、放电间隙自适应控制等功能，并且具有高实时性。

2.4 数控高速走丝电火花线切割加工机床使用、日常维护及保养须知

在使用数控高速走丝电火花线切割机床进行加工的过程中，应该从操作者安全和设备安全两个方面来考虑机床的安全操作规程。

2.4.1 机床安装与使用环境要求须知

数控高速走丝电火花线切割机床属于精密机床，正确选择安装与使用位置和环境非常重要，不良的安装位置和环境将会影响机床的使用寿命以及零件的加工精度。

1）机床的安装位置应远离锻压、冲压等产生强烈振动的设备，以防止振动影响机床本身的精度和加工精度。机床四周设置防振沟、安装调整机床使用减振垫铁等都是用于减少周围环境对机床精度影响的方法。

2）机床应该安装在没有灰尘污染、没有腐蚀性气体或液体的环境中，以防止灰尘、粉尘以及腐蚀性气体或液体等导致的滚珠丝杠、导轨和工作台的磨损，以及其对电器元件造成的损坏。

3）机床应远离大功率电气设备，以免引起对加工电源、控制装置等的干扰。

4）机床工作的环境温度与湿度对机床的使用寿命和加工性能有一定的影响。一般地，线切割机床工作的环境温度应保持在15～30℃，对加工精度有较高要求时，环境温度应严格控制在（20±3）℃。环境的湿度一般不宜大于70%，如果环境的湿度过大，容易使机床的工作台和加工后的工件产生锈蚀，容易使机床的电器元件损坏。

5）在数控高速走丝电火花线切割机床加工过程中，由于大量使用线切割工

作液，会产生一些有害气体，所以机床安装场所应保证空气流畅。

2.4.2 机床使用须知

为了保证操作者的人身安全和设备的安全，操作人员必须遵守以下安全操作规程：

1）操作者必须熟悉数控高速走丝线切割机床的操作技术，能按照规定的操作步骤操作机床。

2）操作者必须熟悉数控高速走丝电火花线切割加工工艺，能根据加工要求恰当地选取加工参数。

3）开机前应按照设备润滑要求，对机床的相关部位进行注油润滑。一般地，对机床高速运动的部位，如储丝筒拖板导轨、储丝筒丝杠副、导轮轴承等处，应每班注油一次；对于工作台导轨、工作台滚珠丝杠副等处，每半年或根据实际情况进行加注润滑脂。

4）在手动安装电极丝时，应保持电极丝不打折，以免电极丝断丝。电极丝安装完成后，及时将摇柄取出，以免摇柄甩出伤人。

5）在机动安装电极丝的时候，应将储丝筒的护罩、导轮护罩等安装好，以免在电极丝运转的过程中将物体（如工具、棉纱等）卷入，以及断丝时发生缠绕和飞射伤人等事故。

6）用过的废丝要放在规定的容器里，防止混入系统中引起短路、触电等事故。

7）在切割加工之前，要对工件进行必要的热处理，尽量消除工件的残余应力，防止切割过程中工件爆炸伤人，加工之前，应安装好防护罩。

8）正式加工工件之前，应确认工件已安装正确，防止碰撞丝架和因超程撞坏丝杠、螺母等传动部件。

9）手动或自动移动工作台时，必须注意电极丝的位置，避免电极丝与工件或工装产生干涉造成断丝。

10）在切割加工过程中会产生一些有害物质（如废弃的工作液、气体和烟雾），还会产生电磁波辐射，为避免以上因素对操作者产生伤害，必须对有害物质进行必要的处理，不得随意丢弃，另外，在加工过程中，操作者应与机床保持一定距离。

11）机床附近不得放置易燃、易爆物品，防止因工作液一时供应不足产生放电火花而引起火灾事故。

12）禁止用湿手按动开关或接触电器部分，防止工作液等导电物进入机床电器部分。当机床因电器短路造成火灾时，首先应切断电源，并立即用四氯化碳灭火器灭火，禁止用水灭火。

13）定期检查机床的保护接地是否可靠，注意各部位是否漏电，在电路中尽量采用防触电开关。

14）在对机床电器、脉冲电源、控制系统、机械系统等部分进行维修前，必须切断电源，防止损坏电器元件以及触电事故的发生。

15）加工完成后应及时清理工作台、工装等表面的工作液，并涂上适量的润滑油，防止工作台、工装等部位的锈蚀。

16）在机床运行过程中，不要将身体靠在机床上，不要将工具、量具放在移动的工件或部位上。

17）在机床运行过程中发生紧急情况时，应立即按红色急停按钮来停止机床的运行。

2.4.3 机床保养须知

数控高速走丝电火花线切割机床保养的目的是保证机床能正常可靠地运行，保持其加工精度，延长机床的使用寿命。数控高速走丝电火花线切割机床的保养应从以下几个方面进行：

1. 定期润滑

数控高速走丝电火花线切割机床的运动部件，如机床导轨、丝杠副、传动齿轮、导轮轴承等应进行定期润滑，通常使用规定的润滑油进行润滑。如果轴承、丝杠副等是保护套形式，应在使用半年或一年后拆开清洗换油。

2. 定期调整

对于丝杠副、导轨等运动部件，要根据使用的时间、磨损情况、间隙大小等状况进行调整，以使机床在最好的状态下工作。

3. 定期更换

定期检查导轮“V”形槽的磨损情况，如果磨损严重应及时更换。经常检查导电块与电极丝接触是否良好，导电块磨损到一定程度，要及时更换。更换的时候要采用正确的方法，使更换后的部件达到规定的运动精度。工作液在使用一段时间后会很脏，会影响加工的正常进行，要定期更换。定期检查上、下喷嘴的损伤和脏污程度，应及时清洗和更换。定期更换控制电柜上的空气过滤器，以免过滤器太脏引起电柜过热而使电器元件损坏。

4. 定期检查

定期检查机床的电源线、行程开关、换向开关、急停按钮等是否安全可靠。经常检查工作液是否足够，管路是否通畅。

第3章

数控高速走丝电火花线切割加工工艺

3.1 数控高速走丝电火花线切割加工的主要工艺指标

数控高速走丝电火花线切割加工的主要工艺指标包括加工精度和配合间隙、切割速度、表面质量等，用于对高速走丝电火花线切割加工的加工过程、加工效果的综合评价。

3.1.1 加工精度和配合间隙

加工精度是指所加工工件的尺寸精度、形状精度（如直线度、平面度、圆度等）和位置精度（如平行度、垂直度、倾斜度等）的总称。高速走丝线切割的可控加工精度可达0.01～0.02mm。

配合间隙是指脉冲放电两极间距，实际效果反映在加工后工件尺寸的单边扩大量。对电火花成形加工配合间隙的定量认识是确定加工方案的基础。其中包括工具电极形状、尺寸设计、加工工艺步骤设计、加工规准的切换以及相应工艺措施的设计。

3.1.2 切割速度

在保持一定表面粗糙度的线切割加工过程中，单位时间内电极丝中心在工件上切过的面积总和称为切割速度v_{wi}，单位为mm^2/min，一般情况下往往指的是平均切割速度。切割速度是反映加工效率的一项重要指标，数值上等于电极丝中心沿图形加工轨迹的进给速度乘以工件厚度。通常高速走丝线切割速度为40～80mm^2/min。

在科学研究或实际工作中，为了评价数控高速走丝电火花线切割加工机床脉冲电源的性能，通常用最大切割速度作为衡量指标。所谓最大切割速度是指在不计切割方向、不考虑切割精度以及表面质量、电极丝损耗的情况下，单位时间内机床一次切割可以达到的最大切割面积。

3.1.3 表面质量

电火花线切割加工表面质量一般包括表面粗糙度和表面变质层两项工艺指标。

表面粗糙度是指加工表面上的微观不平度，是微观几何形状误差。对电加工表面来讲，即是无数个加工表面放电痕——坑穴的聚集，由于坑穴表面会形成一个加工硬化层，而且能存润滑油，其耐磨性比同样表面粗糙度的机加工表面要好，所以加工表面允许比要求的表面粗糙度大些。而且在相同表面粗糙度的情况下，电加工表面比机加工表面亮度低。工件的电火花加工表面粗糙度直接影响其使用性能，如耐磨性、配合性质、接触刚度、疲劳强度和耐蚀性等。尤其对于高速、高洁、高压条件下工作的模具和零件，其表面粗糙度往往是决定其使用性能和使用寿命的关键。

线切割加工中的工件表面粗糙度通常用轮廓算术平均值偏差Ra值表示。高速走丝线切割的Ra值一般为1.25～2.5μm，最低可达0.63～1.25μm。

表面变质层的形成是由于在电火花线切割加工过程中，材料表面因放电产生高温熔化、汽化等剧烈的物理与化学过程，在工作液的作用下，经急速冷却而产生的变质层。一般情况下，变质层的厚度往往是不均匀的，也存在着热应力，因此有大量的微观裂纹。对于碳素结构钢材质的工件，工件表面的变质层在金相照片中呈现白色，一般称为“白层”。经金相组织分析，它与基体金相组织完全不同，主要是由马氏体、晶粒极细的残留奥氏体以及某些碳化物组成的一种树枝状淬火铸造组织。

3.2 电极丝与工作液

3.2.1 电极丝

1. 电极丝材料

由于高速走丝电火花线切割在加工过程中具有走丝速度快、往复运动等工

艺特点，因此电极丝材料必须具备良好的导电性、较低的电子逸出功、良好的耐电蚀性能和较大的抗拉强度等。

电极丝材料不同，线切割加工的速度也不同。到目前为止，比较适合制作电极丝的材料主要有钼丝、钨钼合金丝、纯铜丝、黄铜丝等。为了提高切割性能，也有专用的各种电极丝，如内为黄铜丝、外镀熔点较低的锌或锌合金，允许较大的峰值电流，在火花放电时产生较大的汽化爆炸力，可达到较高的切割速度。

数控高速走丝电火花线切割加工的电极丝需要反复使用，它的热物理特性对加工工艺指标有重要的影响作用。电极丝应具有良好的耐蚀性，以利于提高加工精度；应具有良好的导电性，以利于提高电路效率；应具有较高的熔点，以利于大电流加工；应具有较高的抗拉强度和良好的直线性，以利于提高使用寿命。

电极丝材料应根据材料性能、加工对象和加工方法等综合因素来考虑。常用电极丝材料的性能及选用见表3-1。

表3-1　常用电极丝材料的性能及选用

电极丝材料		钢	黄铜	纯铜	石墨	铜钨合金	银钨合金
电加工性能	稳定性	较差	好	好	尚好	好	好
	电极损耗	中等	大	较小	小	小	小
机加工性能		好	尚好	较差	尚好	尚好	尚好
加工对象	硬质合金	不用	好	尚好	好	尚好	尚好
	直壁深孔	不用	不用	好	尚好	尚好	尚好
	精密细微孔	不用	好	好	不用	好	好
	螺纹孔	不用	好	好	不用	不用	不用
	小圆孔	好	尚好	尚好	不用	尚好	尚好
加工方法	直接法	好	不用	不用	不用	不用	不用
	间接法	不用	尚好	好	尚好	尚好	尚好
	混合法	不用	好	好	不用	尚好	尚好
适用范围		冲模加工	简易形状的穿透加工	穿透加工 型腔加工	大型型腔	精密冲模 精密型腔	精密冲模 精密型腔

2. 电极丝直径

电极丝直径的选择应根据加工和工艺要求、切缝宽窄、工件厚度和拐角尺寸大小来选择。首先，在加工要求允许的情况下，应尽量选择直径较大的电极丝。因为直径大，则抗拉强度大、能承载的电流大、能采用较强的电规准进行加工，从而提高加工效率。同时，电极丝直径大会导致切缝宽、放电产物排除条件好、能提高电源的脉冲利用率。但是，大直径电极丝难以加工出内尖角工件，加工精度降低；反之，如果电极丝直径过小，则抗拉强度低、易断丝、放电产物排除条件差、易经常出现加工过程不稳定现象，导致加工效率降低。

常用电极丝的直径有ϕ0.12mm、ϕ0.14mm、ϕ0.18mm和ϕ0.2mm。电极丝直径与拐角极限和工件厚度的关系如第4章中表4-2所列。加工带尖角、窄缝的小型模具零件宜选用较细的电极丝，可以使加工精度相应提高；若加工大厚度工件或大电流切割时应选较粗的电极丝，可以提高加工效率。表3-2为几种直径规格钼丝的最小拉断力，可供在工程实践中参考使用。

表3-2 几种直径规格钼丝的最小拉断力

钼丝直径/mm	最小拉断力/N
0.06	2～3
0.08	3～4
0.10	7～8
0.13	12～13
0.15	14～16
0.18	18～20
0.22	22～25

3. 电极丝走丝速度

对于高速线切割加工，在一定范围内，提高走丝速度有利于把工作液带入割缝，冲走电蚀物，保持加工的稳定。对于厚件，提高走丝速度有利于减少电极丝在加工区停留的时间，减少电极丝的损耗。但走丝速度过高将使电极丝的振动加剧，降低切割精度，使表面质量变差，易断丝。高速走丝线切割的走丝速度以小于10m/s为宜。相对于快走丝，慢走丝线切割电极丝张力均匀，振动小，加工稳定，表面质量较好。

3.2.2 工作液

1. 工作液的作用和要求

在电火花线切割加工中，工作液是脉冲放电的介质，对切割速度、表面粗糙度、加工精度等加工工艺指标的影响很大。高速走丝电火花线切割机床使用的工作液是专用乳化液，市场上供应的乳化液有多种，各有特点，有的适于精

加工，有的适于大厚度切割，也有的是在原来工作液中添加某些化学成分来提高其切割速度或增加防锈能力等。无论哪种工作液都应具有下列性能：

（1）一定的绝缘性能　火花放电必须在具有一定绝缘性能的液体介质中进行。工作液的绝缘性能可使击穿后的放电通道压缩，局限在较小的通道半径内火花放电，形成瞬时局部高温，熔化、汽化金属。放电结束后又迅速恢复放电间隙成为绝缘状态。

普通自来水的绝缘性能较差，其电阻率仅为$1\times10^3\sim1\times10^4\,\Omega\cdot cm$，加上电压后容易产生电解作用而不能火花放电。加入矿物油、皂化钾等后制成的乳化液，电阻率为$1\times10^4\sim1\times10^5\,\Omega\cdot cm$，适合于电火花线切割加工。煤油的绝缘性能较高，其电阻率大于$1\times10^6\,\Omega\cdot cm$，同样电压之下较难击穿放电，放电间隙偏小，生产率低，只有在特殊精加工时才采用。

（2）较好的洗涤性能　所谓洗涤性能，是指液体有较小的表面张力、对工件有较大的亲和附着力、能渗透进入窄缝中，且有一定去除油污能力的性能。洗涤性能好的工作液，切割时排屑效果好、切割速度高，切割后表面光亮清洁，割缝中没有油污黏糊。洗涤性能不好的工作液则相反，有时切割下来的料芯被油污糊状物粘住，不易取下来，切割表面也不易清洗干净。

（3）较好的冷却性能　在放电过程中，放电点局部瞬时温度极高，尤其是大电流加工时表现更加突出。为防止电极丝烧断和避免工件表面局部退火，必须充分冷却，要求工作液具有较好的吸热、传热、散热性能。

（4）对环境无污染，对人体无危害　在加工中工作液不应产生有害气体；不应对操作人员的皮肤、呼吸道产生刺激等反应，不应锈蚀工件、夹具和机床。

此外，工作液还应配制方便、使用寿命长、乳化充分，冲制后油水不分离，长时间储存也不应有沉淀或变质现象。

2. 工作液的配制

根据电火花线切割机床的类型和加工对象，选择适合的工作液的种类、浓度及导电率。对高速走丝线切割加工，一般常选用质量分数为10%左右的乳化液，此时可达到较高的线切割速度。常用的方法是将自来水冲入乳化油，搅拌后使工作液充分乳化成均匀的乳白色。天冷（在0℃以下）时可先用少量开水冲入拌匀，再加冷水搅拌。

新配制的工作液，当加工电流约为2A时，其切割速度约为$40mm^2/min$，若每天工作8h，使用约2天以后效果最好，继续使用8～10天后，工作液中混入切割加工产物、污物，工作液变脏，使得其消电离性能变差，容易导致加工过程中发生二次放电，对加工不利，且易断丝，须更换新的工作液。加工时供液一定要适当，既不能流量过大也不能过小，要调整到使工作液刚好包住电极丝，这样才能使工作液顺利进入加工区，达到稳定加工的效果。

3. 工作液参数选择

（1）工作液的电阻率　工作液的电阻率根据工件材料确定。对于表面在加工时容易形成绝缘膜的铝、钼、结合剂烧结的金刚石，受电腐蚀易使表面氧化的硬质合金和表面容易产生气孔的工件材料，需提高工作液的电阻率。不同工件材料适用的工作液电阻率见表3-3。

表3-3　不同工件材料适用的工作液电阻率

工件材料	钢铁	铝、钼、结合剂烧结的金刚石	硬质合金
工作液电阻率/（$10^4\Omega\cdot cm$）	2～5	5～20	20～40

（2）工作液喷嘴（头）的流量和压力　工作液喷嘴（头）的流量和压力大，冷却排屑的条件好，有利于提高切割速度和加工表面的垂直度，但是在精加工时，要减小工作液喷嘴（头）的流量或压力，以减少电极丝的振动。

4. 工作液的处理

目前国内外常用的处理方法有超滤法、化学破乳+气浮法、电气浮法等。

（1）超滤法　超滤法的原理是利用孔隙较大的半透膜，采用交叉流动的方式，在一定的压差和湍流流动的情况下，废水中大部分极性分子能通过半透膜，而所有非极性分子（如胶体微粒）和相对分子质量较大的物质则不能通过半透膜而被截留，从而使废水得到净化。采用超滤法处理乳化液废水的优点是操作稳定，能够保证出水的矿物油浓度低于10mg/L，油水分离过程不需要化学药剂，系统本身不产生污泥，可回收的废油浓度较高，设备紧凑，占地小，维护管理方便，可有效地解决日益产生的乳化液废水污染问题，而且废水量相对较小。普遍认为，超滤法的缺点是一次性投资大。

超滤法也有其一定的适应性，不是所有的乳化液废水都能用超滤法处理，特别是皂化度较高、分子链较长的乳化液含油废水，若采用超滤法工艺，皂化油或乳化油将会堵塞超滤膜表面，使超滤无法进行下去。

综上所述，选用超滤法工艺处理乳化液废水，必须根据乳化液废水的性质，选用合适材质和孔隙率的超滤膜，在试验的基础上合理组合工艺，才能达到满意的处理效果。

（2）化学破乳+气浮法　由于乳化液废水中乳化油液滴表面带负电荷，双电层起稳定作用，化学破乳法就是在废水中加入化学药剂，降低双电层的电势，压缩双电层，使之聚结，并加入絮凝剂，使小油珠凝结成较大的油滴，然后将其从水中分离。

化学破乳法包括：投加絮凝剂，投加酸，投加盐类物质并加热乳化液，投加盐类物质并电解，投加酸和有机分散剂，投加有机脂类物质和混凝剂等。

采用化学破乳+气浮法处理乳化液废水，其优点是一次性投资较省，另外化学破乳+气浮法还可以解决不能被超滤装置处理的高乳化度乳化液废水，只要有合适的破乳药剂，化学破乳法就能适应较广的处理范围。化学破乳+气浮法的主要缺点在于破乳药剂的选择性和适用性限制。多数破乳药剂对应一种或几种乳化液，当工艺线上更换乳化液时，废水处理选用的破乳药剂也需要更换，这就增加了操作管理的难度和运行的费用。另外，化学破乳+气浮法工艺的设备组成较多，运行管理工作量较大。

（3）电气浮法　电气浮法的实质是将含有电解质的混有油或乳化液废水作为可电解的介质，通过正负电极导以电流进行电解，产生三种效应，即电解氧化（或还原）、电解混凝以及电气浮。当以可溶性极板，如可氧化的铁、铝极板作为阳极板时，三种效应会同时出现；而以产气为主要目的的电气浮，则应以不溶性的惰性材料，如石墨、不锈钢、镀铂钦板及敷以二氧化铅（PbO_2）沉积表面的钦阳极作为阳极板。

电气浮法能够有效地利用电解液中的氧化还原反应，以及由此产生的初生态微小气泡的上浮作用来处理含油乳化液废水。这种方法不仅能使废水中的微细悬浮颗粒和乳化油与气泡粘附而浮出，而且可将水中的一些金属离子形成不溶性的氢氧化物从水中分离，以及使某些可溶性有机物附着在这些氢氧化物沉淀上一起分离，从而使污水得到净化。此法曾在我国某些炼油厂试验过，极板采用“碳-碳”材料，原水中含乳化油300mg/L，投加聚合铝15mg/L，电压10V，气浮时间控制在10～15min，除油效果在98%以上。

3.3 数控高速走丝电火花线切割的加工路径

3.3.1 电极丝的偏移

在数控线切割加工中，由于数控装置所控制的是电极丝中心的行走轨迹，而实际加工轮廓却是由丝径外围和被切金属间产生电蚀作用而形成的。也就是说，实际加工得到的轮廓轨迹和电极丝中心的轨迹是有一定偏移的，这一偏移就是编程加工中必须考虑的线径补偿量，也可以称其为电极丝偏移量。偏移量可以通过计算得到。电火花线切割加工中偏移量的计算比较简单，偏移量为电极丝半径与单边放电间隙之和，如图3-1所示。其计算公式为

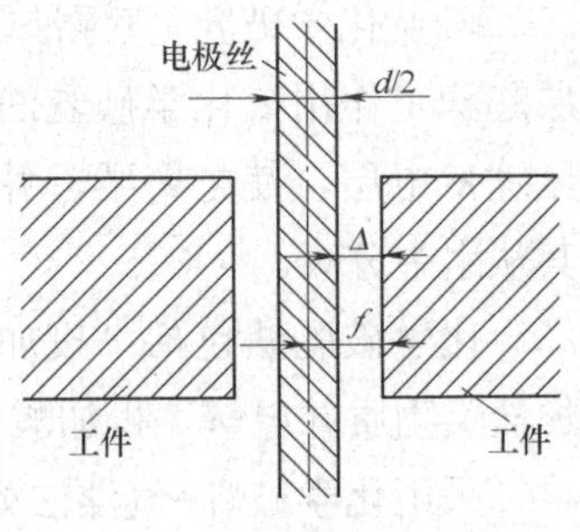

图3-1　偏移量的计算

$$f=\frac{d}{2}+\Delta$$

式中　f——偏移量（mm）；

d——电极丝直径（mm）；

Δ——单边放电间隙（mm）。

电极丝直径的选择应根据工件厚度和拐角尺寸大小来选择。若加工大厚度工件或大电流切割时应选较粗的电极丝，若加工带尖角、窄缝的小零件宜选用较细的电极丝。

放电间隙的大小与加工条件参数有关，可以通过查表（机床生产厂家提供的加工条件参数表）再计算得到。一般快速走丝线切割加工时，取单边放电间隙Δ=0.01～0.02mm。

正式加工前，按照确定的加工条件，切割一个与工件相同材料、相同厚度的正方形，测量尺寸，以确定丝径偏移量。这项工作对第一次进行线切割加工的操作者来说是必须要做的，但是当操作工人积累了很多的工艺数据或者生产厂家提供了有关工艺参数时，只要查数据即可。

进行多次切割时，要考虑工件的尺寸公差，并估计每次切割后的工件尺寸变化，合理分配每次切割时的偏移量。偏移量的方向，按切割凸模或凹模类零件以及切割路线的不同而定。偏移量确定后，要按偏移后的路径进行加工。

电火花线切割在加工凹模类零件时，电极丝中心应沿着工件内沿（轮廓）再减去（缩小）正确的偏移量所形成的路径运动；电火花线切割加工凸模类零件时，电极丝中心应沿着工件外沿（轮廓）再加上（扩大）正确的偏移量所形成的路径运动。加工凸模、凹模类零件电极丝中心运动轨迹如图3-2所示。

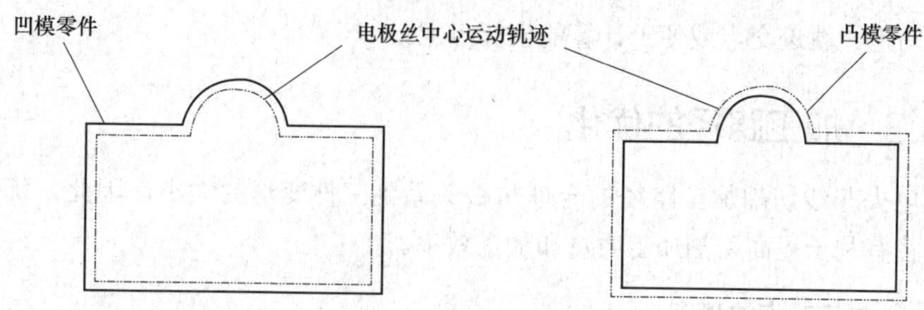

图3-2　加工凹模、凸模类零件电极丝中心运动轨迹

3.3.2　穿丝孔位置的确定

在实际生产加工中，为防止工件毛坯内部的残余应力变形及放电产生的热应力变形，无论加工凹模类封闭形工件，还是凸模类工件，都应首先在合适的位置加工好一定直径的穿丝孔进行封闭式切割，尽量避免开放式切割。

当切割带有封闭型孔的凹模工件时，穿丝孔位于凹形的中间某处临近加工起点的位置操作最为方便，如图3-3所示。因为这既便于穿丝孔加工位置准确，又便于控制坐标轨迹的计算。

当切割凸模外形时，穿丝孔应设置在轮廓外部加工起始点附近，这样可以大大缩短无用切割行程。穿丝孔的位置，最好选在已知坐标点或便于计算的坐标点上，以简化有关轨迹控制的运算，如图3-4所示。

穿丝孔的直径不宜过小或太大，以钻孔或镗孔工艺方便为宜，一般选在5～10mm范围内。孔径最好选取整数值或较完整数值，以简化用其作为加工基准的运算。

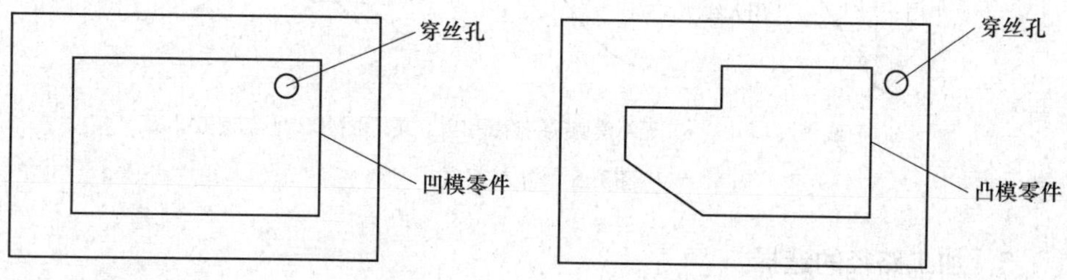

图3-3　凹模类零件穿丝孔位置　　图3-4　凸模类零件穿丝孔位置

切割的起点一般也是切割的终点，但电极丝返回到起点时常常由于机床的重复定位误差而产生加工误差，影响了切割精度和表面质量。穿丝孔既是电极丝相对于零件运动的起点，也是线切割程序执行的起点（或称为程序“零点”），在切割起点确定后，可以确定穿丝孔的位置，一般穿丝孔设定在切割

起点附近、轨迹交点或便于计算的坐标点上。

3.3.3　加工路径的优化

电火花线切割加工路径的合理与否关系到工件变形的大小，因此，优化加工路径有利于提高切割加工质量和加工效率。

1. 加工起点的确定

1）应在表面粗糙度值要求较小的表面上选择切割起点。

2）应尽量在切割图形的交点上选择切割起点。

3）对于无切割交点的工件，切割起点应尽量选择在便于钳工修复的部位，如外轮廓的平面、半径大的弧面，要避免选择在凹入部分的表面上。

2. 进刀点的确定

在线切割加工中，进刀点通常与工件切割起点不重合，这就需要一段从进刀点到切割起点的引入切割段。当切割起点选在切割图形的交点上时，引入切割段通常采用直线方式；当切割起点选在切割图形的表面上时，对于无补偿的切割，引入切割段通常采用圆弧方式，并与切割起始段相切；对于带补偿的切割，一般引入切割段在圆弧方式引入前需增加用于建立补偿的直线段，如图3-5所示。

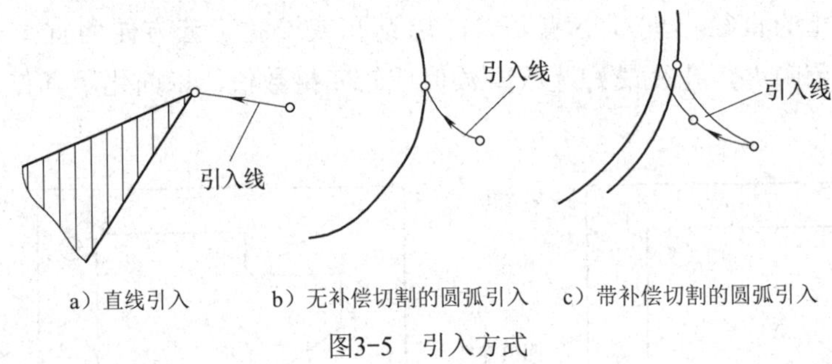

a）直线引入　　b）无补偿切割的圆弧引入　　c）带补偿切割的圆弧引入

图3-5　引入方式

3. 加工路径的选择

在加工中，工件内部应力的释放要引起工件的变形，所以在选择加工路线时，必须注意以下几点：

1）避免从工件端面开始加工，应从穿丝孔开始加工。

2）加工的路线距离端面（侧面）应大于5mm。

3）加工路线开始应从离开工件夹具的方向进行加工，最后转向工件夹具的

方向。如图3-6所示由1段至2、3、4段。

4）在一块毛坯上要切出两个以上零件时，不应连续一次切割出来，而应从不同预孔开始加工，如图3-7所示。

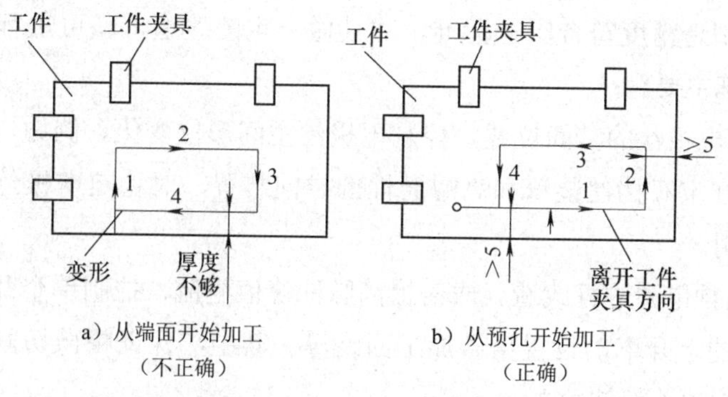

图3-6　加工路线的选择方法

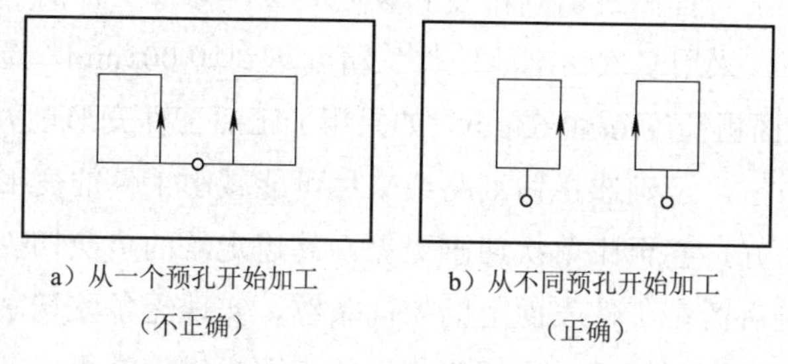

a）从一个预孔开始加工（不正确）　b）从不同预孔开始加工（正确）

图3-7　在一块毛坯上加工两个以上零件的加工路线

3.4　数控高速走丝电火花线切割加工的工艺方法

3.4.1　单次切割工艺

单次切割，顾名思义是利用电极丝对原料进行一次切割而获得所需零件的线切割加工工艺方法，这也是线切割加工的最原始的一种加工方式。对于高速走丝线切割机床，由于机床刚性差，工作台的几何精度及运动精度低，电极丝的振动等原因，使得采用单次切割工艺方法加工精度一直难以提高。

3.4.2　多次切割工艺

多次切割就是利用同一电极丝对零件同一表面先后进行两次或两次以上的切割，最多切割次数可达七次，一般情况下采用三次切割工艺。第一次切割的目的是实现高速稳定的切割，第二次切割是修光，第三次切割是用精微加工脉冲参数进行精修。

我国广大科技工作者经过大量的试验研究发现，只要高速走丝电火花线切割机床的制造精度符合国家标准，对其做一定的改造，就可进行多次切割加工。改造措施主要有：

1）稳定电极丝的空间位置，控制电极丝空间形位变化。例如，增大电极丝张力、采用红宝石挡丝装置和高耐磨性的导向装置，对稳定电极丝的空间位置有明显的作用。

2）对高频电源进行改造。成倍提高脉冲峰值电流，控制单个脉冲放电能量和脉冲电流的上升率，设置精微加工回路等。其中，保证精微切割的稳定性是进行多次切割的关键技术之一。

多次切割加工可提高线切割精度和表面质量，修整工件的变形和拐角的塌角。一般情况下，采用多次切割能使加工精度达到±0.005mm，圆角和垂直度小于0.005mm，表面粗糙度Ra<0.63μm。如果粗加工后工件变形过大，应合理选择材料和热处理方法，正确选择切割路线来尽可能减小工件的变形，否则，多次切割的效果会不好，甚至比单次切割更差。高速走丝的多次切割工艺完全消除了高速走丝切割后留在工件表面上的换向条纹，实现无条纹切割，能够达到和低速走丝电火花线切割机床一次切割相近的表面粗糙度效果，部分代替了低速走丝加工。所以又将具有多次切割功能的高速走丝电火花切割机床称为中速走丝电火花线切割机床，它是高速走丝电火花切割机床重要的更新换代产品。

3.5 工艺参数对高速走丝线切割加工的影响

3.5.1 电参数对高速走丝线切割加工的影响

1. 短路峰值电流i_s

短路峰值电流i_s是指正负极搭接在一起时，即间隙短路时脉冲电流的瞬时最大值，单位为A。图3-8所示为在一定的工艺条件下，短路峰值电流i_s对切割速度v_{wi}和表面粗糙度Ra的影响曲线。从图3-8中可以看出，当其他工艺条件不变时，增大短路峰值电流，可以提高切割速度，但表面粗糙度将会变差。这是由于短

路峰值电流越大，单个脉冲能量越大，放电的电痕就大，切割速度高，表面粗糙度就比较差。在增大短路峰值电流的同时，电极丝的损耗也加大，严重的甚至发生断丝现象，这方面也使加工精度有所降低。

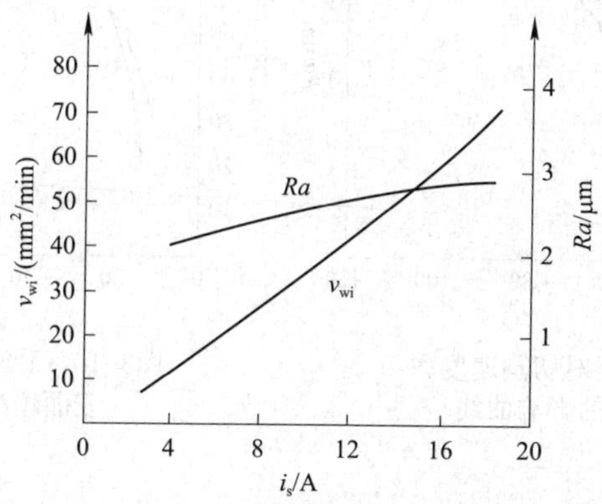

图3-8　短路峰值电流对切割速度和表面粗糙度的影响曲线

2. 开路电压u_i

开路电压u_i是指间隙开路时电极间的最高电压，通常等于电源的直流电压，单位为V。开路电压u_i增大，加工电流增大，切割速度提高，表面粗糙度变差。这是因为开路电压增大，加工间隙增大，致使排屑更容易，切割速度和加工的稳定性也都有所提高，但随着加工间隙的增大，加工精度略有下降。同时，开路电压的增大还会使电极丝产生振动，加大电极丝的损耗；在采用乳化液作为介质使用快速走丝方式加工时，其开路电压值一般取60～150V。图3-9所示为在一定的工艺条件下，开路电压u_i对切割速度v_{wi}和表面粗糙度Ra的影响曲线。

3. 脉冲宽度t_i

脉冲宽度t_i为加到电极间隙两端的电压单个脉冲的持续时间，单位为μs。图3-10所示为在一定的工艺条件下，脉冲宽度t_i对切割速度v_{wi}和表面粗糙度Ra的影响曲线。从图3-10中可以发现，脉冲宽度t_i增大时，切割速度提高，但表面粗糙度变差。这是因为脉冲宽度增大，单个脉冲放电能量增大，所以致使切割速度提高，放电凹坑深度增加，表面粗糙度变差。

脉冲宽度t_i的值通常取2～60μs，精加工中脉冲宽度t_i的取值较小，一般小于20μs。从图3-10中还可以发现，当t_i>40μs后，脉冲宽度增加对加工速度的提高并不明显，但随着脉冲宽度的增大，此时电极丝的损耗明显增大。

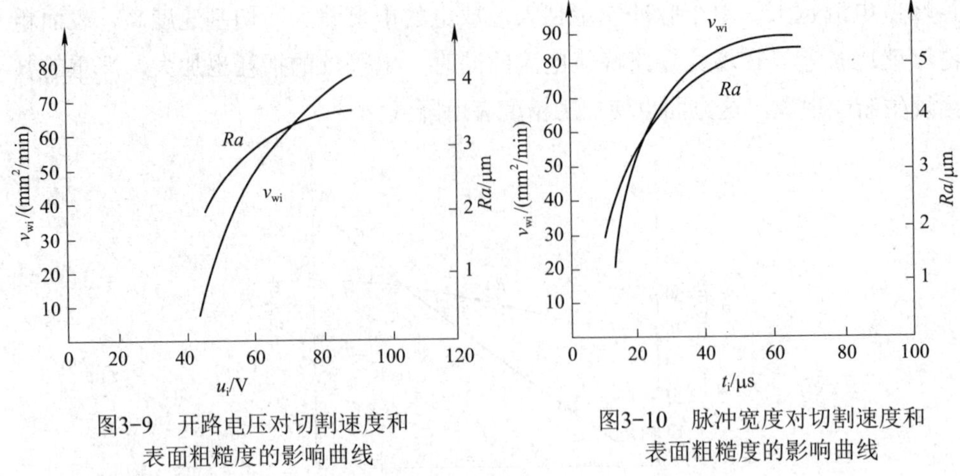

图3-9　开路电压对切割速度和表面粗糙度的影响曲线

图3-10　脉冲宽度对切割速度和表面粗糙度的影响曲线

4. 脉冲间隔t_o

脉冲间隔t_o是指相邻两个电压脉冲之间的间隔时间，是不通电的停歇时间，单位为μs。当脉冲间隔t_o减小时，平均电流增大，切割速度加快，但一般情况下脉冲间隔t_o不能取得太小，它受到间隙绝缘恢复速度的限制，如果脉冲间隔太小，放电产物来不及排出，放电间隙来不及充分消电离，将使加工不稳定，容易发生电弧放电致使工件烧伤和出现断丝；但脉冲间隔也不能太大，否则会使切割速度明显下降，严重时不能连续进给，使加工变得不稳定。图3-11所示为在一定的工艺条件下，脉冲间隔t_o对切割速度v_{wi}和表面粗糙度Ra的影响曲线。由图3-11可知，加大脉冲间隔，表面粗糙度值降低，但降低的幅度不大，此时切割速度的降低比较明显，这表明脉冲间隔对切割速度影响较大，对表面粗糙度影响较小。

脉冲间隔t_o的值通常取10～250μs，在此范围内基本上能适应各种加工条件，可以进行比较稳定的加工。在加工工件较厚时，要保证加工的稳定，放电间隙要大，所以脉冲宽度和脉冲间隔都应取较大值。

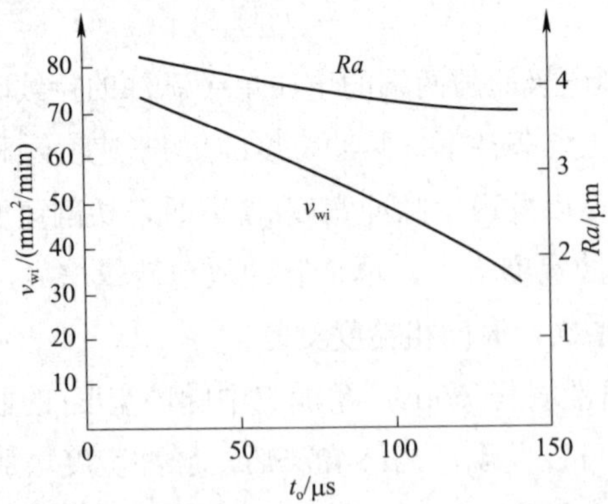

图3-11　脉冲间隔对切割速度和表面粗糙度的影响曲线

5. 放电波形

线切割机床常用的两种波形是矩形波脉冲和分组脉冲。在相同的工艺条件下，分组脉冲常常能获得比较好的加工效果，常用于精加工和薄工件的加工。电流波形的前沿上升比较缓慢时，电极丝损耗较少。但如果脉冲宽度很窄时，必须有陡的前沿才能进行有效加工。矩形波加工效率高，加工范围广，加工稳定性好，属于快速走丝线切割最常用的加工波形。

6. 极性效应

在线切割加工过程中，不管是正极还是负极，都会受到不同程度的电蚀。这种由于正、负极性不同而彼此电蚀量不一样的现象称为极性效应。实践表明，在电火花加工中，当采用短脉冲加工时，正极的蚀除速度大于负极的蚀除速度；当采用长脉冲加工时，负极的蚀除速度大于正极的蚀除速度。由于线切割加工的脉冲宽度较窄，属于短脉冲加工，所以采用工件接电源正极，电极丝接电源负极的接法，这种接法又称为正极性接法，反之称为负极性接法。电火花线切割采用正极性接法不仅有利于提高加工速度，而且有利于减少电极丝的损耗，从而有利于提高切割精度。

7. 进给速度v_f

进给速度v_f是指电极丝加工时沿电极丝径向的进给速度，单位为mm/min，与切割速度v_{wi}和走丝速度v_s都不同。切割速度体现的是加工能力，用单位时间内电极丝中心在工件上切过的面积总和表示，单位为mm^2/min。走丝速度是电极丝沿轴向的移动速度，单位为mm/min。进给速度的调节对切割速度、加工精度和表面质量的影响很大。因此，调节预置进给速度应紧密跟踪工件蚀除速度，如果线切割机床控制系统具有伺服进给功能，则是根据对电极间电信号的检测来判断两极间的间隙，电压高则间隙大，电压低则距离近，实时调节电极相对工件的进给速度，使之与蚀除速度相匹配，以保持加工间隙恒定在最佳值上。这样可使有效放电状态的比例加大，而开路和短路的比例减少，使切割速度达到给定加工条件下的最大值，同时还能获得较好的加工精度和表面质量。

3.5.2 非电参数电极丝对线切割加工的影响

1. 常用电极丝材料的种类及性能

高速走丝机床的电极丝是快速往复运行的，电极丝在加工过程中反复使用。这类电极丝主要有钼丝、钨丝和钨钼丝（W20Mo、W50Mo）。钼丝因耐损耗，抗拉强度高，丝质不易变脆且较少断丝，被广泛采用。钨丝耐腐蚀，抗拉强度高，但脆而不耐弯曲，且因价格昂贵，仅在特殊情况下使用。

电极丝的材料不同，电火花线切割的切割速度也不同。常用电极丝材料的性能见表3-4。

表3-4　常用电极丝材料的性能

材料	适用温度/℃		伸长率（%）	抗拉强度/MPa	熔点/℃	电阻率/Ω・cm	备注
	长期	短期					
钨	2000	2500	0	1200～1400	3400	0.0612	较脆
钼	2000	2300	30	700	2600	0.0472	较韧
钨钼（W50Mo）	2000	2400	15	1000～1100	3000	0.0532	脆韧适中

2. 电极丝直径的影响

电极丝的直径对切割速度的影响较大。若电极丝直径过小，则承受电流小，切缝也窄，不利于排屑和稳定加工，不能获得理想的切割速度。因此，在一定的范围内，电极丝的直径加大对切割速度有利。但是，电极丝的直径超过一定程度，造成切缝过大，反而又影响了切割速度的提高。因此，电极丝的直径又不宜过大。同时，电极丝直径对切割速度的影响也受脉冲参数等综合因素的制约。

另外，较大的电极丝直径难以加工出内尖角的工件，当需要切割较小的圆角或缝槽时采用直径小的钼丝，如采用ϕ0.06mm的丝径。快速走丝线切割加工用的电极丝直径可在0.06～0.25mm之间选用，最常用的在0.12～0.18mm之间。

3. 电极丝的张力对工艺指标的影响

电极丝的上丝、紧丝是线切割操作的一个重要环节，它的好坏直接影响到工件的质量和切割速度。如图3-12所示，当电极丝张力适中时，切割速度v_{wi}最大；如果电极丝的张力过大，电极丝超过弹性变形的限度，由于频繁地往复弯曲、摩擦，加上放电时遭受急热、急冷变换的影响，可能发生疲劳而造成断丝。在高速走丝线切割加工中，如果电极丝的张力过大，断丝往往发生在换向的瞬间，严重时即使空走也会断丝；但若电极丝的张力过小，尤其在切割较厚工件时，由于上下导轮之间电极丝的跨距较大，因电极丝在加工过程中受放电压力的作用而弯曲变形，结果电极丝切割轨迹落后并偏离工件轮廓，即出现加工滞后现象，如图3-13所示，从而造成形状与尺寸误差，如切割较厚的圆柱体会出现腰鼓形状，严重时电极丝快速运转容易跳出导轮槽而发生断丝现象。所以，电极丝张力的大小，对运行时电极丝的振幅和加工稳定性有很大影响。对

于无恒张力机构的线切割机床，在上电极丝时应采取措施，对电极丝进行适当的张紧，如在上丝过程中外加辅助张力，通常可通过逆转电动机，或上丝后再张紧一次来实现；对于具有恒张力机构的线切割机床，要根据不同直径的电极丝、不同厚度的工件选择合适的配重。为了不降低电火花线切割的工艺指标，张力在电极丝抗拉强度允许范围内应尽可能大一点，张力的大小应视电极丝的材料与直径的不同而异，一般高速走丝线切割机床的钼丝张力为5～10N。

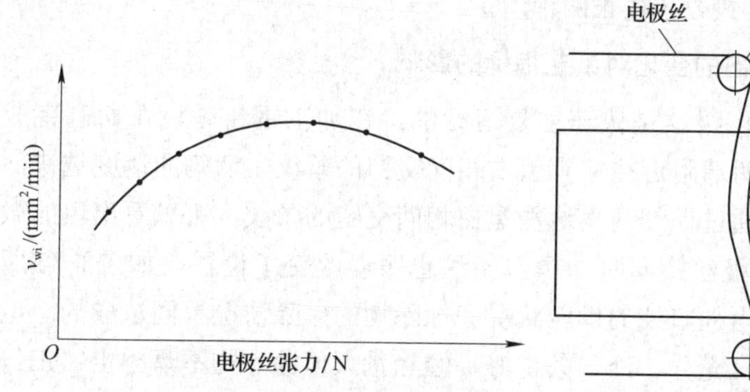

图3-12　电极丝张力与切割速度的关系

图3-13　电极丝弯曲滞后现象

4. 电极丝垂直度对工艺指标的影响

由于电极丝运动的位置主要由导轮决定，如果导轮有径向圆跳动或轴向窜动，电极丝就会发生振动，振幅取决于导轮跳动或窜动值。假定下导轮是精确的，上导轮在水平方向上有径向圆跳动，如图3-14所示，这时切割出的圆柱体工件必然出现圆柱度偏差，如果上、下导轮都不精确，两导轮的跳动方向又不可能相同，因此在工件加工部位的各个空间位置上的精度均可能降低。

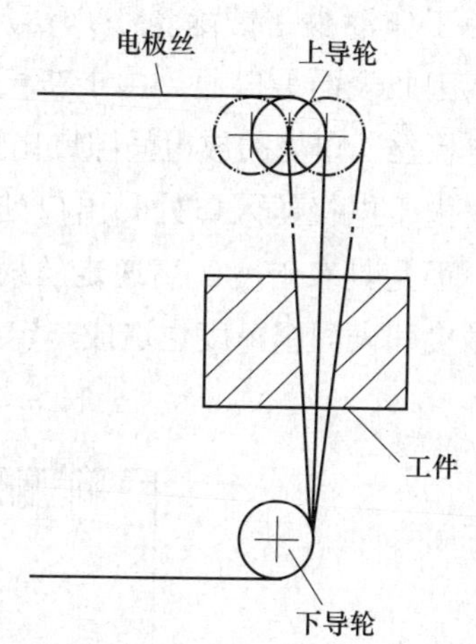

图3-14　上导轮在水平方向上有径向圆跳动对加工工件的影响

导轮V形槽的圆角半径超过电极丝半径时，将不能保持电极丝的精确位置。上、下两个导轮的轴线不平行，或者两个导轮轴线虽平行，但V形槽不在同一平面内，导轮的圆角半径会较快地磨损，使电极丝正反向运动时不能靠在同一侧面上，加工表面产生正反向条纹。这就直接影响加工精度和表面粗糙度。同时由于电极丝抖动，使电极丝与工件间瞬时短路、开路次数增多，脉冲利用率降低，切缝变宽。对同样长度的切缝，工件的电蚀量增大，使得切割效率降低。因此应提高电极丝的位置精度，以利于提高各项加工工艺指标。为了准确地切割出符合精度要求的工件，电极丝必须垂直于工件的装夹基面或工作台定位面。为了保证电极丝的位置精度，在导轮和导轮轴承发生磨损后，应及时更换导轮和导轮轴承。在工件加工之前应进行电极丝的垂直度校正。常用的电极丝垂直度校正方法有利用垂直块校正和校直仪校正两种。

5. 电极丝运动方向的变化对工艺指标的影响

高速走丝机床的电极丝是快速往复运行的，在加工钢料时，在切割完成表面的电极丝进出口两端附近往往有黑白相间交错的条纹，切割的速度越快，这种现象就越明显。通过仔细观察这些黑白相间交错的条纹，可以看出黑的微凹，白的微凸，当电极丝换向时，黑白条纹也跟着改变了位置，如图3-15所示。这是由于工作液出入口处的供应状况和蚀除物的排除情况不同造成的。电极丝入口处工作液供应充分，冷却条件好，蚀除量大但蚀除物不易排出，工作液在放电间隙中受高温热裂分解出的炭黑和钢中的炭微粒被移动的电极丝带入间隙，致使放电产生的炭黑等物质凝聚附着在该处加工表面上，使该处呈黑色；而在出口处工作液少，冷却条件差，但因靠近出口排除蚀除物的条件好，又因工作液少，蚀除量小，在放电产物中炭黑也较少，且放电常在气体中发生，因此表面呈白色。由于在气体中的放电间隙比在液体中的放电间隙小，所以电极丝入口处的放电间隙比出口处大，如图3-16所示。

由于电极丝入口处和出口处的切缝宽度不同，就使电极丝的切缝不是直壁缝，而是具有斜度。高速走丝线切割加工钢件所产生的黑白条纹，对工件的加工精度和表面粗糙度也造成一定的影响。

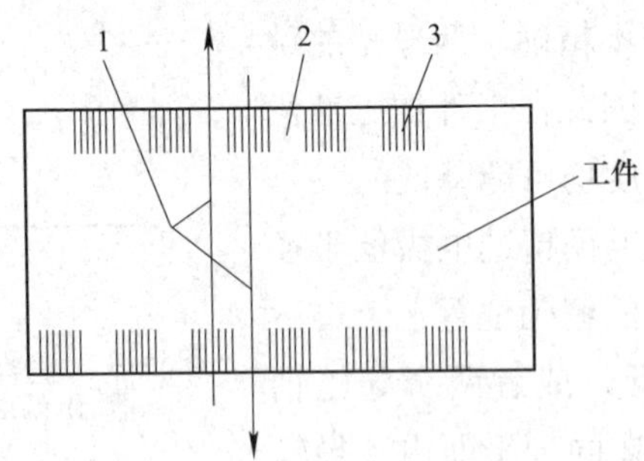

图3-15　高速走丝加工钢件电极丝进出口处产生的黑白相间条纹

1—电极丝运动方向　2—微凸的白色部分　3—微凹的黑色部分

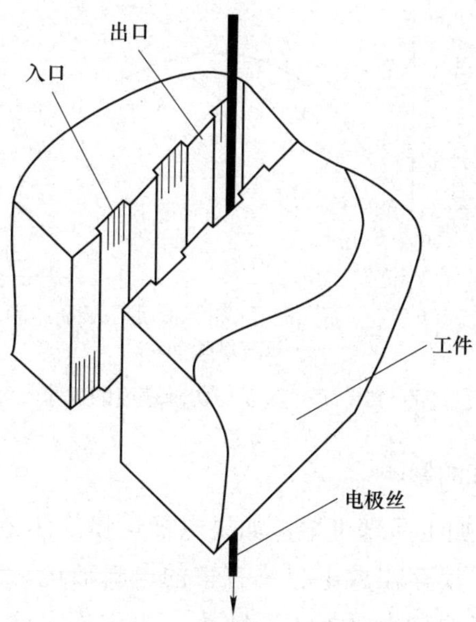

图3-16　电极丝出入口宽度不同现象

3.5.3　非电参数工件和工作液对线切割加工的影响

1. 工件厚度及材料的影响

工件的厚度小，工作液容易进入并充满放电间隙，对排屑和消电离有利，加工稳定性好；但工件太薄，放电脉冲率和切割效率偏低，且电极丝易产生抖动，对加工精度和表面粗糙度不利。工件的厚度大，工作液难以进入和充满放电间隙，加工稳定性差，但电极丝不易抖动，因此加工精度较高，表面粗糙度值较小。切割速度v_{wi}先随厚度的增加而增加，达到某一最大值（一般为50～100mm）后开始下降。这是因为厚度过大时，排屑条件变差。通常情况下，工件厚度与切割速度的关系如图3-17所示。工件材料不同，其熔点、汽化点、热导率等都不一样，因而加工效果也不同。例如采用乳化液加工时：

1）加工黄铜、铝、淬火钢时，加工过程稳定，切割速度高。

2）加工不锈钢、磁钢、未淬火高碳钢时，稳定性较差，切割速度较低，表面质量不太好。

3）加工硬质合金时，比较稳定，切割速度较低，表面粗糙度值小。

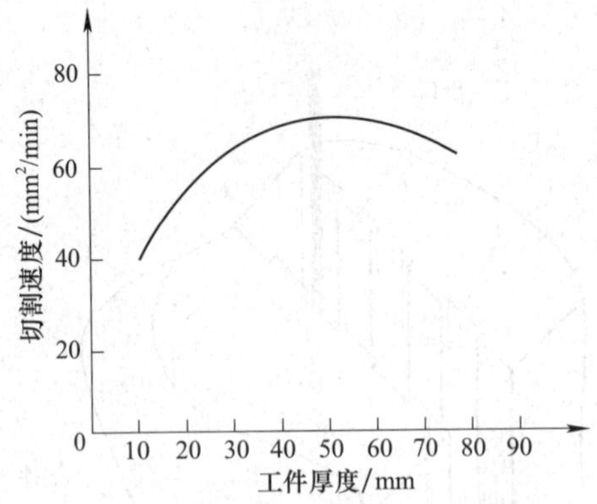

图3-17　工件厚度与切割速度的关系

2. 线切割工作液的影响

由电火花线切割加工原理可知，如果电极丝和工件之间没有工作液，放电加工就很难进行，即使存在放电也是有害的电弧放电，或者发生短路现象；而电火花线切割加工的特点是加工间隙小，工作液只能靠强迫喷入和电极丝的带入来供给，因此工作液对于电火花线切割加工要比电火花成形加工更加重要。

工作液的好坏将直接影响加工的顺利进行，它对切割速度、表面粗糙度、加工精度等工艺指标均有很大的影响。工作液一般由基础油、清洗剂、爆炸剂、防锈剂、光亮剂、阻尼剂和络合剂等组成。基础油是用来形成绝缘层的，必须是消电离快的物质；爆炸剂是用来增强放电爆炸力的。虽然基础油本身是一种较好的爆炸剂，但由于线切割加工在窄缝内进行，基础油所产生的爆炸力还是不够，所以必须添加爆炸剂，这对于加工厚度较大的工件更是不可缺少的。

在电火花线切割加工中，可使用的工作液种类很多，有煤油、乳化液、去离子水、蒸馏水、洗涤剂、乙醇溶液等，它们对工艺指标的影响各不相同，特别是对加工速度的影响较大。早期在低速走丝电火花线切割加工研究与实践中，多采用油类工作液。其他工艺条件相同时，油类工作液的切割速度相差不大，一般为2～3mm^2/min，其中以煤油中加30%的变压器油为好。醇类工作液不及油类工作液能适应高切割速度。采用高速走丝电火花线切割方式、矩形波脉冲电源时，通过试验总结了以下结论。

1）自来水、蒸馏水、去离子水等水类工作液对放电间隙冷却效果较好，特别是在工件较厚的情况下，冷却效果更好。但采用水类工作液时，切割速度

低、易断丝。这是因为水的冷却能力强，电极丝在冷热变化频繁时，易变脆，容易断丝。此外，水类工作液洗涤性能差，对放电产物排除不利，放电间隙状态差，故表面黑脏，加工速度低。

2）煤油工作液切割速度低，但不易断丝。因为煤油介电强度高，间隙消耗放电能量多，而分配到两极的能量少；同时，同样电压下放电间隙小，排屑困难，导致切割速度低。但煤油受冷热变化影响小，且润滑性能好，电极丝运动磨损小，因此不易断丝。

3）水中加入少量洗涤剂、皂片等，切割速度就可能成倍增长。这是因为水中加入洗涤剂或皂片后，工作液洗涤性能变好，有利于排屑，改善了间隙状态。

4）乳化型工作液比非乳化型工作液的切割速度高。因为乳化液的介电强度比水高，比煤油低，冷却能力比水弱，比煤油好，洗涤性比水和煤油都好，故切割速度高。

总之，工艺条件相同时，改变工作液的种类或浓度，就会对加工效果发生较大影响。工作液的脏污程度对工艺指标也有较大影响。工作液太脏，会降低加工的工艺指标，纯净的工作液也并非加工效果最好，往往经过一段放电切割加工之后，脏污程度还不大的工作液可得到较好的加工效果。因纯净的工作液中不易形成放电通道，经过短时间放电加工后，工作液中存在一些悬浮的放电产物，这时容易形成放电通道，有较好的加工效果。但工作液太脏时，悬浮的加工屑太多，使间隙消电离变差，且容易发生二次放电，对放电加工不利，这时应及时更换工作液。

3. 线切割工作液使用注意事项

在电火花线切割加工中，工作液是脉冲放电的介质，对加工工艺指标的影响很大。在线切割加工中对工作液的使用应注意如下几点：

1）对加工表面粗糙度和精度要求比较高的工件，乳化油的质量分数可适当大些，为10%～20%，这可使加工表面洁白均匀。加工后的工件可轻松地从料块中取出，或靠自重落下。

2）对切割速度要求高或大厚度工件，乳化油的质量分数可适当小些，为5%～8%，这样加工比较稳定，且不易断丝。

3）新配制的工作液，其性能并不是最好，一般使用大约2天以后其效果最佳，继续使用8～10天后就易断丝，此时必须更换工作液。

另外，工作液的流量、压力的稳定性、供液方式和工作液的过滤程度等对加工工艺指标也有一定的影响。线切割加工机床的供液方式一般采用从电极丝的四周进液的方法，适当的工作液压力，可以有效地排除电蚀物等，同时还可以增强其对电极丝的冷却效果，工作液上下冲液的压力要均匀、稳定；工作液的供给要充分，但流量不需太大，一般只要能充分包住电极丝即可，这样就能使工作液顺利进入加工区，达到稳定加工的效果。使用中还要及时清洗或更换工作液过滤系统中的过滤材料。

3.5.4 线切割加工工艺参数的合理选择

实践表明，改变矩形波脉冲电源的一项或几项电参数，对工艺指标的影响很大，需根据具体的加工对象和要求，在满足主要加工要求的前提下，选取合适的电参数，尽可能地提高各项加工指标，同时还要注意各种因素之间相互影响的关系。例如在加工精度要求高的零件时，选择电参数主要是满足尺寸精度和表面粗糙度的要求，因此选取较小的加工电流峰值和较窄的脉冲宽度，但这样必然带来加工速度的降低；在加工精度要求较低的零件时，可选用加工电流峰值大、脉冲宽度宽些的电参数值，尽量获得较高的切割速度。此外，不管加工对象和要求如何，还需选择适当的脉冲间隔，以保证加工稳定进行，提高脉冲利用率。因此，选择电参数值相当重要，只要能客观地运用它们的最佳组合就一定能够获得良好的加工效果。

1. 电参数的合理选择

在工艺条件大体相同的情况下，利用矩形波脉冲电源进行加工时，电参数对工艺指标的影响有如下规律：

1）切割速度随着加工电流峰值、脉冲宽度、脉冲频率和开路电压的增大而提高，即切割速度随着加工平均电流的增加而提高。

2）加工表面粗糙度*Ra*值随着加工电流峰值、脉冲宽度及开路电压的减小而减小。

3）加工间隙随着开路电压的提高而增大。

4）在电流峰值定的情况下，开路电压的增大，有利于提高加工稳定性和脉冲利用率。

根据加工的实际要求，再依据以上电参数对工艺指标的影响规律，来选择各个电参数。

1）要求切割速度高时。当脉冲电源的空载电压高、短路电流大、脉冲宽度大时，则切割速度高。但是切割速度和表面粗糙度的要求是互相矛盾的两个工艺指标，所以，必须在满足表面粗糙度的前提下再追求高的切割速度，且切割速度还受到间隙消电离的限制，因此脉冲间隔也要适宜。

2）要求表面粗糙度低时。若切割的工件厚度在80mm以内，则选用分组波的脉冲电源为好，它与同样能量的矩形波脉冲电源相比，在相同的切割速度条件下，可以获得较低的表面粗糙度值。

无论矩形波还是分组波，其单个脉冲能量小，则Ra值小。亦即脉冲宽度小、脉冲间隔适当、峰值电压低、峰值电流小时，表面粗糙度值较低。

3）要求电极丝损耗小时。多选用前阶梯脉冲波形或脉冲前沿上升缓慢的波形，由于这种波形电流的上升率低，故可以减少电极丝损耗。

4）切割厚工件时。选用矩形波、高电压、大电流、大脉冲宽度，同时选择大的脉冲间隔，可充分消电离，从而保证加工的稳定性。

2. 进给速度的选择和调整

整个变频进给控制电路有多个调整环节，其中大都安装在机床控制柜内部，出厂时已调整好，一般不应再变动；有的机床在控制台操作面板上另外安装一个调节旋钮，操作工人可以根据工件材料、厚度及加工规准等来调节此旋钮，以改变进给速度。

需要注意的是，不能因为变频进给电路能够自动跟踪工件的蚀除速度，并始终能够维持某一放电间隙（即不会开路不走或短路闷死），就错误地认为加工时可不必或可随意调节变频进给量。实际上，在某一具体加工条件下只存在一个相应的最佳进给量，此时电极丝的进给速度恰好等于工件实际可能的最大蚀除速度。如果设置的进给速度小于工件实际可能的蚀除速度（又称为欠跟踪或欠进给），则加工状态偏开路，在此状态下生产率比较低；如果设置的进给速度大于工件实际可能的蚀除速度（又称为过跟踪或过进给），则加工状态偏短路，实际进给和切割速度也将下降，而且增加了断丝和“短路闷死”的危险。

实际上，由于进给系统中步进电动机、传动部件等有机械惯性及滞后现象，不论欠进给或过进给，自动调节系统都将使进给速度忽快忽慢，加工过程变得不稳定。因此，合理调节变频进给，使其达到较好的加工状态是很重要的。在加工中一般按电压表、电流表调节进给旋钮，使表针稳定不动，此时进给速度均匀、平稳，是线切割加工速度和表面粗糙度均好的最佳状态。进给速度对切割速度和表面质量的影响如下：

1）进给速度调得太快，超过工件的蚀除速度会频繁地出现短路，造成加工不稳定，使实际切割速度反而降低，加工表面发焦呈褐色，工件上下端面处有过烧现象。

2）进给速度调得太慢，大大落后于工件可能的蚀除速度，极间将偏开路，使脉冲利用率过低，切割速度大大降低，加工表面发焦呈淡褐色，工件上下端面处有过烧现象。进给速度调得太快或太慢，都可能引起切割速度忽快忽慢，加工不稳定，且易断丝，加工表面出现不稳定条纹或出现烧蚀现象。

3）进给速度调得适宜，加工稳定，切割速度快，加工表面细而亮，丝纹均匀，可获得较低的表面粗糙度值和较高的精度。

第 4 章

数控高速走丝电火花线切割机床操作

4.1 数控高速走丝电火花线切割机床通用加工准备

4.1.1 加工准备

加工准备一般要经过工件准备、机床准备、工艺准备、工件安装几个步骤。

（1）工件准备　也叫备料，即毛坯的选择。模具工件一般采用锻造毛坯，常在淬火与回火后对其进行线切割加工。由于受材料淬透性的影响，当大面积去除金属和切断加工时，会使材料内部残余应力的相对平衡遭到破坏而产生变形，影响加工精度，甚至在加工中造成材料突然开裂。为减少这种影响，应在加工前做好工艺准备，具体流程为：下料→锻造→退火→机械加工→划线→加工型孔→淬火→磨→退磁处理。

（2）机床准备　是指对机床的选择。选择快走丝线切割机床，完成开机操作，使机床各部分在稳定的状态下运行。

（3）工艺准备　是对工作环境的确认。主要包括电极丝准备、工作液配制以及加工参数的选择。

（4）工件安装　是对被加工工件的定位和夹紧。

下面重点对工艺准备和工件安装进行说明。

4.1.2 工艺准备

工艺准备主要包括电极丝准备、工作液准备和加工参数的选择。

1. 电极丝准备

1）电极丝材料选择。用于线切割的电极丝材料的种类很多，主要有纯铜丝、黄铜丝、专用黄铜丝、钼丝、钨丝、各种合金丝及镀层金属丝等，其中以钼丝和黄铜丝用得较多。详细内容将在后续章节中进行介绍。常用电极丝材料及其特点见表4-1。

表4-1 常用电极丝材料及其特点

材料	电极丝直径/mm	特点
纯铜	0.1～0.25	适用于线切割速度要求不高的加工或精加工，电极丝不易卷曲，抗拉强度低，容易断丝
黄铜	0.1～0.30	适用于高速加工，加工面的蚀屑附着少，表面粗糙度值小，加工面的平直度较好
专用黄铜	0.05～0.35	适用于高速、高精度和小表面粗糙度值的加工，可自动穿丝，但价格高
钼	0.06～0.25	丝的抗拉强度高，一般用于快速走丝，在进行微细、窄缝加工时，也可用于慢速走丝
钨	0.03～0.01	电极丝的抗拉强度高，可用于各种窄缝的微细加工，但价格昂贵

一般情况下，快走丝机床常用钼丝作为电极丝，钨丝或其他昂贵金属丝因成本高而很少使用，其他丝材因抗拉强度低，在快走丝机床上不能使用。慢走丝机床上则可用各种铜丝、钨丝、专用合金丝以及有镀层（如镀锌等）的电极丝。

2）电极丝直径的选择。电极丝直径d应根据工件的切缝宽窄、工件厚度及拐角尺寸大小等来选择。如图4-1所示，电极丝直径d与拐角半径R的关系为

$$d \leqslant 2(R-\delta)$$

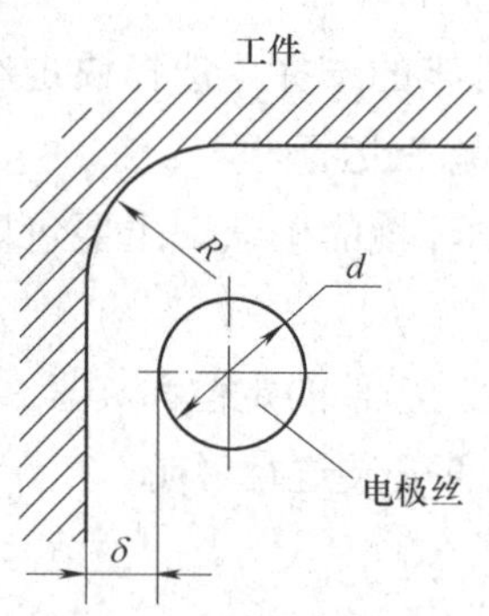

图4-1 电极丝直径与拐角半径的关系

所以，在拐角半径要求小的微细线切割加工中，需要选用直径小的电极丝，但如果选择的电极丝直径太小，能够加工的工件厚度会受到限制。电极丝直径与拐角半径极限和工件厚度的关系见表4-2。

表4-2　电极丝直径与拐角半径极限和工件厚度的关系

电极丝直径/mm	拐角半径极限/mm	切割工件的厚度/mm
钨0.05	0.04～0.07	0～10
钨0.07	0.05～0.07	0～20
钨0.10	0.07～0.12	0～30
黄铜0.15	0.10～0.16	0～50
黄铜0.20	0.12～0.20	0～100
黄铜0.25	0.15～0.22	0～100

2. 工作液准备

工作液对切割速度、表面粗糙度、加工精度等影响较大，加工时应合理选配。常用的工作液主要有乳化液和去离子水。

对于快走丝线切割加工，一般采用体积浓度为10%左右的乳化液。乳化液由乳化油和工作介质配置（体积浓度为8%～15%）而成，工作介质可以是水，也可以是蒸馏水、高纯水、磁化水。

如果是慢走丝线切割加工，则普遍采用去离子水，适当添加某些导电液，增加工作液的电导率，有利于提高切割速度。

3. 加工参数的选择

加工参数的选择要根据用户的要求，用户通常会考虑的要求就是加工速度和表面粗糙度。

线切割机床的加工速度一般采用单位时间内工件被切割的面积来表示，单位为mm^2/min。在实际生产中衡量电极丝是否耐损耗，不只是看电极损耗速度$v_{电极}$，还要看同时达到的加工速度$v_{工件}$。因此，采用相对损耗θ作为衡量电极丝耐损耗的指标，即

$$\theta=\frac{v_{电极}}{v_{工件}}\times 100\%$$

在电火花线切割加工过程中，提高加工速度、提高加工质量一直是人们努力追求的目标。加工准备阶段的任务就是综合考虑电规准参数、工作液及其供液方式以及加工过程中的各种效应等因素，以便确定最优化的加工条件，实现高效的电火花线切割加工。具体的加工参数选择将在6.6节数控高速走丝电火花线切割加工实训中讲述。

4.1.3 工件安装

工件安装包括定位和夹紧。定位是指让工件在机床上相对于电极丝占有一个正确的位置，夹紧是为了保持这个位置不变。

1. 校表定位

工件的校表定位方法如图4-2所示。

为了加工出精度良好的工件，要将工件置于正确的位置，做到六面平行。通过机床的坐标旋转功能可以使*X*、*Y*轴的动作配合工件进行坐标旋转加工，省去校表工序。但在平常使用时，都是以*X*、*Y*轴为基准来安装工件的，这时就需要通过校表来进行定位，使工件与*X*、*Y*、*Z*轴平行，前提是校表面必须经过研磨。

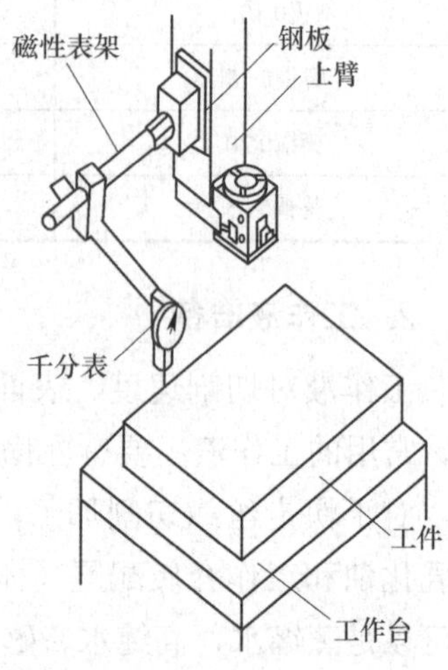

图4-2　工件的校表定位方法

校表步骤如下：

1）先把钢板安装在上臂上，再安装千分表。

2）工件平行安装，轻轻拧紧夹紧夹具（夹紧夹具最少使用两处）。

3）用手控盒控制移动工作台，使千分表向*X*或*Y*方向走动，调整工件的位置使指针不再摆动。工件侧面以及上表面也进行同样的操作。

4）连接电极丝，在同一表面几处进行接触感知，如果测得数值无偏差，则校表为正确。

2. 找边与分中

找边与分中的方法有两种：一种是无代码操作法，另一种是代码操作法。无代码的优点是无须记住代码，只需填入一定的数值就能实现工件的找边或分中，如图4-3所示。首先依次单击屏幕右侧工具条中的“手动”按钮与“无代码”按钮，再单击屏幕下方工具条中“坐标设置”按钮进入坐标设置，通过对工件与安装的实际测量，输入坐标数值和半程坐标数值，按回车键确定。此方法适用于生手或对操作速度没有要求的人员使用。代码操作法是在MDI（手动数据输入）中输入代码，实现工件快速地找边与分中，如图4-4所示。依次单击屏幕右侧工具条中的“手动”按钮与“MDI”按钮，再输入对应的代码即可完成找边与分中，此方法适用于熟练工人或专业操作人员，可以大大提高找边与分中的速度。

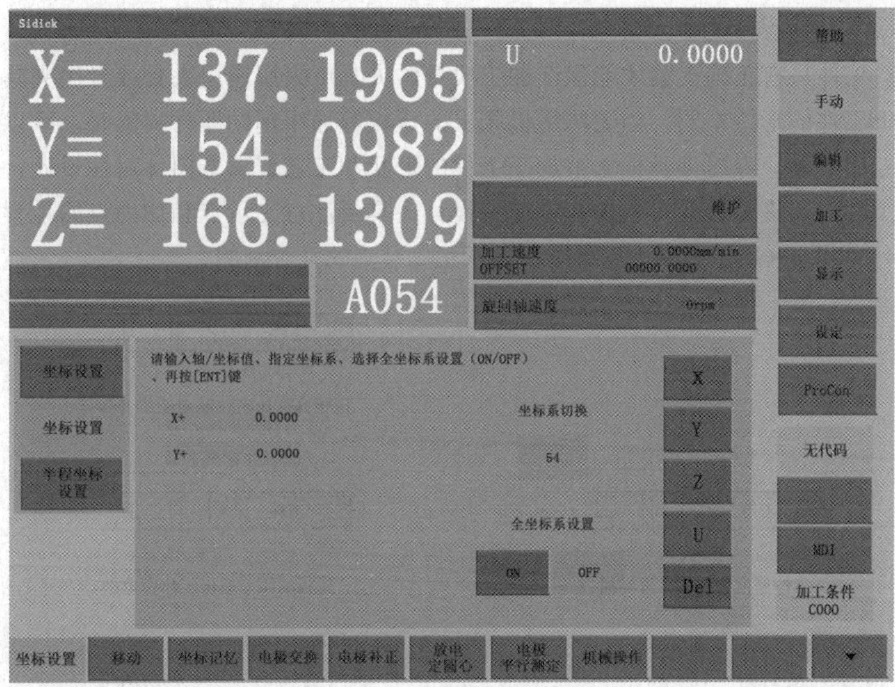

图4-3　无代码操作法

图4-4　MDI操作法

3. 夹紧方式

工件只有正确夹紧才能保证加工质量。夹具可采用通用夹具或专用夹具。由于工件的形状不同，当无法用机床上的压板等通用辅助器件夹紧时，可以使用专用夹具。专用夹具根据被加工工件的形状和工艺要求专门针对性设计，因此工件的装夹将会变得快捷和方便。设计夹具要注意支承点和加力点的位置，图4-5和图4-6所示分别为正确装夹和不正确装夹的几个示例。

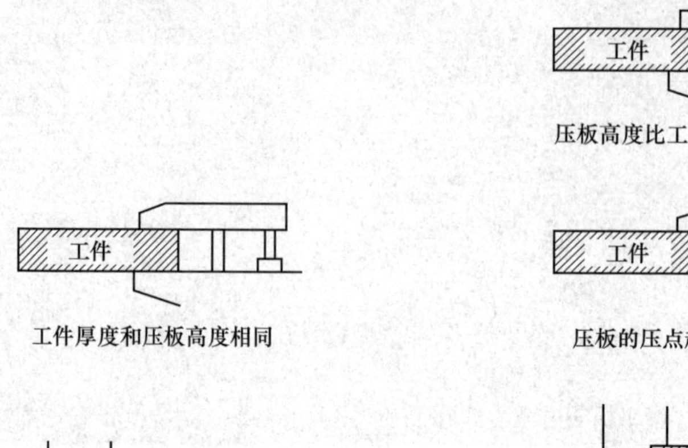

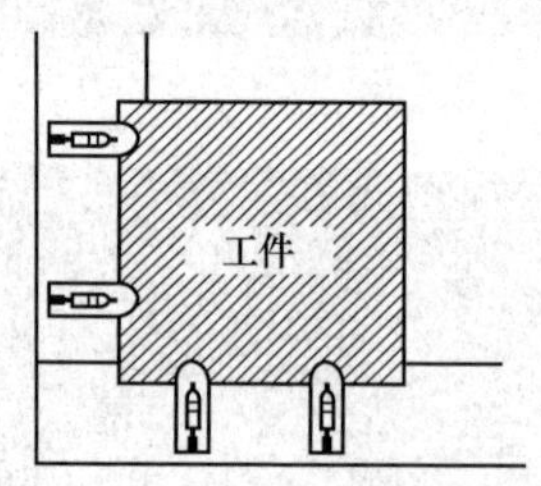

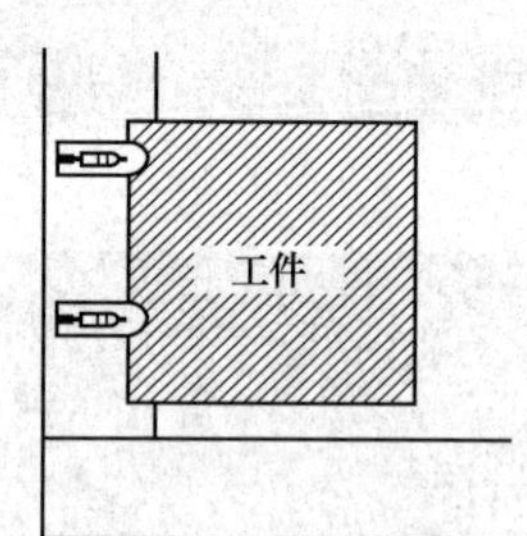

只压单侧，所以工件不稳定

图4-5　正确装夹示例　　图4-6　不正确装夹示例

线切割加工时夹具位置不应对电极丝加工时的运动产生影响，如果工件余量小或重量大，又需要悬臂安装时，可加一托板，如图4-7所示。

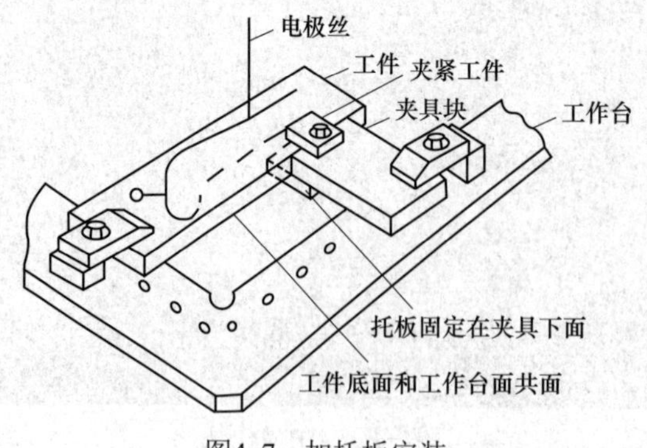

图4-7　加托板安装

线切割一般采用压板夹紧，夹紧的方式很多，但最常用的还是通过螺纹夹紧。工件厚度不同，所需夹紧元件的种类和数量也有差异，如图4-8所示。

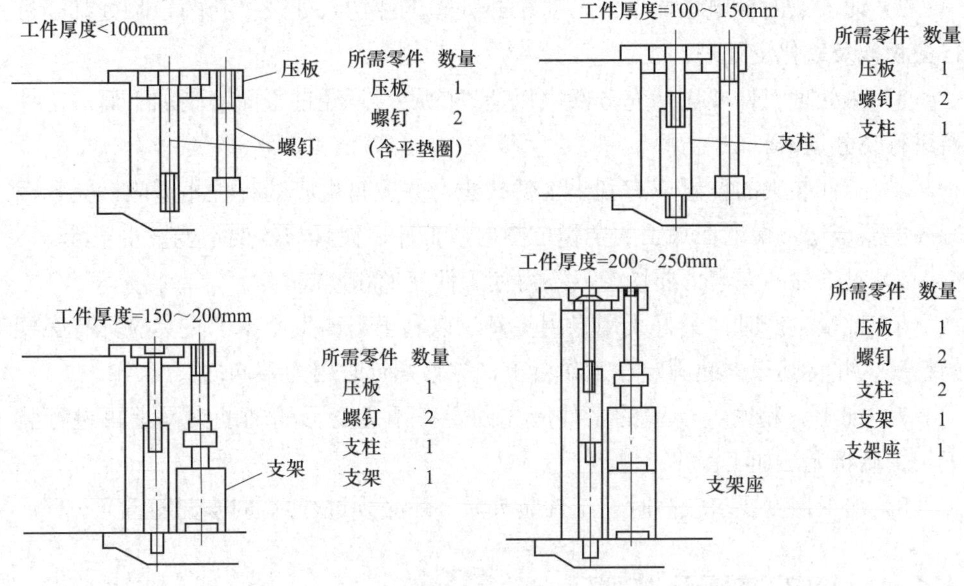

图4-8　不同厚度工件的螺纹夹紧示意图

常用的夹具除了压板组合靠螺纹夹紧外，还有磁性夹具靠磁力夹紧，例如用磁性工作台和磁性表座夹持工件，不需要螺钉压板，操作更加快速。对于需要分度的工件，也可以采用分度夹具，靠机械实现分度；但是具有数控功能的线切割机床可以通过编程实现分度，更加经济和方便。

4. 工件装夹的特点和一般要求

（1）装夹的特点

1）由于线切割的加工作用力小，不像金属切削机床要承受很大的切削力，因而其装夹的夹紧力要求不大，有的工件加工时还可用磁力夹具来夹紧。

2）高速走丝线切割机床的工作液是靠高速运行的电极丝带入切缝的，不像低速走丝那样要进行高压冲液。对切缝周围的材料余量没有要求，因此工件装夹比较方便。

3）线切割是一种贯通加工方法，因而工件装夹后被切割区域要悬空于工作台的有效切割区域，一般采用悬臂支承或桥式支承方式装夹。

（2）装夹的一般要求

1）工件的定位面要有良好的精度，一般以磨削加工过的面定位为好，定位面加工后应保证清洁无毛刺，通常要对棱边进行倒钝处理、对孔口进行倒角处理。

2）切入点的导电性能要好，对于热处理工件切入处及扩孔的台阶处都要进行去积盐及氧化皮处理。

3）热处理工件要进行充分回火以便去除应力，经过平面磨削加工后的工件要进行充分退磁。

4）工件装夹的位置应有利于工件找正，并应与机床的行程相适应。夹紧螺钉高度要合适，保证在加工的全程范围内，工件、夹具与丝架不能发生干涉。

5）对工件的夹紧力要均匀，不得使工件变形和翘起。

6）批量生产时，最好采用专用夹具，以利于提高生产率。夹具应具有必要的精度，并将其稳固地固定在工作台上，拧紧螺钉时用力要均匀。

7）细小、精密、薄壁的工件应先固定在不易变形的辅助夹具上再进行装夹，否则将无法加工。

8）加工精度要求较高时，工件装夹后，还必须进行六面拉表找正。

4.1.4　加工流程及步骤

有了好的机床、好的控制系统、好的电源及比较合理的程序，不一定就能加工出好的工件，还必须重视线切割加工时的工艺技术和技巧，因此做好加工前的准备工作，科学地安排好加工工艺路线，合理地选择加工参数等都是高效率地加工出合格产品的重要环节。

1. 加工流程

电火花线切割加工通常作为零件的精加工工序，一般放在机械加工工序和热处理工序之后，最终使零件达到图样要求的尺寸精度、几何公差和表面粗糙度等工艺指标。电火花线切割加工流程如图4-9所示。

2. 加工步骤

在电火花线切割加工前首先要准备好工件毛坯，如果加工的是凹形类封闭零件，还要在毛坯上按要求加工穿丝孔，然后根据毛坯及零件的批量选择夹具、压板等工具，接下来一般按照下列步骤进行：

1）合上机床电源开关，按下机床起动按钮，进入操作系统，回到原点；手工或利用CAD/CAM完成程序编制及加工中必要的参数设置工作。

2）手动操作机床，检查机床各部分是否正常。例如工作台移动方向是否正

确，限位开关动作是否可靠，储丝筒运行是否正常，工作液供给是否充足通畅等，同时要按要求对机床需要润滑的部位进行润滑处理。

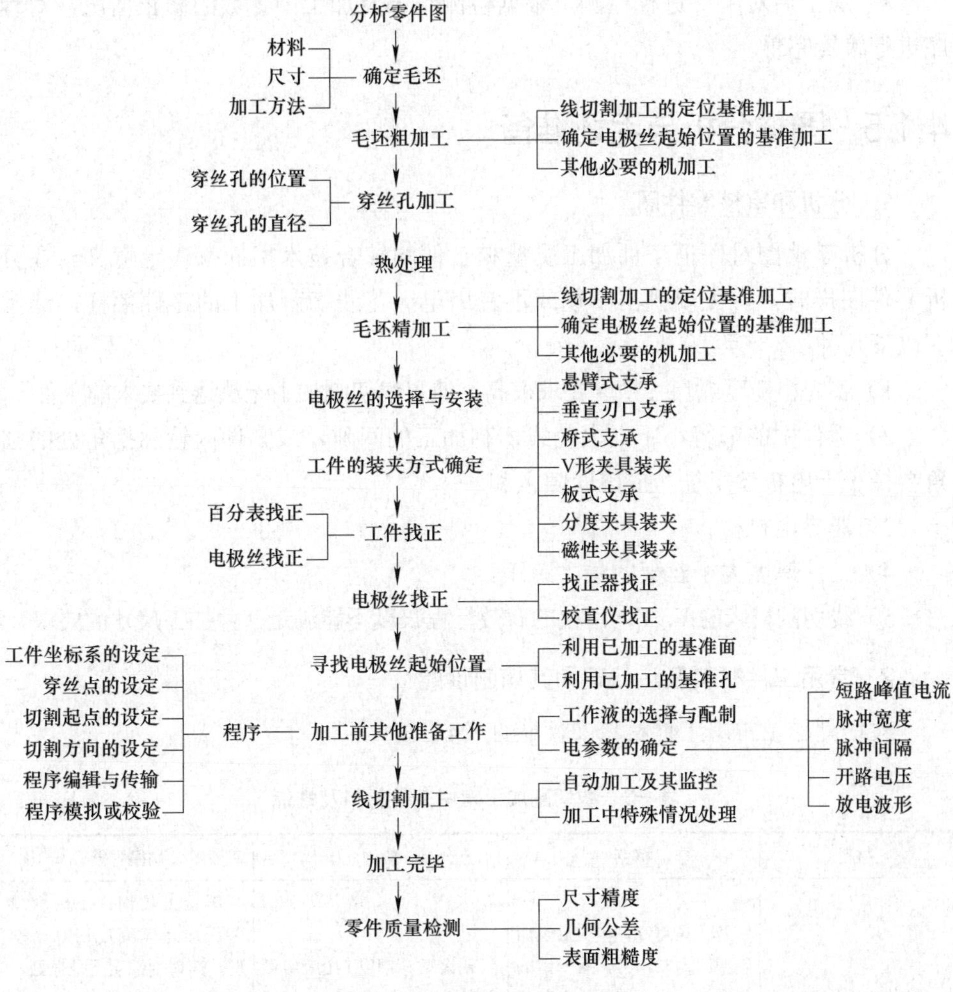

- 分析零件图
- 确定毛坯（材料、尺寸、加工方法）
- 毛坯粗加工
  - 线切割加工的定位基准加工
  - 确定电极丝起始位置的基准加工
  - 其他必要的机加工
- 穿丝孔加工（穿丝孔的位置、穿丝孔的直径）
- 热处理
- 毛坯精加工
  - 线切割加工的定位基准加工
  - 确定电极丝起始位置的基准加工
  - 其他必要的机加工
- 电极丝的选择与安装
- 工件的装夹方式确定
  - 悬臂式支承
  - 垂直刃口支承
  - 桥式支承
  - V形夹具装夹
  - 板式支承
  - 分度夹具装夹
  - 磁性夹具装夹
- 工件找正（百分表找正、电极丝找正）
- 电极丝找正
  - 找正器找正
  - 校直仪找正
- 寻找电极丝起始位置
  - 利用已加工的基准面
  - 利用已加工的基准孔
- 加工前其他准备工作
  - 程序（工件坐标系的设定、穿丝点的设定、切割起点的设定、切割方向的设定、程序编辑与传输、程序模拟或校验）
  - 工作液的选择与配制
  - 电参数的确定（短路峰值电流、脉冲宽度、脉冲间隔、开路电压、放电波形）
- 线切割加工
  - 自动加工及其监控
  - 加工中特殊情况处理
- 加工完毕
- 零件质量检测
  - 尺寸精度
  - 几何公差
  - 表面粗糙度

图4-9 电火花线切割加工流程

3）根据机床的功能进行手动上丝或机动上丝操作，根据零件切割要求，选择合适的方法将电极丝找正。

4）安装好工件，根据工件厚度将Z轴调整到合适的位置，对于具有锁紧要求的机床还要将机床锁紧。

5）根据有关参数，将电极丝移到起点位置。

6）在正式加工前要校验程序的正确性，以防止在加工中出现错误造成废品。程序无误后再将机床系统设置到加工状态。

7）运行程序，开始加工，调节上、下喷嘴的喷液流量。观察切割情况，必要情况下，在合适的位置可以对电参数进行调整，并做好相关记录。

8）加工后对工件进行检测，根据检测结果及加工中参数的修正情况，对程序进行编辑完善。

4.1.5　图样分析与毛坯准备

1. 分析和审核零件图

分析零件图对保证工件加工质量和工件的综合技术指标有决定意义。在分析零件图样时，首先要挑出不能或不宜用电火花线切割加工的零件图样，通常有以下几种：

1）表面粗糙度或尺寸精度要求很高，使用线切割加工无法达到要求的工件。

2）零件中的窄缝小于电火花线切割加工的间隙，或零件内轮廓拐角处的圆角半径小于电极丝半径与放电间隙之和。

3）非导电材料。

4）工件厚度大于丝架的最大跨距。

5）线切割机床的X、Y向滑板的有效行程长度不能满足工件加工尺寸的要求。

2. 常用工件材料及热处理和其切割性能

线切割加工常用工件材料及性能见表4-3。

表4-3　线切割加工常用工件材料及性能

材料		特点	应用	切割性能
碳素工具钢T7、T8、T10A、T12A		淬火硬度高，淬火后表面硬度约为62HRC，有一定的耐磨性，成本较低。但其淬透性较差，淬火变形大，因而在线切割加工前要经热处理预加工，以消除内应力	碳素工具钢以T10应用最为广泛，一般用于制造尺寸不大、形状简单、受小负荷的冷冲模零件	碳素工具钢由于碳含量高，加之淬火后切割易变形，其切割性能不是很好，切割速度较之合金工具钢稍慢，切割表面偏黑，切割表面的均匀性较差，易出现短路条纹。若热处理不当，加工中会发生开裂
合金工模具钢	低合金工具钢9Mn2V、MnCrWV、CrWMn、9CrWMn、GCrl5	淬透性、耐磨性、淬火变形均比碳素工具钢好。CrWMn为典型的低合金钢，除了其韧性稍差外，基本具备了低合金工具钢的优点	低合金工具钢常用来制造形状复杂、变形要求小的各种中、小型冲模、型腔模的型腔、型芯	具有良好的切割加工性能，其加工速度、表面质量均较好

（续）

材料		特点	应用	切割性能
合金工模具钢	冷作模具钢 Cr12、Cr12MoV、Cr4W2MoV 高速工具钢 W18Cr4V	有高的淬透性、耐磨性，热处理变形小，能承受较大的冲击负荷	Cr12、Cr12MoV广泛用于制造承载大、冲次多、工件形状复杂的模具。Cr4W2MoV、W18Cr4V用于制造形状复杂的冷冲模、冷挤模	具有良好的线切割加工性能，切割速度快，加工表面光亮、均匀，有较小的表面粗糙度值
优质碳素结构钢	20	经表面渗碳淬火，可获得较高的表面硬度和芯部韧性	适用于冷挤法制造形状复杂的型腔模	线切割加工性能一般，淬火件的切割性能比未淬火件好，加工速度比合金工具钢稍慢，表面粗糙度值较大
	45	具有较高的强度，经调质处理有较好的综合力学性能，可进行表面或整体淬火以提高硬度	常用于制造塑料模和压铸模	
硬质合金K类和P类		硬度高、结构稳定、变形小	常用来制造各种复杂的模具和刀具	线切割加工速度较低，但表面粗糙度值较小。由于线切割加工时使用水质工作液，其表面会产生具有显微裂纹的变质层
纯铜		具有良好的导电性、导热性、耐蚀性和塑性	模具制造行业常用纯铜制作电极，这类电极往往形状复杂，精度要求高，需用线切割来加工	高速走丝加工纯铜的线切割速度一般，是合金工具钢的50%～60%，表面粗糙度值较大，放电间隙也较大，但其线切割加工稳定性比较好。低速走丝时因选用铜的专用切削条件，故加工速度很快，是钢加工速度的2～3倍
石墨		具有导电性和耐蚀性	用于制作电极	石墨的线切割加工性能很差，效率只有合金工具钢的20%～30%，其放电间隙小，不易排屑，加工时易短路，属不易加工材料
铝合金		重量轻又具有金属的强度	常用来制作一些结构件，在机械上也可制作连接件等	切割速度是合金工具钢的3～4倍，加工后表面光亮，表面粗糙度一般

3. 穿丝孔加工

（1）加工穿丝孔的目的　在使用线切割加工凹形类封闭零件时，为了保证零件的完整性，在线切割加工前必须加工穿丝孔。对于凸形类零件在线切割加工前一般不需要加工穿丝孔，但当零件的厚度较大或切割的边比较多，尤其对四周都要切割及精度要求较高的零件，在切割前也必须加工穿丝孔，此时加工穿丝孔的目的是减小凸形类零件在切割中的变形。如图4-10所示，当采用穿丝孔切割时，由于毛坯料保持完整，不仅可有效地防止夹丝和断丝的发生，同时还提高了零件的加工精度。

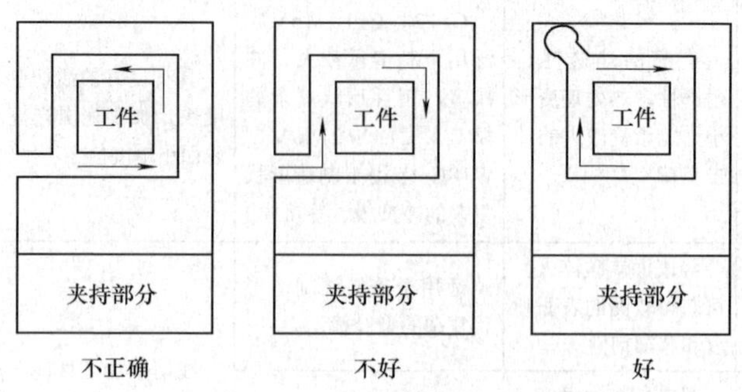

图4-10　切割凸模有无穿丝孔的比较

（2）穿丝孔的位置与大小确定　穿丝孔作为工件加工的工艺孔，是电极丝相对于工件运动的起点，同时也是程序执行的起始位置。穿丝孔应选择在容易找正和便于编程计算的位置。在切割凸形零件或大尺寸的凹形类零件时，一般将穿丝孔设在切割的起点附近，同时穿丝孔的位置还应是便于记忆和便于确定坐标的点。穿丝孔的直径受到切割轮廓的尺寸限制，一般不宜太大也不宜太小，穿丝孔太大，有可能在加工穿丝孔时孔钻偏或钻斜而损坏工件，穿丝孔过小又会使穿丝不方便。

（3）穿丝孔的加工　穿丝孔的加工一般采用钻削方式加工，也有的使用镗孔加工。采用钻孔和镗孔加工时，穿丝孔直径一般为3～10mm。近年来较为广泛的使用电火花小孔机床加工穿丝孔，这种方法加工的穿丝孔直径一般为0.3～3mm，其加工速度可达6～60mm/min。

在线切割加工中，如果利用穿丝孔作为基准，那么该穿丝孔在加工时就必须保证其位置精度、尺寸精度和孔的表面粗糙度。如果穿丝孔是线切割加工的位置基准，穿丝孔在加工时可以采用钻扩或钻扩铰等较为精密的机械加工方法；如果穿丝孔不是线切割加工的位置基准，一般采用钻孔或电火花穿孔加工等方法就可以满足要求。

对于大尺寸零件，在切割前应沿加工轨迹加工多个穿丝孔，以便发生断丝时能就近重新穿丝，切入断丝点。如果在一个工件上要加工多个凹形封闭型腔，也需要加工多个穿丝孔，此时要注意各个穿丝孔的相对位置，如果穿丝孔不是线切割加工的位置基准，都采用钻孔的方法就可以满足要求；如果要利用穿丝孔作为基准，其实只是使用第一个要加工的凹形封闭型腔的穿丝孔作为基准，只要加工该孔时选择较为精密的机械加工方法加工，其余的穿丝孔只需使

用钻孔的方法即可，其他穿丝孔的位置控制由程序来控制。在低速走丝加工中，利用穿丝孔找正的情况比较少，一般均为在工件的外端面找正。

4.2　数控高速走丝电火花线切割机床通用加工操作

本节以苏州长风DK7725E型线切割机床为例，介绍线切割机床的操作。

4.2.1　开、关机与脉冲电源操作

1. 开机和关机操作

（1）开机程序

1）合上机床主机上的电源总开关。

2）松开机床电气面板上的急停按钮SB1。

3）合上控制柜上的电源开关，进入线切割机床控制系统。

4）按要求装上电极丝。

5）逆时针旋转SA1，选择合适的脉冲宽度。

6）按SB2，起动运丝电动机。

7）按SB4，起动冷却泵。

8）顺时针旋转SA3，接通脉冲电源。

（2）关机程序

1）逆时针旋转SA3，切断脉冲电源。

2）按下急停按钮SB1，运丝电动机和冷却泵将同时停止工作。

3）关闭控制柜电源。

4）关闭机床主机电源。

2. 脉冲电源操作

DK7725E型线切割机床脉冲电源的操作面板如图4-11所示，电源参数如下。

（1）脉冲宽度　脉冲宽度的选择开关SA1共分6档，从左边开始往右边分别为：第1档5μs，第2档15μs，第3档30μs，第4档50μs，第5档80μs，第6档120μs。

（2）功率晶体管　功率晶体管个数选择开关SA2～SA7可控制参加工作的功率晶体管个数，如6个开关均接通，6个功率晶体管同时工作，这时峰值电流最大。如5个开关全部关闭，只有一个功率晶体管工作，此时峰值电流最小。每个开关控制一个功率晶体管。

（3）幅值电压 幅值电压选择开关SA8用于选择空载脉冲电压幅值，开关按至“L”位置，电压为75V左右，按至“H”位置，则电压为100V左右。

（4）脉冲间隙 调节电位器RP1阻值，可改变输出矩形脉冲波形的脉冲间隔t_o，即能改变加工电流的平均值，电位器旋置最左，脉冲间隔最小，加工电流的平均值最大。

（5）电压表 电压表PV1，由0～150V直压表指示空载脉冲电压幅值。

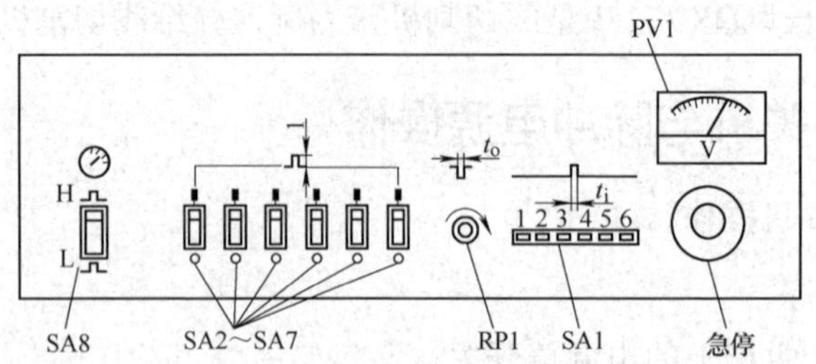

图4-11 DK7725E型线切割机床脉冲电源的操作面板

SA1—脉冲宽度选择 SA2～SA7—功率晶体管选择 SA8—幅值电压选择 RP1—脉冲间隔调节
PV1—幅值电压指示 急停—按下此按钮，机床运丝电动机、水泵电动机全停，脉冲电源输出切断

4.2.2 线切割机床控制系统

DK7725E型线切割机床配有CNC-10A自动编程系统和控制系统。图4-12所示为CNC-10A控制系统主界面。

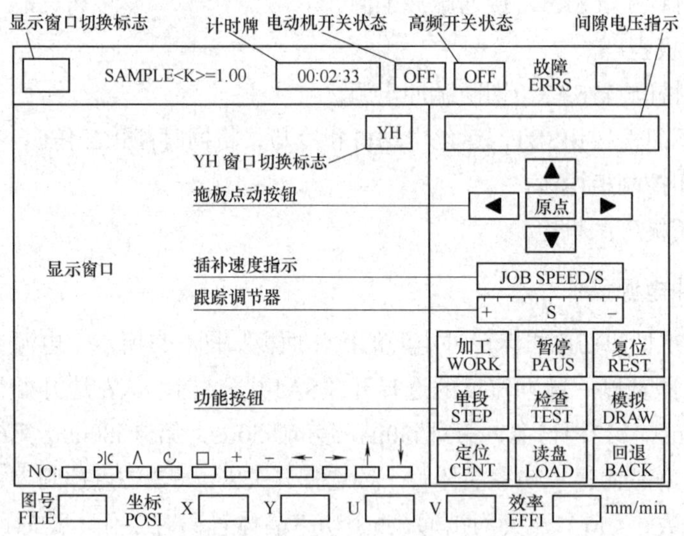

图4-12 CNC-10A控制系统主界面

（1）系统的启动和退出 在计算机桌面上双击“YH”图标，即可进入

CNC-10A控制系统；按<Ctrl+Q>键退出控制系统。

（2）CNC-10A控制系统功能 如图4-12所示，该系统所有的操作按钮、状态、图形显示等全部在屏幕上实现。各种操作命令均可用轨迹球或相应的按钮完成。鼠标操作时，可移动鼠标，使屏幕上显示的箭状光标指向选定的屏幕按钮或位置，然后单击鼠标左键，即可选择相应的功能。各种控制功能如下所述。

显示窗口：该窗口用来显示加工工件的图形轮廓、加工轨迹或相对坐标、加工代码。

显示窗口切换标志：用轨迹球点取该标志（或按<F10>键），可改变显示窗口的内容。系统进入时，首先显示图形，以后每点取一次该标志，依次显示“相对坐标”“加工代码”“图形”等，其中在相对坐标方式下，以大号字体显示当前加工代码的相对坐标。

间隙电压指示：显示放电间隙的平均电压波形（也可以设定为指针式电压表方式）。在波形显示方式下，指示器两边各有一条10等分线段，空载间隙电压定为100%（即满幅值），等分线段下端的黄色线段指示间隙短路电压的位置。波形显示的上方有两个指示标志：短路回退标志，该标志变红色，表示短路；短路率指示，表示间隙电压在设定短路值以下的百分比。

电动机开关状态：在电动机标志右边有状态指示标志ON（红色）或OFF（黄色）。ON状态，表示电动机上电锁定（进给）；OFF状态为电动机释放。用光标点取该标志可改变电动机状态（或用数字小键盘区的<Home>键）。

高频开关状态：在脉冲波形图符右侧有高频电压指示标志ON（红色）或OFF（黄色）表示高频的开启与关闭；用光标点取该标志（或用数字小键盘区的<PgUp>键）可改变高频状态。在高频开启状态下，“间隙电压指示”将显示电压波形。

拖板点动按钮：屏幕右中部有上下左右方向的4个箭标按钮，可用来控制机床点动运行。若电动机为ON状态，光标点取这4个按钮可以控制机床按设定参数做X、Y或U、V方向的点动或定长移动。在电动机失电状态OFF下，点取移动按钮，仅用作坐标计数。

原点：用光标点取该按钮（或按<I>键）进入回原点功能。若电动机为ON状态，系统将控制拖板和丝架回到加工起点（包括“UV”坐标），返回时取最短路径；若电动机为OFF状态，光标返回坐标系原点。

（3）CNC-10A控制系统操作方法 CNC-10A控制系统通过功能按钮进行操作。功能按钮包括加工、暂停、复位、单段、检查、模拟、定位、读盘和回退等，具体如下所述。

1）加工：工件安装完毕，程序准备就绪后（已模拟无误），可进入加工。用光标点取该按钮（或按<W>键），系统进入自动加工方式。首先自动打开电动机和高频，然后进行插补加工。此时应注意屏幕上间隙电压指示器的间隙电压波形（平均波形）和加工电流。若加工电流过小且不稳定，可用光标点取跟踪调节器的“+”按钮（或按<End>键），加强跟踪效果。反之，若频繁地出现短路等跟踪过快现象，可点取跟踪调节器“−”按钮（或按<Page Down>键），直至加工电流、间隙电压波形、加工速度平稳。加工状态下，屏幕下方显示当前插补的X-Y、U-V绝对坐标值，显示窗口绘出加工工件的插补轨迹。显示窗口下方的显示器调节按钮可调整插补图形的大小和位置，或者开启/关闭局部观察窗。点取“显示窗口切换标志”，可选择图形/相对坐标显示方式。

2）暂停：用光标点取该按钮（或按<P>键或数字小键盘区的<Del>键），系统将终止当前的功能（如加工、单段、控制、定位、回退）。

3）复位：用光标点取该按钮（或按<R>键）将终止当前一切工作，消除数据和图形，关闭高频和电动机。

4）单段：用光标点取该按钮（或按<S>键），系统自动打开电动机和高频，进入插补工作状态，加工至当前代码段结束时，系统自动关闭高频，停止运行；再点取<单段>按钮，继续进行下段加工。

5）检查：用光标点取该按钮（或按<T>键），系统以插补方式运行一步，若电动机处于ON状态，机床拖板将做相应的一步动作，在此方式下可检查系统插补及机床的功能是否正常。

6）模拟：可检验代码及插补的正确性。在电动机失电状态下（OFF状态），系统以2500步/s的速度快速插补，并在屏幕上显示其轨迹及坐标。若在电动机锁定状态（ON状态）下，机床空走插补，拖板将随之动作，可检查机床控制联动的精度及正确性。“模拟”操作方法如下：

①读入加工程序。

②根据需要选择电动机状态后，点取“模拟”按钮（或按<D>键），即进入模拟检查状态。

屏幕下方显示当前插补的X-Y、U-V坐标值（绝对坐标），若需要观察相对坐标，可用光标点取显示窗右上角的“显示窗口切换标志”（或按<F10>键），系统将以大号字体显示；再点取“显示窗口切换标志”，将交替地处于图形/相对坐标显示方式；点取图形显示调整按钮最左边的局部放大窗口按钮

（或按<F1>键），可在显示窗口的左上角打开一局部放大窗口，在局部放大窗口内显示放大10倍的插补轨迹。若需中止模拟过程，可点取“暂停”按钮。

7）定位：用光标点取电动机状态标志，使其成为“ON”（原为“ON”可省略此步骤）。点取“定位”按钮（或按<C>键），系统将根据选定的方式自动进行对中心、定端面的操作。在电极丝遇到工件某一端面时，屏幕会在相应位置显示一条亮线。点取“暂停”按钮，可中止定位操作。用光标点取屏幕右中处的参数窗标志“OPEN”（或按<O>键），屏幕上将弹出参数设定窗口，可见其中有“定位LOCATION XOY”一项；将光标移至“XOY”处单击，将依次显示为“XOY、XMAX、XMIN、YMAX、YMIN”；选定合适的定位方式后，用光标点取参数设定窗左下角的“CLOSE”标志。

8）读盘：将存有加工代码文件的盘插入驱动器中，用光标点取该按钮（或按<L>键），屏幕出现磁盘上存储全部代码文件名的数据窗口。用光标指向需读取的文件名，单击，该文件名背景变成黄色；然后用光标点取该数据窗口左上角的“口”（撤销）按钮，系统自动读入选定的代码文件，并快速绘出图形。该数据窗口的右边有上下两个三角标志“△”按钮，可用来向前或向后翻页，当代码文件不在当前页中显示时，可用翻页来选择。

9）回退：系统具有自动 / 手动回退功能。在加工或单段加工中，一旦出现高频短路现象，系统即自动停止插补，若在设定的控制时间内（由机床参数设置），短路达到设定的次数，系统将自动回退。若在设定的控制时间内，短路仍不能消除，系统将自动切断高频，停机。

在系统静止状态（“非加工”或“单段”），点取“回退”按钮（或按<B>键），系统做回退运行，回退至当前段结束时，自动停止；若再点取该按钮，继续前一段的回退。

10）跟踪调节器：该调节器用来调节跟踪的速度和稳定性，调节器中间红色指针表示调节量的大小。表针向左移动，位跟踪加强（加速）；向右移动，位跟踪减弱（减速）。指针表两侧有两个按钮，“+”按钮（或<PgUp>键）加速，“-”按钮（或<PgDn>键）减速；调节器上方英文字母“JOB SPEED/S”后面的数字量表示加工的瞬时速度，单位为步/s。

11）当前段号显示：此处位于显示窗口左下角，左边有“NO：”，用来显示当前加工的代码段号，也可用光标点取该处，在弹出屏幕小键盘后，键入需要切割的段号（注：锥度切割时，不能任意设置段号）。

12）局部放大窗口按钮：单击该按钮（或按<F1>键），可在显示窗口的左上方打开一局部放大窗口，其中将显示放大10倍的当前插补轨迹；再单击该按钮时，局部放大窗口关闭。

13）图形显示调整按钮：有几个按钮能完成6个功能，在图形显示状态时，其功能依次为：

“+”按钮或<F2>键：图形放大1.2倍；

“-”按钮或<F3>键：图形缩小为原来的80%；

“←”按钮或<F4>键：图形向左移动20单位；

“→”按钮或<F5>键：图形向右移动20单位；

“↑”按钮或<F6>键：图形向上移动20单位；

“↓”按钮或<F7>键：图形向下移动20单位。

14）坐标显示：屏幕下方“坐标”部分显示X、Y、U、V的绝对坐标值。

15）效率：此处显示加工的效率，单位为mm/min；系统每加工完一条代码，即自动统计所用的时间，并求出效率。

16）YH窗口切换：用光标点取该标志或按<Esc>键，系统转换到绘图式编程窗口。

17）图形显示的缩放及移动：在图形显示窗口下有小按钮，从最左边起分别为对称加工、平移加工、旋转加工和局部放大窗开启/关闭（仅在模拟或加工态下有效），其余依次为放大、缩小、左移、右移、上移、下移，可根据需要选用这些功能，调整在显示窗口中图形的大小及位置。

具体操作可用轨迹球点取相应的按钮，或从局部放大起直接按<F1><F2><F3><F4><F5><F6><F7>键。

18）代码的显示、编辑、存盘和倒置：用光标点取显示窗口右上角的显示窗口切换标志（或按<F10>键），显示窗口依次为图形显示、相对坐标显示、代码显示（模拟、加工、单段工作时不能进入代码显示方式）。

在代码显示状态下用光标点取任一有效代码行，该行即点亮，系统进入编辑状态，显示调节功能按钮上的标记符号变成：S、I、D、Q、↑、↓，各按钮的功能变换成：

S——代码存盘；

I——代码倒置（倒走代码变换）；

D——删除当前行（点亮行）；

Q——退出编辑状态；

↑——向上翻页；

↓——向下翻页。

在编辑状态下可对当前点亮行用键盘进行输入、删除操作。编辑结束后，按<Q>键退出，返回图形显示状态。

19）计时牌功能：系统在加工、模拟、单段工作时，自动打开计时牌。终止插补运行，计时自动停止。用光标点取计时牌，或按<0>键可将计时牌清零。

20）倒切割处理：读入代码后，点取显示窗口切换标志或按<F10>键，直至显示加工代码。用光标在任一行代码处轻点一下，该行点亮。窗口下面的图形显示调整按钮标志转成S、I、D、Q等；点取“I”按钮，系统自动将代码倒置（上下异形件代码无此功能）；按<Q>键退出，窗口返回图形显示。在右上角出现倒走标志“V”，表示代码已倒置，加工、单段、模拟以倒置方式工作。

21）断丝处理：加工遇到断丝时，可点取“原点”按钮（或按<I>键），拖板将自动返回原点，锥度丝架也将自动回直。要注意的是，断丝后切不可关闭电动机，否则将无法正确返回原点。若工件加工已将近结束，可将代码倒置后，再行切割，即反向切割。

4.2.3　线切割机床绘图式自动编程系统操作

1. CNC-10A绘图式自动编程系统界面

在控制界面中用光标点取左上角的“YH”窗口切换标志（或按<Esc>键），系统将转入CNC-10A编程界面。图4-13所示为绘图式自动编程系统主界面。

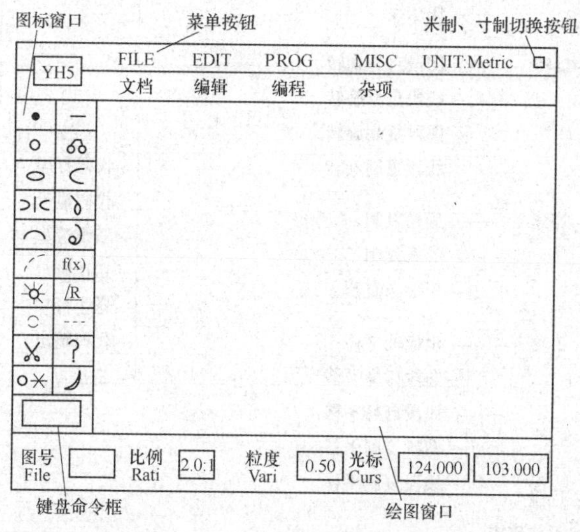

图4-13　绘图式自动编程系统主界面

2. CNC-10A绘图式自动编程系统图标命令和菜单命令

CNC-10A绘图式自动编程系统的操作集中在20个命令图标和4个弹出式菜单内，它们构成了系统的基本工作平台。在此平台上，可进行绘图和自动编程。表4-4为20个命令图标功能。图4-14所示为菜单功能。

表4-4 绘图命令图标功能简介

命令功能	图标	命令功能	图标
点输入	●	直线输入	—
圆输入	○	公切线/公切圆输入	
椭圆输入		抛物线输入	
双曲线输入		渐开线输入	
摆线输入		螺旋线输入	
列表点输入		任意函数方程输入	f(x)
齿轮输入		过渡圆输入	R
辅助圆输入		辅助线输入	---
删除线段		询问	?
清理		重画	

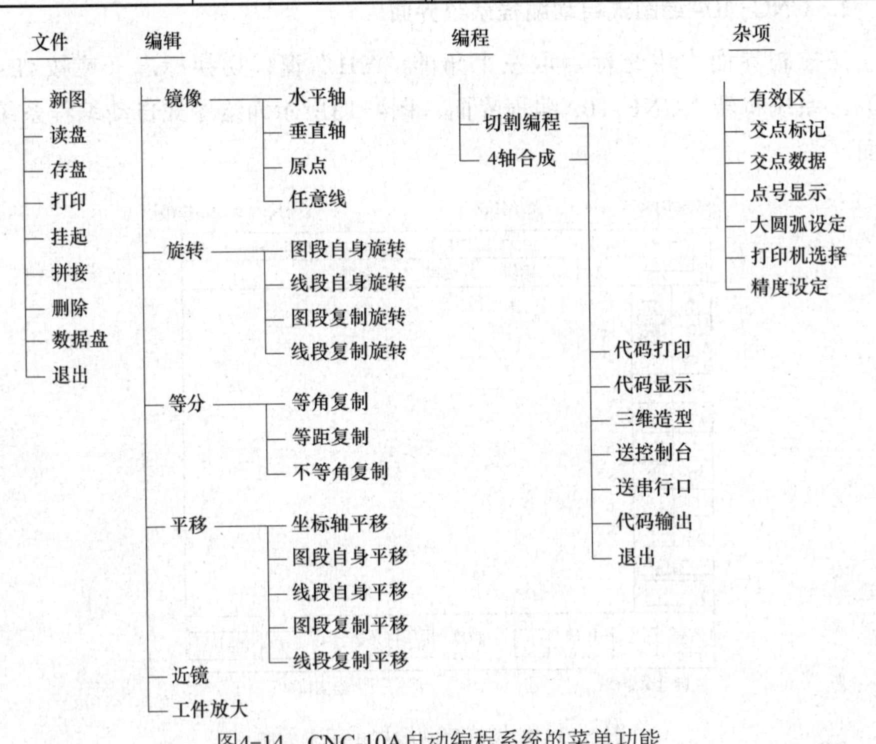

图4-14 CNC-10A自动编程系统的菜单功能

4.2.4 电极丝的绕装与工件的装夹找正

1. 电极丝的绕装操作

如图4-15和图4-16所示，电极丝的具体绕装过程如下：

1）把机床操纵面板上的SAl旋钮左旋。

2）上丝起始位置在储丝筒右侧，用摇手手动将储丝筒右侧停在线架中心位置。

3）将右边撞块压住换向行程开关触点，左边撞块尽量拉远。

4）松开上丝器上的螺母，装上钼丝盘后拧上螺母。

5）调节螺母，将钼丝盘压力调节适中。

6）将钼丝一端通过图中的排丝轮上丝后，固定在储丝筒右侧的螺钉上。

7）空手逆时针转动储丝筒几圈，转动时撞块不能脱开换向行程开关触点。

8）按操纵面板上的SB2旋钮（运丝开关），储丝筒转动，钼丝自动缠绕在储丝筒上，达到要求后，按操纵面板上SBl急停旋钮，即可将电极丝绕至储丝筒上（见图4-15）。

9）按图4-16所示方式，将电极丝绕至丝架上。

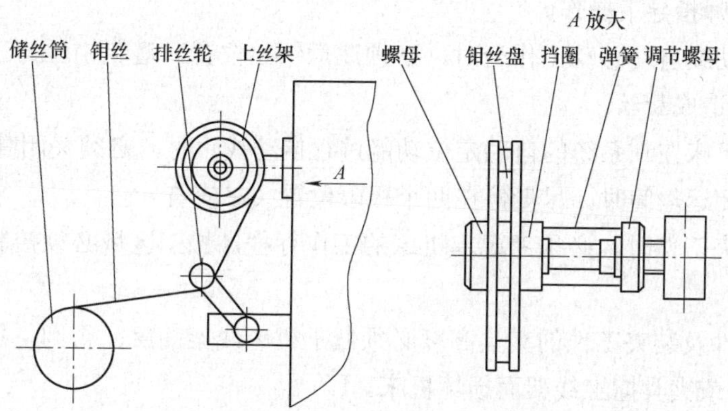

图4-15 电极丝绕至储丝筒上示意图

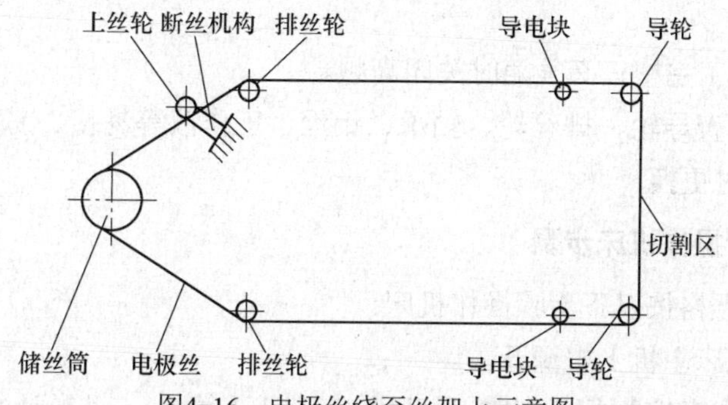

图4-16 电极丝绕至丝架上示意图

2. 工件的装夹与找正操作

1）装夹工件前先找正电极丝与工作台的垂直度。

2）选择合适的夹具将工件固定在工作台上。

3）按工件图样要求用百分表或其他量具找正基准面，使之与工作台的X向或Y向平行。

4）工件装夹位置应保证工件切割区在机床行程范围之内。

5）调整好机床线架高度，切割时，保证工件和夹具不会碰到线架的任何部分。

4.2.5　机床安全操作规程和操作步骤

1. 机床安全操作规程

根据DK7725E型线切割机床的操作特点，特制定操作规程，并希望严格遵守。

1）初次操作机床，必须仔细阅读本书和机床操作说明书，明确操作步骤，并在实训教师指导下操作。

2）手动或自动移动工作台时，必须注意钼丝位置，避免钼丝与工件或工装产生干涉而造成断丝。

3）用机床控制系统的自动定位功能进行自动找正时，必须关闭高频。

4）关闭运丝筒时，尽量停在两个极限位置（左或右）。

5）装夹工件时，必须考虑本机床的工作行程，加工区域必须控制在机床行程范围之内。

6）工件及装夹工件的夹具高度必须低于机床线架高度，否则，加工过程中会发生工件或夹具撞上线架而损坏机床。

7）固定工件的工装位置必须在工件加工区域之外，否则，加工时会连同工件一起割掉。

8）工件加工完毕，必须随时关闭高频。

9）经常检查导轮、排丝轮、轴承、钼丝、工作液等易损、易耗件（品），发现损坏，及时更换。

2. 初学者操作机床步骤

初学者应严格按以下步骤操作机床：

1）合上机床主机上电源开关。

2）合上机床控制柜上的电源开关，开启计算机，双击计算机桌面上的

“YH”图标，进入线切割控制系统。

3）解除机床主机上的急停按钮。

4）按机床润滑要求加注润滑油。

5）开启机床空载运行2min，检查其工作状态是否正常。

6）按所加工零件的尺寸、精度、工艺等要求，在线切割机床自动编程系统中编制线切割加工程序，并传送至控制台；或手工编制加工程序，直接存入或离线编程导入控制系统。

7）在控制台上对程序进行模拟加工，以确认程序准确无误。

8）在机床上装夹、找正工件。

9）开启运丝筒。

10）开启工作液。

11）选择合理的电加工参数。

12）手动或自动对刀。

13）单击控制台上的“加工”按钮，开始自动加工。

14）加工完毕后，按<Ctrl+Q>键退出控制系统，并关闭控制柜电源。

15）拆下工件，清理机床。

16）关闭机床主机电源。

4.2.6 工件编程和加工操作实例

1. 手工编程加工实习

以图4-17所示工件为例，进行手工编程和加工实习。

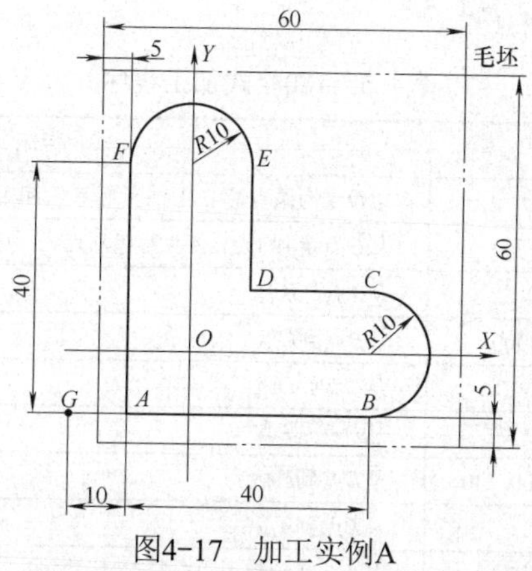

图4-17 加工实例A

（1）实习目的 掌握简单零件的线切割加工程序的手工编制技能；熟悉ISO

代码编程及3B格式编程；熟悉线切割机床的基本操作。

（2）实习要求　通过实习，学生能够根据零件的尺寸、精度、工艺等要求，应用ISO代码或3B格式手工编制出线切割加工程序，并使用线切割机床加工出符合图样要求的合格零件。

（3）实习设备　DK7725E型线切割机床。

（4）加工代码编程　根据4.3节的内容，学习常用ISO编程代码和3B格式编程代码。重点要掌握的ISO编程代码包括G92 X—Y—：以相对坐标方式设定加工坐标起点；G27：设定XY / UV平面联动方式；G01 X—Y—（U—V—）：直线插补；G02/G03 X—Y—I—J—：顺圆/逆圆插补指令，圆弧插补是以圆弧起点为坐标原点，X、Y表示终点坐标，I、J表示圆心相对于起点的坐标；M00：程序暂停；M02：程序结束等。

3B程序指令包括直线和圆弧指令，BX　BY　BJ　G　Z。其中，B：分隔符号；X：X坐标值；Y：Y坐标值；J：计数长度；G：计数方向；Z：加工指令。各字符的详细含义见4.3节。

（5）加工实例　加工图4-17所示零件外形，其厚度为5 mm，加工步骤如下所述。

1）工艺分析：毛坯尺寸为60mm×60mm，对刀位置必须设在毛坯之外，以图中*G*点坐标（−20，−10）作为起刀点，*A*点坐标（−10，−10）作为起割点。为了便于计算，编程时不考虑钼丝半径补偿值。逆时针方向进给。

2）手动编制程序：因零件形状较简单，可手工编制如下ISO或3B格式程序，并将程序输入机床控制系统。

ISO格式加工程序见表4-5。

表4-5　ISO格式加工程序

程序	说明
G92　X-20000　Y-10000	以*O*点为原点建立工件坐标系，起刀点*G*坐标为（−20，−10）
G01　X10000　Y0	从*G*点走到*A*点，*A*点为起割点
G01　X40000　Y0	从*A*点到*B*点
G03　X0　Y20000　I0　J10000	从*B*点到*C*点
G01　X-20000　Y0	从*C*点到*D*点
G01　X0　Y20000	从*D*点到*E*点
G03　X-20000　Y0　I-10000　J0	从*E*点到*F*点
G01　X0　Y-40000	从*F*点到*A*点
G01　X-10000　Y0	从*A*点回到起刀点*G*
M00	程序结束

3B格式加工程序见表4-6。

表4-6 3B格式加工程序

程序	说明
B10000 B0 B10000 GX L1	从G点走到A点，A点为起割点
B40000 B0 B40000 GX L1	从A点到B点
B0 B10000 B20000 GX NR4	从B点到C点
B20000 B0 B20000 GX L3	从C点到D点
B0 B20000 B20000 GY L2	从D点到E点
B10000 B0 B20000 GY NR4	从E点到F点
B0 B40000 B40000 GY L4	从F点到A点
B10000 B0 B10000 GX L3	从A点回到起刀点G
D	程序结束

3）机床准备：开启机床，装好电极丝，加注润滑油、工作液等。

4）模拟加工：在控制台上对程序进行模拟加工，以确认程序准确无误。

5）装夹工件：因毛坯尺寸较小，可采用磁铁将其固定在机床上，找正工件，使之两垂直边分别平行于机床的X轴和Y轴。

6）确定起刀点：根据程序要求，移动坐标工作台，将电极丝定位到图4-17中G点位置。

7）选择电加工参数。参考零件尺寸、材料及加工要求，一般可选择如下电加工参数：电压打至低档、功率晶体管选择2个、脉冲宽度高调至第2档、调节脉冲间隙，使加工电流平均值控制在2A左右。

8）自动加工：开启运丝筒，打开高频和工作液，单击控制界面上的“加工”按钮，即可进行自动加工。

9）后处理工作：拆下工件、夹具，检查零件尺寸，清理、关闭机床。

2. 自动编程加工实习

（1）实习目的及要求　熟悉CNC-10A编程系统的绘图功能及图形编辑功能；熟悉CNC-10A编程系统的自动编程功能；掌握CNC-10A控制系统各功能键的使用。

（2）实习设备　DK7725E型线切割机床配CNC-10A控制及自动编程系统。

（3）加工实例　加工图4-18所示五角星外形，毛坯尺寸为60mm×60mm×5mm，其加工步骤如下所述。

1）工艺分析：对刀位置必须设在毛坯之外，以图中*E*点（-10，-10）作为对刀点，*O*点为起割点，逆时针方向进给。

2）机床准备：开启机床，开启CNC-10A自动编程系统，装好电极丝，加注润滑油、工作液等。

3）自动编程：在CNC-10A自动编程系统中进行。

首先绘出直线*OC*：在图形绘制界面上，单击直线图标，该图标呈深色，然后将光标移至绘图界面。此时，屏幕下方提示行内的“光标”位置显示光标当前坐标值。将光标移至坐标原点（注：此时有些误差无妨，稍后可以修改），按下左键不放，移动光标，即可在屏幕上绘出一条直线，在弹出的参数设置对话框中可对直线参数做进一步修正，如图4-19所示。确认无误后单击“Yes”按钮退出，完成*OC*直线的输入。

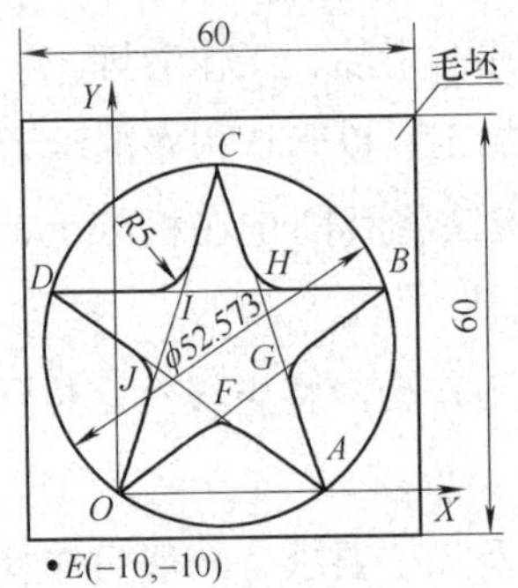

图4-18　加工实例B

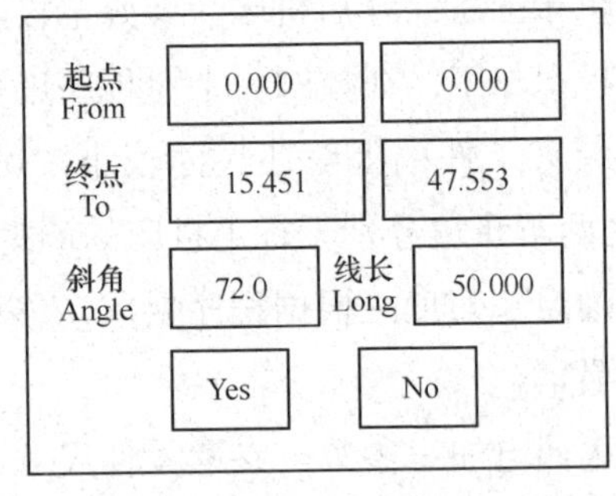

图4-19　*OC*直线参数输入对话框

绘制*CA*直线：用光标依次点取屏幕上的“编辑”→“旋转”→“线段复制旋转”。屏幕右上角将显示“中心”（提示选取旋转中心），左下角出现工具包，光标从工具包中移出至绘图界面，则马上变成“田”形，将光标移至*C*点上（呈“×”形）单击，选定旋转中心，此时屏幕右上角又出现提示“转体”，将“田”形光标移到*OC*线段上（光标呈手指形），单击，在弹出的参数设置对话框中进行参数设置，如图4-20所示，确认无误后单击“Yes”按钮退出，将光标放回工具包，完成*CA*直线输入。

绘制*AD*直线：其方法与*CA*直线绘制基本相同，旋转中心为*A*点，旋转体为*CA*直线，参数设置如图4-21所示。

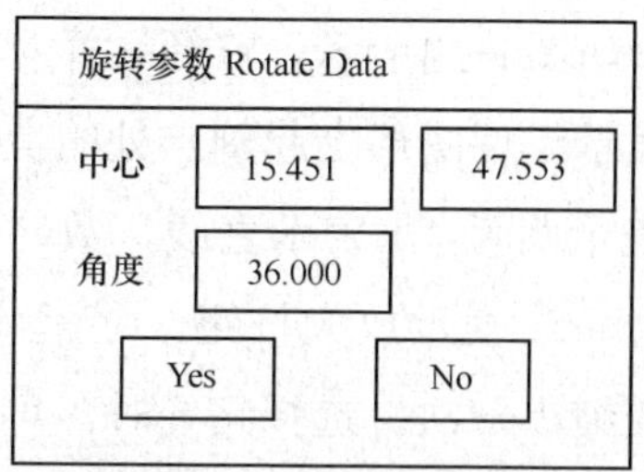

图4-20　*CA*直线参数输入对话框

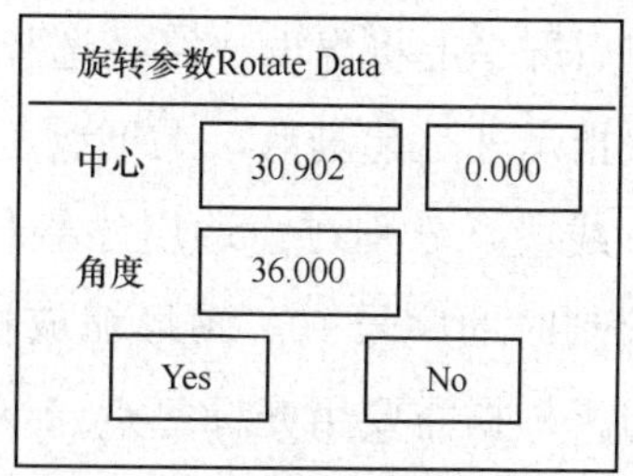

图4-21　*AD*直线参数输入对话框

绘制*DB*直线：方法同上。

绘制*BO*直线：用光标点取直线图标，将光标移至*B*点，光标呈“×”形，拖动光标至*O*点（呈“×”形），在弹出的直线参数对话框中对参数进行修正，如图4-22所示，单击“Yes”按钮退出，完成直线*BO*的输入。

图形编辑：用光标点取修剪图标，图标呈深色，将剪刀形光标依次移至线段*IH*、*HG*、*GF*、*FJ*、*JI*上，线段呈红色，单击，删除上述5条线段，然后将光标放回工具包。

倒*R*5mm圆角：用光标点取圆角图标，用“∠R”形光标分别点取*I*、*H*、*G*、*F*、*J*点（光标呈“×”形），朝倒圆角处拖出光标，在弹出的参数窗中将*R*值设为5，按回车键退出。

图形清理：由于屏幕显示的误差，图形上可能会有遗留的痕迹而略显模糊。此时，可用光标选择重画图标（图标变深色），并移入绘图界面，系统重新清理、绘制图形。

通过以上操作，即完成了完整图形的绘制，然后进行图形存储。

自动编程：单击“编程”→“切割编程”，在屏幕左下角出现一丝架形光标，将光标移至屏幕上的对刀点，按下左键不放，拖动光标至起割点（注：此时有些误差无妨，稍后可以修改），在弹出的参数设置对话框中可对起割点、孔位（对刀点）、补偿量等参数进行设置。其中，补偿量与钼丝半径大小、走丝方向、切割方式（割孔还是割外形）以及放电间隙有关，要根据具体情况合理选择，如图4-23所示。参数设置好后，单击“Yes”按钮确认。

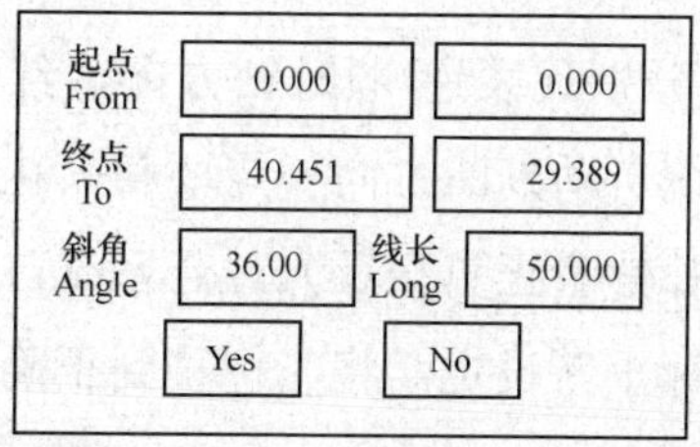

图4-22　*BO*直线参数输入对话框

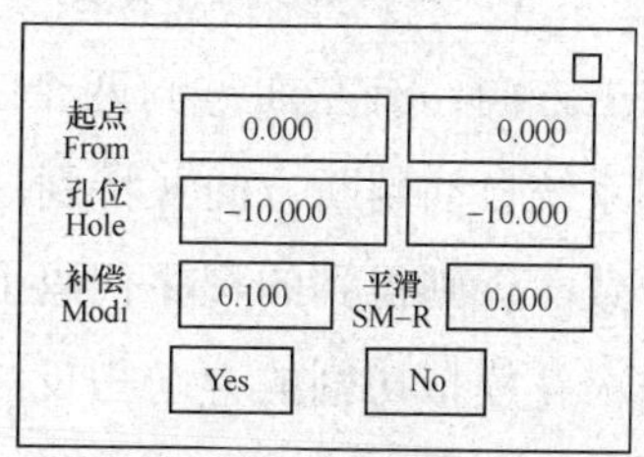

图4-23　编程参数输入对话框

随后屏幕上将出现一路径选择对话框，如图4-24所示。路径选择对话框中的箭头指示处是起割点，上下或左右线段表示工件图形上起割点处的上下或左右各一线段，分别在窗边用序号代表（C表示圆弧，L表示直线，数字表示该线段绘制时的序号）。图形缩放按钮中的“+”表示放大按钮，“-”表示缩小按钮，根据需要用光标每点一下就放大或缩小一次。选择路径时，可直接用光标在序号上单击，序号变黑底白字，单击“认可”按钮即完成路径选择。当无法辨别所列的序号表示哪一线段时，可用光标直接指向窗中图形的对应线段上，光标呈手指形，同时出现该线段的序号，单击，它所对应线段的序号自动变黑色。路径选定后单击“认可”按钮，路径选择对话框即消失，同时火花沿着所选择的路径方向进行模拟切割，到“OK”结束。如果工件图形上有交叉路径，火花自动停在交叉处，屏幕上再次弹出路径选择对话框。同前所述，再选择正确的路径直至“OK”。系统自动把没切割到的线段删除，呈一完整的闭合圆形。

火花图符走遍全路径后，屏幕右上角出现加工开关设定对话框，如图4-25所示。其中有5项选择：加工方向、锥度设定、旋转跳步、平移跳步和特殊补偿。

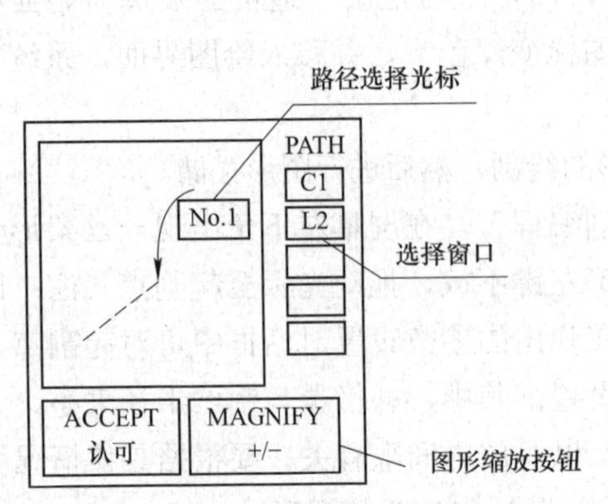

图4-24　路径选择对话框

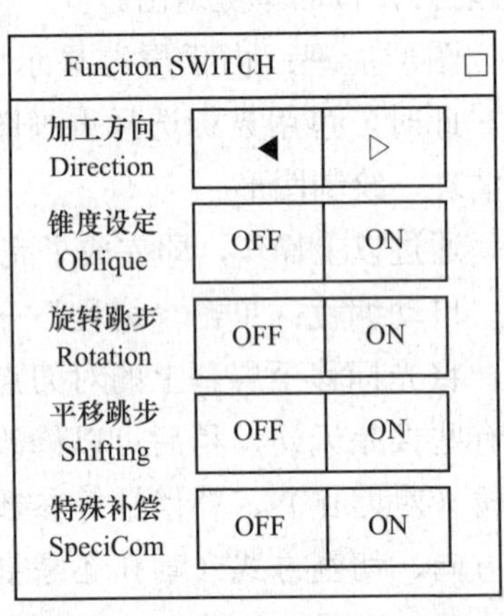

图4-25　加工开关设定对话框

加工方向：有左右方向两个三角形，分别代表逆/顺时针方向，红底黄色三角为系统自动判断方向（特别注意：系统自动判断方向一定要和火花模拟的走向一致，否则得到的程序代码上所加的补偿量正负相反）。若系统自动判断方向与火花模拟切割的方向相反，可用光标重新设定，将光标移到正确的方向位，单击使之成为红底黄色三角。

因本例无锥度、跳步和特殊补偿，故不需设置。单击加工开关设定对话框右上角的小方块“口”按钮，退出对话框。屏幕右上角显示红色丝孔提示，提示用户可对屏幕中的其他图形再次进行穿孔、切割编程。系统将以跳步模的形式对两个以上的图形进行编程。因本例无此要求，可将电极丝架形光标直接放回屏幕左下角的工具包（单击工具包图符），完成线切割自动编程。

退出切割编程阶段，系统即把生成的输出图形信息通过软件编译成ISO代码（必要时也可编译成3B格式程序），并在屏幕上用亮白色绘出对应线段。若编码无误，两种绘图的线段应重合（或错开补偿量）。随后屏幕上出现输出菜单，有代码打印、代码显示、代码转换、代码存盘、三维造型和退出。

在此，选择送控制台，将自动生成的程序送到控制台。至此，一个完整的工件编程过程结束，即可进行模拟加工。

4）模拟加工：在控制台上将自动编程系统生成的程序进行模拟加工，以确认程序准确无误。

5）装夹工件：因毛坯尺寸较小，可采用磁铁将其固定在机床上，找正工件，使之两垂直边分别平行于机床的X轴和Y轴。

6）确定起刀点：根据程序要求，移动坐标工作台，将电极丝定位到图4-18中E点位置。

7）选择电加工参数。参考零件尺寸、材料及加工要求，可选择如下电加工参数：电压打至低档、功率晶体管选择2个、脉冲宽度高调至第2档、调节脉冲间隙，使加工电流平均值控制在2A左右。

8）自动加工：开启运丝筒，打开高频和工作液，单击控制界面上的“加工”按钮，即可进行自动加工。

9）后处理：拆下工件、夹具，检查零件尺寸，清理、关闭机床。

4.3 加工程序的编制

数控电火花线切割机的编程代码主要有两类：B代码（3B、4B）和ISO代码（G代码）。B代码是较早的线切割数控系统的编程代码，而ISO代码是国际标准代码格式。但由于B代码格式应用仍然比较广泛，目前生产的数控电火花线切割机床一般都能够接受这两种格式的程序。

4.3.1　数控电火花线切割加工编程基础

1. 坐标系建立

数控电火花线切割加工机床的坐标系与其他数控机床一致，遵循右手笛卡儿原则。编程坐标系选择也遵循基准重合原则。为简化计算尽量选取图形对称轴线为坐标轴。建立工件坐标系时，找正原理与数控铣床类似。ISO代码程序中一般使用G92指令建立坐标系，其含义与其他数控机床编程相同。

2. 间隙补偿计算

线切割加工时，控制台控制的是电极丝中心的移动。为了获得所要求的加工尺寸，电极丝与加工轮廓之间必须保持合理的距离。如图4-26所示，图中双点画线表示电极丝中心轨迹，实线表示零件轮廓。由于存在放电间隙，编程时首先要求给出电极丝中心轨迹与图形轮廓之间的垂直距离 ΔR作为放电间隙补偿量，再进行加工编程，这样才能加工出合格的零件。采用ISO代码编程时，如果机床具有补偿功能，可通过G41、G42指令实现间隙补偿，按照零件轮廓尺寸编程即可。

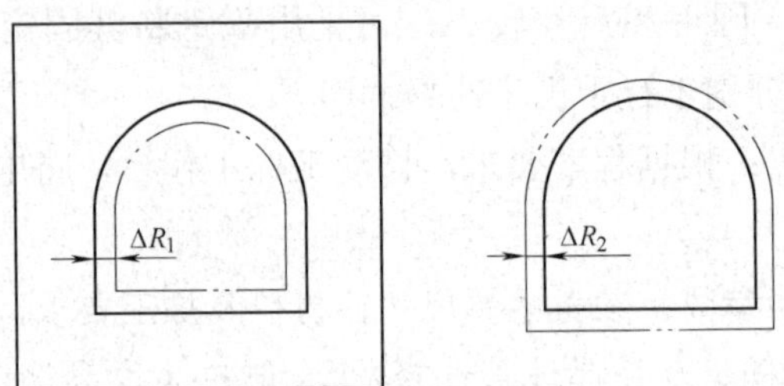

图4-26　模具凸、凹模加工间隙补偿

一般情况下，线切割加工时间隙补偿量等于电极丝半径r与电极丝放电间隙δ之和。加工模具凸、凹模时，应考虑凸、凹模之间的单边配合间隙$Z/2$。当加工冲孔模具时，凸模尺寸由孔的尺寸确定，配合间隙$Z/2$加在凹模上。所以，凸模加工的间隙补偿量为$\Delta R = r + \delta$，凹模加工的间隙补偿量为$\Delta R = r + \delta - Z/2$。当加工落料模具时，凹模尺寸由工件的尺寸确定，配合间隙$Z/2$加在凸模上。所以，凹模加工的间隙补偿量为$\Delta R_2 = r + \delta$，凸模加工的间隙补偿量为$\Delta R_2 = r + \delta + Z/2$。

4.3.2　数控电火花线切割加工B代码编程

1. 3B代码格式程序编制方法

代码格式：BX　BY　BJ　G　Z

B代码含义见表4-7。

表4-7 B代码含义

代码	名称	含义
B	分隔符号	用于分开X、Y、J数值数据，以免混淆。三个B后分别是X、Y、J数值，如果某一项数值为0，可以省略不写，但B不能省略
X	X坐标值	采用相对（增量）坐标编程单位为μm，可按相同的比例缩放
Y	Y坐标值	采用相对（增量）坐标编程单位为μm，可按相同的比例缩放
J	记数长度	指工作台在计数方向上进给的总长度，单位为μm。计数长度一般应补足六位。加工直线时，计数长度等于该直线在计数方向上的投影长度。加工圆弧时，应将该圆弧以坐标象限分段，计数长度等于各分段圆弧在计数方向上投影长度的总和
G	记数方向	有两种计数方向，即计X和计Y，分别写成GX和GY。应该以进给距离较大的坐标轴作为控制进给的记数方向
Z	加工指令	加工指令Z是用来确定切割轨迹的形状、起点或终点所在象限和加工方向等信息的指令。数控系统根据这些指令，控制工作台进给方向，实现自动加工。加工指令共12种，直线按走向和终点所在象限分为L1、L2、L3、L4四种，如图4-27所示。如果被加工线段与某坐标轴平行时，根据进给方向，也可用L1、L2、L3、L4。圆弧按起点所在象限及走向（顺时针或逆时针）分为SR1、SR2、SR3、SR4及NR1、NR2、NR3、NR4八种

2. 4B代码格式程序编制方法

代码格式：±BX BY BJ BR D G Z

4B代码格式具有间隙补偿功能和锥度补偿功能。

间隙补偿指电极丝在切割工件时，电极丝中心运动轨迹能根据要求自动偏离编程轨迹一个补偿量，此时可直接按工件轮廓编程。显然，按工件轮廓编程比按电极丝中心运动轨迹编程要简单得多。当电极丝损耗、放电间隙变化后，无须改变程序，只须改变补偿量即可。

锥度补偿是指系统根据要求，同时控制*X*、*Y*、*U*、*V*四轴运动，*X*、*Y*轴运动为工作台的运动，*U*、*V*轴运动为上线架导轮的运动，*U*、*V*轴分别平行于*X*、*Y*轴。根据进给的距离不同，使电极丝偏离垂直方向一个不同的角度，形成加工工件的锥度，从而切割出锥度工件来。

当实际轨迹的线段大于基准轮廓时，为正补偿，用“+”表示。当实际轨迹的线段小于基准轮廓时，为负补偿，用“-”表示。对于圆弧，规定以凸模为准，圆弧增大，正偏时加“+”号，圆弧减小，负偏时加“-”号。进行间隙补偿时，线与线之间必须是光滑连接，否则以圆弧过渡。锥度切割时，必须使电极丝相对于垂直方向倾斜一个角度，倾斜的方向由第一条4B指令决定。若第一条指令之前加“+”号，则按直线的法向倾斜电极丝，如图4-27所示，箭头方向即为电极丝的倾斜方向；

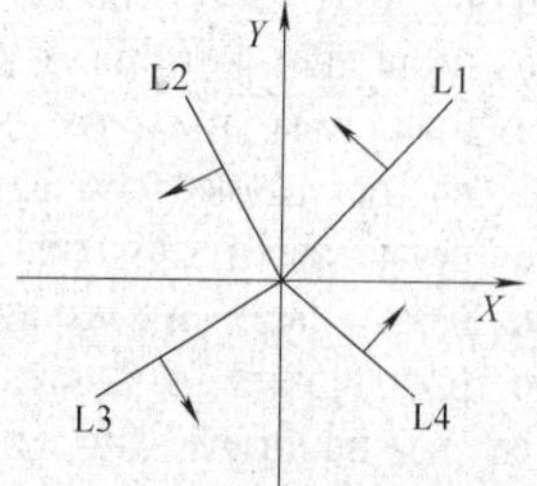

图4-27 直线编程方向

当引入程序是圆弧时，则电极丝的倾斜方向和切割起点的圆弧半径方向一致。若加“–”号，则向相反方向倾斜电极丝。

3. B代码编程举例

4.2.6节中进行了简单零件的3B代码格式编程练习，下面再进行3B和4B代码格式编程的对比。

本例加工的工件是如图4-28所示的凹模，未注圆角半径为1mm，机床脉冲当量为0.001mm/脉冲，电极丝直径为0.15mm，放电间隙值$\delta=0.014$mm，补偿值$f=0.089$mm，圆弧中心O_1为穿丝孔位置，a点为程序起点，根据编程规则编写加工程序，图中双点画线为电极丝中心运动轨迹。3B、4B代码格式程序对比见表4-8。

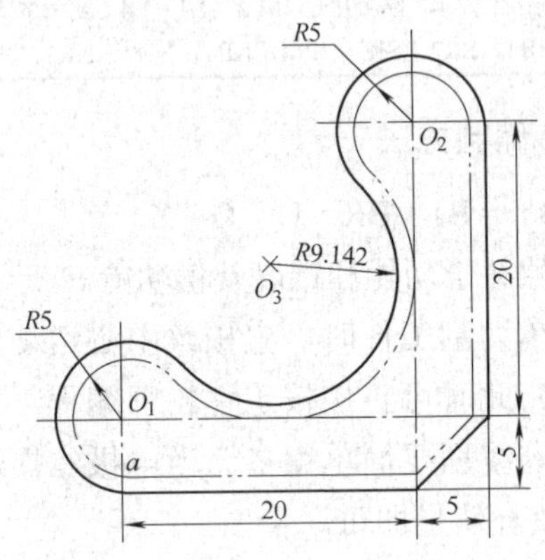

图4-28　凹模

表4-8　3B、4B代码格式程序对比

不考虑锥度补偿和间隙补偿的3B加工程序	正锥度补偿和间隙补偿功能的4B加工程序
N10　B0　B0　B4911　GY　L4	N10　+B0　B0　B4911　GX　L1
N20　B0　B0　B19586　GX　L1	N20　–B0　B0　B19586　GY　L4
N30　B0　B911　B644　GX　NR4	N30　–B1000　B0　B707　GX　SR4
N40　B4414　B4414　B4414　GY　L1	N40　–B4414　B4414　B4414　GY　L3
N50　B144　B144　B144　GY　NR4	N50　–B707　B707　B707　GY　SR4
N60　B0　B0　B19586　GY　L2	N60　–B0　B0　B19586　GX　L3
N70　B4911　B0　B13295　GX　NR1	N70　–B0　B5000　B13536　GX　SR3
N80　B6527　B6257　B18463　GY　SR1	N80　+B6464　B646　B18284　GX　NR3
N90　B3473　B3473　B13295　GY　L2	N90　–B3536　B3536　B13536　GY　SR3
N100　B0　B0　B4911　GY　L2	N100　–B0　B0　B5000　GX　L3
N110　D	N110　D

4.3.3　ISO代码格式程序编制方法

1. 功能指令

电火花线切割机数控系统中，使用的地址字母见表4-9。表4-10列出了数控线切割系统常用的ISO指令代码。这些指令格式绝大部分与数控铣床编程指令格式相同。

表4-9　地址字母

地址	意义	地址	意义
N，O	顺序号	C	指定加工条件号
G	准备功能	M	辅助功能
X，Y，Z，U，V	坐标轴移动指令	A	指定加工锥度
I，J	指定圆弧中心坐标	RI，RJ	图形旋转的中心坐标
T	机械设备控制	RX，RY	图形或坐标旋转的角度，角度=arctan（RY/RX）
H	指定补偿偏移量		
P	指定调用的子程序号	RA	图形或坐标旋转的角度
L	指定子程序调用次数	R	转角R功能

表4-10　ISO指令代码

代码	功能	属性	代码	功能	属性
G00	快速定位	模态	G54	加工坐标系1	模态
G01	直线插补	模态	G55	加工坐标系2	模态
G02	顺圆插补	模态	G56	加工坐标系3	模态
G03	逆圆插补	模态	G57	加工坐标系4	模态
G04	暂停	—	G58	加工坐标系5	模态
G05	*X*轴镜像	模态	G59	加工坐标系6	模态
G06	*Y*轴镜像	模态	G80	移动轴到接触感知	—
G08	*X*、*Y*轴交换	模态	G81	移动轴到机床极限	—
G09	取消镜像和*X*、*Y*轴交换	模态	G82	移到当前位置坐标的一半处	—
G11	打开跳转（SKIP ON）	模态	G90	绝对坐标指令	—
G12	关闭跳转（SKIP OFF）	模态	G91	增量坐标指令	—
G20	寸制	模态	G92	设置当前点的坐标值	—
G21	米制	模态	M00	程序暂停	—
G28	尖角圆弧过渡	模态	M02	程序结束	模态
G29	尖角直线过渡	模态	M05	忽略接触感知	模态
G40	取消电极丝补偿	模态	M98	子程序调用	模态
G41	电极丝左偏	模态	M99	子程序调用结束	—
G42	电极丝右偏	模态	T84	开启液压泵	—
G50	取消锥度	模态	T85	关闭液压泵	—
G51	左锥度	模态	T86	开启走丝机构	—
G52	右锥度	模态	T87	关闭走丝机构	—

G代码分为模态代码和非模态代码。模态代码表示在程序中一经被应用，直到出现同组的任一G代码时才失效；否则，该指令继续有效。模态代码可以在其后的程序段中省略不写。需要注意的是，同一组的模态代码在同一个程序段中不能同时出现，否则只有最后的代码有效。但在同一程序段中出现非同组的几个模态代码时，并不影响G代码的续效。非模态代码只在本程序段中有效。

另外，线切割数控系统还可以使用T、M功能，实现启闭工作液压泵、走丝机构、切割暂停、结束操作等操作。

2. 编程举例

欲加工图4-29所示的冲裁凹模，已知电极丝直径为0.2mm，放电间隙为0.01mm，其加工程序为

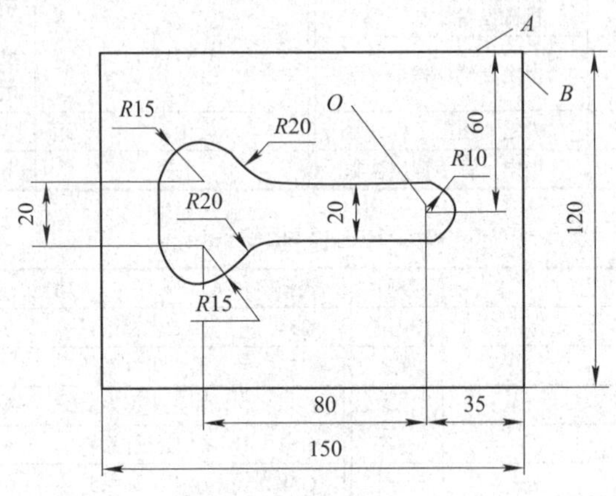

图4-29　冲裁凹模

```
P2
N10  G92  X0  Y0                             设置坐标系，确定切割起点
N20  G90                                     绝对坐标编程
N30  T84                                     开启工作液压泵
N40  T86                                     开启走丝机构
N50  G41  D110                               电极丝左补偿
N60  G01  Y-10000                            直线插补
N70  G03  X0  Y10000  I0  J0                 逆时针圆弧插补
N80  G01  X-51277
N90  G03  X-67690  Y18571  I0  J20000        逆时针圆弧插补
N100  G01  X-10000
```

```
N110  G03  X-67690  Y-18571  I1500  J0
N120  G02  X-51277  Y-10000  I16413  J-11429
N130  G01  X0  Y-10000
N140  G40                                   取消电极丝左补偿
N150  T85                                   开启工作液压泵
N160  T87                                   开启走丝机构
N170  M02                                   程序结束
```

4.3.4 B代码与ISO代码格式之间的关系及相互转换

不同机床有不同的编码格式，低速走丝线切割机床采用的是国际上通用的ISO格式，也称G代码。我国高速走丝线切割机床的控制系统大多采用五指令的3B格式，个别也用扩充了的4B或5B格式，新型快走丝机床有些也采用ISO格式。为了便于国际交流和标准化，我国生产的线切割控制系统已逐步采用ISO代码。

比较复杂的零件的加工代码一般是离线编制的，可以用B代码编制，也可以用ISO代码编制。但对于一台机床来说，程序仿真和加工调用的只是一种代码，这使程序检查、译码及后续处理简单。为使机床有更好的通用性，就需要有程序转换系统来实现代码之间的过滤和转换。下面介绍一个WEDM-ECNC系统，这是一个线切割机床的数控系统，内嵌了一个可以实现代码间的双向随意转换的过滤转换模块。

WEDM-ECNC系统的内核处理的是ISO代码。在自动编程部分，根据图形直接生成的是唯一形式的ISO代码，如果用户需要可以通过过滤转换模块将其转化为B代码，然后经后置处理，附加上与机床相关的工艺信息，生成不同机床的加工程序，如图4-30所示。

图4-31所示为代码转换和加工过程，以ISO代码与3B代码之间的转换为例。无论ISO代码还是3B代码，加工前都可以通过过滤转换模块转换为本机可接受的ISO代码。

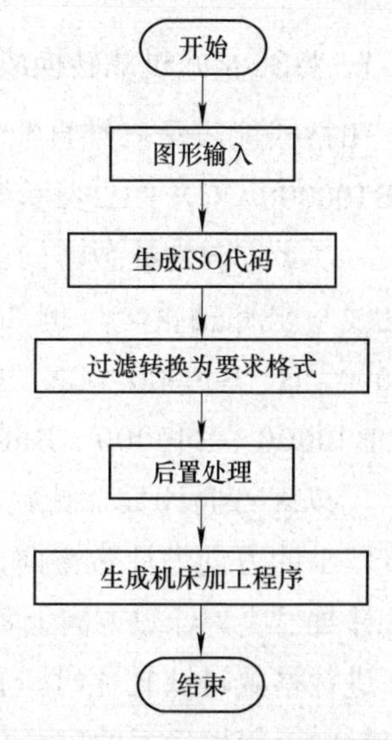

图4-30 加工程序生成过程

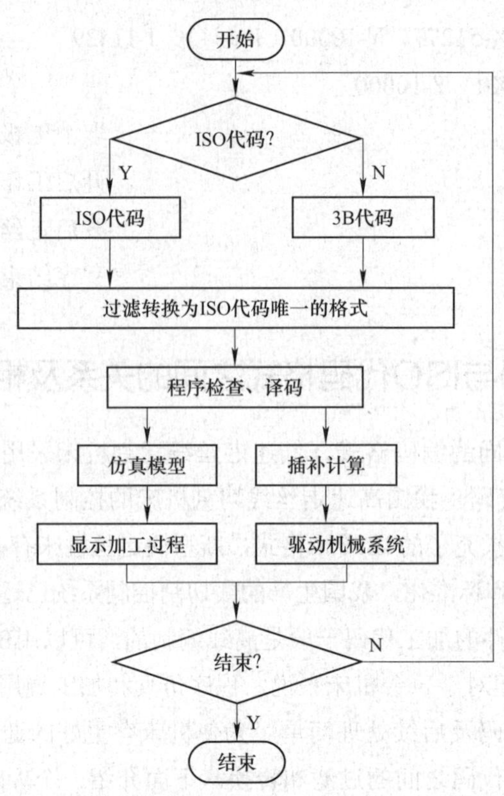

图4-31　代码转换和加工过程

1. 将3B格式过滤转换成ISO格式的原理

3B格式能表示二维直线和圆弧，故对应的ISO代码是二维的。例如，B2 B1 B100000　GX　L2表示第Ⅱ象限直线，起点为（0，0），终点为（-100，50），以X方向为计数方向。前两个B后的数字为X、Y方向坐标值的比例数。若直线与坐标轴重合，例如与X轴重合，B后数值可省略。例如可直接写成B40000　B　B40000　GX　L1，或B　B　B40000　GX　L1。

B30000　B40000　B60000　GX　NR1表示圆心在圆点，起点为（30，40），按X方向计数，计数长度为60mm的一段圆弧。规则是取终点坐标中绝对值较小的方向为计数方向，如果计数长度较长，跨越两个象限或两个象限以上，计数长度为计数方向上各象限投影绝对值的累加。

进行格式过滤转化时，首先应将三个B后面的数值取出，存入b_1、b_2、b_3三个变量中。根据后面的L1～L4、NR1～NR4和SR1～SR4共12种加工指令，及计

数方向GX和GY，对b_1、b_2、b_3进行处理，变成对应的G代码格式。图4-32所示为直线时对三个变量进行处理的过程。

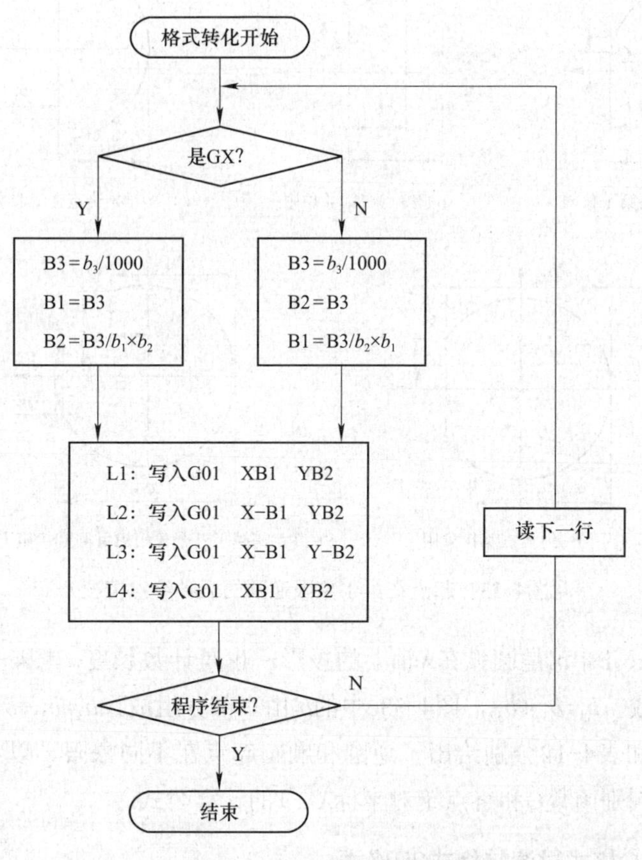

图4-32　直线3B程序的处理

圆弧的处理要复杂得多，以NR1为例，NR1指的是圆弧起点在第Ⅰ象限，但根据计数方向和计数长度的不同，终点可能在第Ⅰ象限、第Ⅱ象限、第Ⅲ象限、第Ⅳ象限或跨越了三个象限后又回到了第Ⅰ象限，如图4-33所示。以GX计数时有这五种情况，以GY计数时也有五种情况，所以顺圆和逆圆加起来共有80种情况。根据每一种情况计算出圆弧的终点，作为G02或G03后的X、Y坐标值，由于b_1和b_2是圆弧起点相对于圆心的坐标绝对值，根据起点所在象限，很容易求出G代码要求的圆心相对于起点的坐标。取得这个坐标值后，很容易地写出过滤后的G代码。

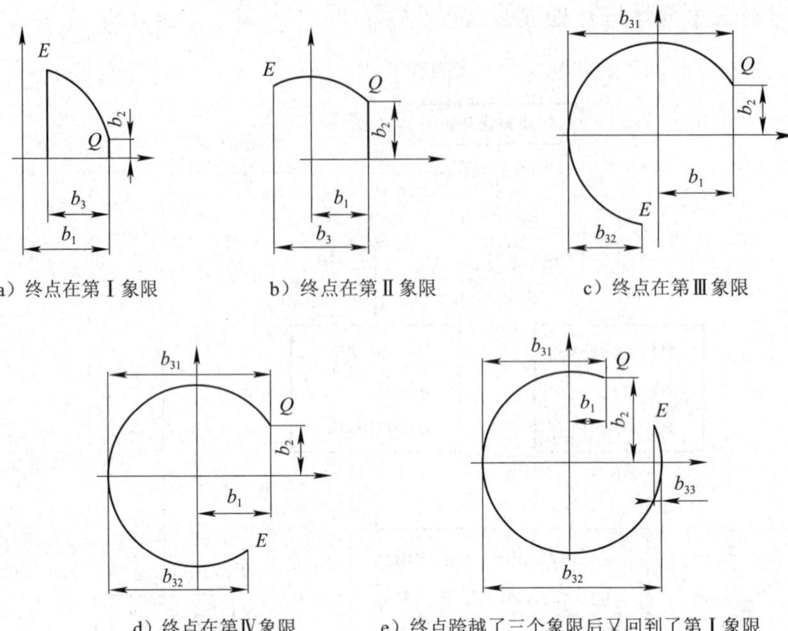

图4-33　起点在第Ⅰ象限逆圆的五种终点情况

图4-33a、b中b_3是圆弧在X轴上的投影，也是计数长度。图4-33c、d中的b_3由两部分组成，$b_3=b_{31}+b_{32}$，图4-33e中的b_3由三部分组成，$b_3=b_{31}+b_{32}+b_{33}$。

表4-11和表4-12分别给出了逆圆和顺圆起点在不同象限、以不同计数方向计数的象限判别函数G和终点绝对坐标X、Y的计算公式。

2. 将ISO格式过滤转换成3B格式

直线的过滤转换很简单，取出X、Y轴的坐标值之后，根据两者符号判断终点所在象限，根据两者大小判断计数方向，写入目的文件中。圆弧的过滤转换与本小节1中所述思路相同，也是先根据I、J确定圆弧起点，再根据X、Y、I、J的值确定圆弧终点，进而计算出计数长度。计数方向根据圆弧终点绝对坐标的绝对值大小判定。具体计算公式不再列出。

数控程序过滤转换模块的使用，符合现代数控系统的开放性质，使数控系统功能更强，应用面更广，而且不需要改变自动编程、加工仿真及加工控制模块。不论哪种程序，都通过过滤转换模块检查，合乎要求的代码则通过，不合则拣出转换，方便、实用，扩大了机床的应用范围。

表4-11 逆圆终点判别及计算

	$G=b_3-b_1$，计数方向GX				$G=b_3+b_2$，计数方向GY			
	象限判别	终点象限	终点坐标 X	终点坐标 Y	象限判别	终点象限	终点坐标 X	终点坐标 Y
NR1 $I=-b_1$，$J=-b_2$	$G<0$	Ⅰ	$-G$	$(R^2-X^2)^{1/2}$	$0<G\leqslant R$	Ⅰ	$(R^2-Y^2)^{1/2}$	G
	$0<G\leqslant R$	Ⅱ	$-G$	$(R^2-X^2)^{1/2}$	$R<G\leqslant 2R$	Ⅱ	$-(R^2-Y^2)^{1/2}$	$2R-G$
	$R<G\leqslant 2R$	Ⅲ	$G-2R$	$-(R^2-X^2)^{1/2}$	$2R<G\leqslant 3R$	Ⅲ	$-(R^2-Y^2)^{1/2}$	$2R-G$
	$2R<G\leqslant 3R$	Ⅳ	$G-2R$	$-(R^2-X^2)^{1/2}$	$3R<G\leqslant 4R$	Ⅳ	$(R^2-Y^2)^{1/2}$	$G-4R$
	$3R<G\leqslant 4R$	Ⅰ	$4R-G$	$(R^2-X^2)^{1/2}$	$4R<G\leqslant 5R$	Ⅰ	$(R^2-Y^2)^{1/2}$	$G-4R$
	$G=b_3+b_1$，计数方向GX				$G=b_3-b_2$，计数方向GY			
	象限判别	终点象限	终点坐标 X	终点坐标 Y	象限判别	终点象限	终点坐标 X	终点坐标 Y
NR2 $I=b_1$，$J=-b_2$	$0<G\leqslant R$	Ⅱ	$-G$	$(R^2-X^2)^{1/2}$	$G<0$	Ⅱ	$-(R^2-Y^2)^{1/2}$	$-G$
	$R<G\leqslant 2R$	Ⅲ	$G-2R$	$-(R^2-X^2)^{1/2}$	$0<G\leqslant R$	Ⅲ	$-(R^2-Y^2)^{1/2}$	$-G$
	$2R<G\leqslant 3R$	Ⅳ	$G-2R$	$-(R^2-X^2)^{1/2}$	$R<G\leqslant 2R$	Ⅳ	$(R^2-Y^2)^{1/2}$	$G-2R$
	$3R<G\leqslant 4R$	Ⅰ	$4R-G$	$(R^2-X^2)^{1/2}$	$2R<G\leqslant 3R$	Ⅰ	$(R^2-Y^2)^{1/2}$	$G-2R$
	$4R<G\leqslant 5R$	Ⅱ	$4R-G$	$(R^2-X^2)^{1/2}$	$3R<G\leqslant 4R$	Ⅱ	$-(R^2-Y^2)^{1/2}$	$4R-G$
	$G=b_3-b_1$，计数方向GX				$G=b_3+b_2$，计数方向GY			
	象限判别	终点象限	终点坐标 X	终点坐标 Y	象限判别	终点象限	终点坐标 X	终点坐标 Y
NR3 $I=b_1$，$J=b_2$	$G<0$	Ⅲ	G	$-(R^2-X^2)^{1/2}$	$0<G\leqslant R$	Ⅲ	$-(R^2-Y^2)^{1/2}$	$-G$
	$0<G\leqslant R$	Ⅳ	G	$-(R^2-X^2)^{1/2}$	$R<G\leqslant 2R$	Ⅳ	$(R^2-Y^2)^{1/2}$	$G-2R$
	$R<G\leqslant 2R$	Ⅰ	$2R-G$	$(R^2-X^2)^{1/2}$	$2R<G\leqslant 3R$	Ⅰ	$(R^2-Y^2)^{1/2}$	$G-2R$
	$2R<G\leqslant 3R$	Ⅱ	$2R-G$	$(R^2-X^2)^{1/2}$	$3R<G\leqslant 4R$	Ⅱ	$-(R^2-Y^2)^{1/2}$	$4R-G$
	$3R<G\leqslant 4R$	Ⅲ	$G-4R$	$-(R^2-X^2)^{1/2}$	$4R<G\leqslant 5R$	Ⅲ	$-(R^2-Y^2)^{1/2}$	$4R-G$
	$G=b_3+b_1$，计数方向GX				$G=b_3-b_2$，计数方向GY			
	象限判别	终点象限	终点坐标 X	终点坐标 Y	象限判别	终点象限	终点坐标 X	终点坐标 Y
NR4 $I=-b_1$，$J=b_2$	$0<G\leqslant R$	Ⅳ	G	$-(R^2-X^2)^{1/2}$	$G<0$	Ⅳ	$(R^2-Y^2)^{1/2}$	G
	$R<G\leqslant 2R$	Ⅰ	$2R-G$	$(R^2-X^2)^{1/2}$	$0<G\leqslant R$	Ⅰ	$(R^2-Y^2)^{1/2}$	G
	$2R<G\leqslant 3R$	Ⅱ	$2R-G$	$(R^2-X^2)^{1/2}$	$R<G\leqslant 2R$	Ⅱ	$-(R^2-Y^2)^{1/2}$	$2R-G$
	$3R<G\leqslant 4R$	Ⅲ	$G-4R$	$-(R^2-X^2)^{1/2}$	$2R<G\leqslant 3R$	Ⅲ	$-(R^2-Y^2)^{1/2}$	$2R-G$
	$4R<G\leqslant 5R$	Ⅳ	$G-4R$	$-(R^2-X^2)^{1/2}$	$3R<G\leqslant 4R$	Ⅳ	$(R^2-Y^2)^{1/2}$	$G-4R$

表4-12　顺圆终点判别及计算

	$G=b_3+b_1$，计数方向GX				$G=b_3-b_2$，计数方向GY			
SR1 $I=-b_1$， $J=-b_2$	象限判别	终点	终点坐标		象限判别	终点	终点坐标	
			X	Y			X	Y
	$0<G\leqslant R$	Ⅰ	G	$(R^2-X^2)^{1/2}$	$G<0$	Ⅰ	$(R^2-Y^2)^{1/2}$	$-G$
	$R<G\leqslant 2R$	Ⅱ	$2R-G$	$(R^2-X^2)^{1/2}$	$0<G\leqslant R$	Ⅱ	$-(R^2-Y^2)^{1/2}$	$-G$
	$2R<G\leqslant 3R$	Ⅲ	$2R-G$	$-(R^2-X^2)^{1/2}$	$R<G\leqslant 2R$	Ⅲ	$-(R^2-Y^2)^{1/2}$	$G-2R$
	$3R<G\leqslant 4R$	Ⅳ	$G-4R$	$-(R^2-X^2)^{1/2}$	$2R<G\leqslant 3R$	Ⅳ	$(R^2-Y^2)^{1/2}$	$G-2R$
	$4R<G\leqslant 5R$	Ⅰ	$G-4R$	$(R^2-X^2)^{1/2}$	$3R<G\leqslant 4R$	Ⅰ	$(R^2-Y^2)^{1/2}$	$4R-G$
	$G=b_3-b_1$，计数方向GX				$G=b_3+b_2$，计数方向GY			
SR2 $I=b_1$， $J=-b_2$	象限判别	终点	终点坐标		象限判别	终点	终点坐标	
			X	Y			X	Y
	$G<0$	Ⅱ	G	$(R^2-X^2)^{1/2}$	$0<G\leqslant R$	Ⅱ	$-(R^2-Y^2)^{1/2}$	G
	$0<G\leqslant R$	Ⅲ	G	$-(R^2-X^2)^{1/2}$	$R<G\leqslant 2R$	Ⅲ	$-(R^2-Y^2)^{1/2}$	$2R-G$
	$R<G\leqslant 2R$	Ⅳ	$2R-G$	$-(R^2-X^2)^{1/2}$	$2R<G\leqslant 3R$	Ⅳ	$(R^2-Y^2)^{1/2}$	$2R-G$
	$2R<G\leqslant 3R$	Ⅰ	$2R-G$	$(R^2-X^2)^{1/2}$	$3R<G\leqslant 4R$	Ⅰ	$(R^2-Y^2)^{1/2}$	$G-4R$
	$3R<G\leqslant 4R$	Ⅱ	$G-4R$	$(R^2-X^2)^{1/2}$	$4R<G\leqslant 5R$	Ⅱ	$-(R^2-Y^2)^{1/2}$	$G-4R$
	$G=b_3+b_1$，计数方向GX				$G=b_3-b_2$，计数方向GY			
SR3 $I=b_1$， $J=b_2$	象限判别	终点	终点坐标		象限判别	终点	终点坐标	
			X	Y			X	Y
	$0<G\leqslant R$	Ⅲ	$-G$	$-(R^2-X^2)^{1/2}$	$G<0$	Ⅲ	$-(R^2-Y^2)^{1/2}$	G
	$R<G\leqslant 2R$	Ⅳ	$G-2R$	$-(R^2-X^2)^{1/2}$	$0<G\leqslant R$	Ⅳ	$(R^2-Y^2)^{1/2}$	G
	$2R<G\leqslant 3R$	Ⅰ	$G-2R$	$(R^2-X^2)^{1/2}$	$R<G\leqslant 2R$	Ⅰ	$(R^2-Y^2)^{1/2}$	$2R-G$
	$3R<G\leqslant 4R$	Ⅱ	$4R-G$	$(R^2-X^2)^{1/2}$	$2R<G\leqslant 3R$	Ⅱ	$-(R^2-Y^2)^{1/2}$	$2R-G$
	$4R<G\leqslant 5R$	Ⅲ	$4R-G$	$-(R^2-X^2)^{1/2}$	$3R<G\leqslant 4R$	Ⅲ	$-(R^2-Y^2)^{1/2}$	$G-4R$
	$G=b_3-b_1$，计数方向GX				$G=b_3+b_2$，计数方向GY			
SR4 $I=-b_1$， $J=b_2$	象限判别	终点	终点坐标		象限判别	终点	终点坐标	
			X	Y			X	Y
	$G<0$	Ⅳ	$-G$	$-(R^2-X^2)^{1/2}$	$0<G\leqslant R$	Ⅳ	$(R^2-Y^2)^{1/2}$	$-G$
	$0<G\leqslant R$	Ⅰ	$-G$	$(R^2-X^2)^{1/2}$	$R<G\leqslant 2R$	Ⅰ	$(R^2-Y^2)^{1/2}$	$G-2R$
	$R<G\leqslant 2R$	Ⅱ	$G-2R$	$(R^2-X^2)^{1/2}$	$2R<G\leqslant 3R$	Ⅱ	$-(R^2-Y^2)^{1/2}$	$G-2R$
	$2R<G\leqslant 3R$	Ⅲ	$4R-G$	$-(R^2-X^2)^{1/2}$	$3R<G\leqslant 4R$	Ⅲ	$-(R^2-Y^2)^{1/2}$	$4R-G$
	$3R<G\leqslant 4R$	Ⅳ	$4R-G$	$-(R^2-X^2)^{1/2}$	$4R<G\leqslant 5R$	Ⅳ	$(R^2-Y^2)^{1/2}$	$4R-G$

4.4　HL线切割控制系统操作

本节以topwedm系列线切割机床为例介绍数控电火花线切割机床的基本操作与加工。

HL系统是目前国内最广受欢迎的线切割机床控制系统之一，其功能强大，不需硬盘和软盘也能启动运行，高可靠性和高稳定性已得到行内广泛认同。HL系统配合topwedm线切割编程系统，简单易学。在主界面按<P>键即可进入topwedm线切割编程系统，如图4-34所示。

该系统功能强大，在控制方面，可在一台计算机上同时控制多达四部机床切割不同的工件，并可一边加工一边编程。锥度加工采用四轴/五轴联动控制技术以及上下异形和简单输入角度的两种锥度加工方式，使锥度加工变得快捷、容易，同时可做变锥及等圆弧加工。该系统可在加工前进行模拟，并在加工中进行实时显示，大大提高了线切割加工的准确性、可靠性及安全性。如加工过程中突然断电，复电后可自动恢复各台机床的加工状态。系统内储存的文件可长期保留。同时，该系统还具有对基准面和丝架距离做精确校正计算的功能，可对导轮切点偏移做U向和V向的补偿，从而提高锥度加工的精度。其加工插补半径最大可达2000m。

图4-34　topwedm线切割编程系统的主界面

该系统对于程序的执行，柔性较高，可从任意段开始加工，到任意段结束；可正向/逆向加工；可随时设置（或取消）加工完当段指令后暂停；可进行暂停、结束、短路自动回退及长时间短路（1min）报警。

另外，该系统还具有钼丝偏移补偿（无须加过渡圆）、加工比例调整、坐标变换、循环加工、步进电动机限速、自动短路回退等多种功能。

4.4.1 快捷键

在topwedm中所有“1、2、3、4、5、6、7、8、9、0、-”为层叠菜单配置可重复使用的快捷键，只在层叠菜单可见时有效，所有其他快捷键为唯一快捷键，可在选择菜单的所有情况下使用。 为方便操作，topwedm还提供了以下快捷键，见表4-13。

表4-13 快捷键及功能

名称	功能	名称	功能
透明快捷键			
Home	加快光标移动速度	Ctrl+←	向左移动图形
End	减慢光标移动速度	Ctrl+→	向右移动图形
PageUp	放大图形	Ctrl+Del	强制退出系统
PageDown	缩小图形	O	选定原点
↑	向上移动光标	X	选定*X*坐标轴
↓	向下移动光标	Y	选定*Y*坐标轴
←	向左移动光标	F4	刷新图形不画点
→	向右移动光标	F5	刷新图形（画点、画辅助线）
Ctrl+↑	向上移动图形	F6	刷新图形不画辅助线
Ctrl+↓	向下移动图形	F10	重画加工路线
文件管理			
F6	按文件名排序	Delete	删除一个文件
F7	按时间排序	Esc/F3	退出文件管理器
Tab	切换要修改的区域：文件夹、文件名等		

4.4.2 操作使用

上电后，计算机即可快速进入本系统，选择1.RUN运行，按回车键即进入主菜单。在主菜单下，可移动光标或按相应菜单上红色的字母键进行相应的操作。

topwedm默认将鼠标左键定义“确认键”，右键定义为“取消键”。在回答“Y/N？”时，按下“确认键”表示“Y”，按下“取消键”表示“N”，按下中键表示“Esc”取消。

1. 文件调入

切割工件之前，都必须把该工件的3B指令文件调入虚拟盘加工文件区。所谓虚拟盘加工文件区，实际上是加工指令暂时存放区。操作如下：

首先，在主菜单下按<F>键，然后根据调入途径分别做下列操作：

1）从图库WS-C调入：按回车键，把光标移到所需文件，按回车键调入文件，按<Esc>键退出。图库WS-C是系统存放文件的地方，最多可存放约300个文件。更换集成度更高的存储集成块可扩充至约1200个文件。存入图库的文件长期保留，存放在虚拟盘的文件在关机或按复位键后自动清除。

2）从硬盘调入：按<F4>键再按<D>键，把光标移到所需文件，按<F3>键，把光标移到虚拟盘，按回车键调入文件，再按<Esc>键退出。

3）从移动存储设备调入：按<F4>键，插入移动存储设备，按<A>键，把光标移到所需文件，按<F3>键，把光标移到虚拟盘，按回车键调入文件，再按<Esc>键退出。运用<F3>键可以使文件在图库、硬盘、移动存储设备三者之间互相转存。本系统不用硬盘、移动存储设备，单用图库WS-C也能正常工作。

4）修改3B指令：有时需临时修改某段3B指令。操作方法如下：在主菜单下，按<F>键，把光标移到需修改的3B文件，按回车键，显示3B指令，按<Insert>键后，用上、下、左、右方向键及空格键即可对3B指令进行修改，修改完毕，按<Esc>键退出。

5）手工输入3B指令：有时切割一些简单工件，如一个圆或一个方形等，则不必编程，可直接用手工输入3B指令，在主菜单下按<B>键，再按回车键，然后按标准格式输入3B指令。

6）浏览图库：本系统有浏览图库的功能，可快速查找到所需的文件，在主菜单下按<Tab>键，则自动依次显示图库内的图形及其对应的3B指令文件名。按空格键暂停，再按空格键继续。

2. 模拟切割

调入文件后正式切割之前，为保险起见，先进行模拟切割，以便观察其图形（特别是锥度和上下异形工件）及回零坐标是否正确，避免因编程疏忽或加工参数设置不当而造成工件报废。操作如下：

首先在主菜单下按<X>键，显示虚拟盘加工文件（3B指令文件）。如果无文件，须退回主菜单调入文件。接着将光标移到需要模拟切割的3B指令文件，按回车键，即显示出加工件的图形。如果图形的比例太大或太小，不便于观察，可按<＋><－>键进行调整。如果图形的位置不正，可按上、下、左、右方向键调整。如果是一般工件（即非锥度，非上下异形工件）可按<F4>键或回车键，即时显示终点*X*、*Y*回零坐标。

锥度或上下异形工件，须观察其上下面的切割轨迹。按<F3>键，显示模拟参数设置子菜单，其中限速为模拟切割速度，一般取最大值4096，用左、右方向键可调整。按<G>键和回车键，进入锥度参数设置子菜单，设置相关参数。锥度参数设置完毕后，按<Esc>键退出，按<F1>键和回车键，再按回车键，即可开始进行模拟切割。切割完毕，显示终点坐标值X'、Y'、U、V。U_{max}、V_{max}为U、V轴在切割过程中最大移动距离，此数值不应超过U、V轴的最大允许行程。模拟切割结束后，按空格键、<E>键或<Esc>键返回主菜单。

3. 正式切割

经模拟切割无误后，装夹工件，开启丝筒、工作液泵、高频，可进行正式切割。

1）在主菜单下，选择加工＃1（只有一块控制卡时只能选加工＃1。如果同时安装有多块控制卡时，可选择加工＃2、加工＃3、加工＃4），按回车键或<C>键，显示加工文件。

2）把光标移到要切割的3B文件，按回车键，显示出该3B指令的图形，调整大小比例及适当位置。

3）按<F3>键，显示加工参数设置子菜单。

4）各参数设置完毕，按<Esc>键退出。按<F1>键显示起始段1，表示从第1段开始切割（如果要从第*N*段开始切割，则按清除键清除1字，再输入数字*N*）。再按回车键显示终点段××（同样，如果要在第*M*段结束，用清除键清除××，再输入数字*M*），再按回车键。

5）按<F12>键锁定进给（进给菜单由蓝底变浅绿，再按<F12>键，则由浅绿变蓝，松开进给），按<F10>键选择自动（菜单浅绿底为自动，再按<F10>键，由浅绿变蓝为手动），按<F11>键开高频，开始切割（再按<F11>键为关高频）。

6）切割过程中各种情况的处理。

①跟踪不稳定。按<F3>键后，用向左、向右方向键调整变频（V.F.）值，直

至跟踪稳定为止。当切割厚工件跟踪难以调整时，可适当调低步进速度值后进行调整，直到跟踪稳定为止。调整完后按<Esc>键退出。

② 短路回退。发生短路时，如果在参数中设置了自动回退，数秒钟后（由设置数字而定），则系统会自动回退，短路排除后自动恢复前进。若持续回退1min后短路仍未排除，则自动停机报警。如果参数设置为手动回退，则要人工处理：先按空格键，再按<B>键进入回退。短路排除后，按空格键，再按<F>键恢复前进。如果短路时间持续1min后无人处理，则自动停机报警。

③ 临时暂停。按空格键暂停，按<C>键恢复加工。

④ 设置当前段切割完暂停，按<F>键即可，再按<F>键则取消。

⑤ 中途停电。切割中途停电时，系统自动保护数据。复电后，系统自动恢复各机床停电前的工作状态。首先自动进入一号机床界面，此时按<C>键或<F11>键即可恢复加工。然后按<Esc>键退出。再按相应数字键进入该号机床停电前的界面，按<C>键或<F11>键恢复加工。以此类推。

⑥ 中途断丝。按空格键，再按<W>键、<Y>键、<F11>键、<F10>键，拖板即自动返回加工起点。

⑦ 退出加工。加工结束后，按<E>键、<Esc>键即退出加工返回主菜单。加工中途按空格键再按<E>键、<Esc>键也可退出加工。退出后如果想恢复，可在主菜单下按<Ctrl+W>键（1号机床），对于2号机床按<Ctrl+O>键，3号机床按<Ctrl+R>键，4号机床按<Ctrl+K>键。

7）逆向切割：切割中途断丝后，可采用逆向切割，这样一方面可避免重复切割，节省时间，另一方面可避免因重复切割而引起的表面粗糙度值增大及精度下降。操作方法：在主菜单下选择加工，按回车键、<C>键，调入指令后按<F2>键、回车键，再按回车键，锁定进给，选择自动，打开高频即可进行切割。

8）自动对中心：在主菜单下，选择加工，按回车键，再按<F>键、<F1>键即自动寻找圆孔或方孔的中心，完成后显示X、Y行程和圆孔半径。按<Ctrl>键加方向键，则碰边后停止，停止后显示X、Y行程。

9）编程：HL系统提供编辑编程（会话式编程）和绘图式编程两种自动编程系统，有以下两点需注意。

① 编程时数据存盘及程序存盘，只是把图形文件××.DAT及3B指令文件××.3B存放在虚拟盘里，而虚拟盘在关机或复位后是不保留的，所以，还需把这些文件存入图库或硬盘、软盘里，方法是：编程完毕退出，返回主菜单，按<F>键，

可看到刚编程的图形文件及3B指令文件，把光标移到该文件，按<F3>键，再选择图库或硬盘、软盘，按回车键即可。

② 编程时，如果想调用已存在于图库或硬盘、软盘里的图形文件（××.DAT），应先把该图形文件调入虚拟盘。

10）数据接口：

① 并入CAD文件：将AutoCAD的DXF格式图形文件并入当前正在编辑的线切割图形文件，支持点、线、多段线、多边形、圆、圆弧、椭圆的转换，支持AutoCAD的多种版本。

② CAD文件输出：将当前正在编辑的线切割图形文件输出为AutoCAD的DXF格式图形文件，数据点也被保存。

③ 并入YH文件：并入YH2.0格式的图形文件。

如果无指定文件夹，所有文件只是储存在虚拟盘，停电后将无法保存。因此，用户须自行在HL系统内将文件存入图库。

4.4.3 数据录入

点录入格式共有5种输入格式，其中：

1）普通输入格式：*x*，*y*。

2）相对坐标输入格式：@*x*，*y*（“@”为相对坐标标志，“*x*”是相对的*x*轴坐标，“*y*”是相对的y轴坐标。

3）相对极坐标输入格式：<*a*，l（“<”为相对极坐标标志，*a*指角度，l是长度）。

4）省略输入：当*x*坐标与前一数值相同时可省略*x*值，格式为（，*y*）；当*y*值与前一数值相同时可省略*y*值，格式为（*x*）或（*x*，）。

5）代数式输入，输入格式为：代数式1，代数式2，其中，代数式支持加（+）、减（–）、乘（*）、除（/）、乘方（^）和一些常用数学函数（sin正弦，cos余弦，tan正切，cot余切、atan反正切、asin反正弦、acos反余弦、sqrt开平方）。

直径录入格式：当输入半径时，在数值前加“D”即将输入数值认为直径。

4.4.4 变锥切割

变锥切割时，要把要切割的3B程序调出来，根据实际需要，在相应3B程序前输入锥度角。以图4-35所示为例（设已编程存在图库里）：

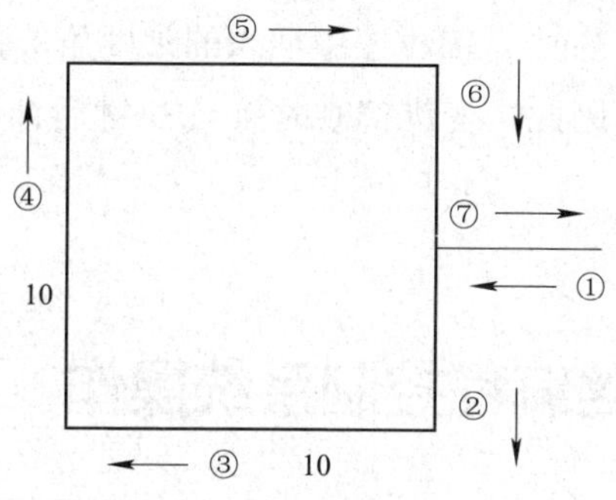

图4-35 正方形截面切割实例

1）在主菜单下按< F >键再按回车键，把图库WS-C的文件调出来，把光标移到要切割的3B文件，按回车键，即显示3B程序。

N1 B B B5000 GX L3

N2 B B B5000 GY L4

N3 B B B10000 GX L3

N4 B B B10000 GY L2

N5 B B B10000 GX L1

N6 B B B5000 GY L4

N7 B B B5000 GX L1

2）当此例为变锥度切割时，假设②③段的锥度角为2°、④段的锥度角为5°、⑤段的锥度为0°、⑥段的锥度与②段的锥度角相同，则原3B程度变为

N1 B B B5000 GX L3

DEG=2

N2 B B B5000 GY L4

N3 B B B10000 GX L3

DEG=5

N4 B B B10000 GY L2

DEG=0

N5 B B B10000 GX L1

DEG=2

N6 B B B5000 GY L4

N7 B B B5000 GX L1

3）完成变锥角度设定后，按<F3>键，再按回车键，储存3B指令。按<Esc>键退出，即可进行变锥切割。通过模拟切割，显示出变锥图形，读者可加深变

锥切割操作的体会。切割时，3B程序中插入的锥度角，将与按<F3>键后存储的参数里的锥度角相加，因此，变锥切割时按<F3>键后存储的参数里的锥度角一般设为0°。

4.5　HF中走丝编程控制系统操作

4.5.1　HF全绘图方式编程软件简介

HF线切割自动编程软件系统是一个高智能化的图形交互式软件系统。通过简单、直观的绘图工具，将所要进行切割的零件形状描绘出来；按照工艺的要求，将描绘出来的图形进行编排等处理，再通过系统处理成一定格式的加工程序。其中，辅助点、辅助直线、辅助圆统称为辅助线；轨迹线、轨迹圆弧（包含圆）统称为轨迹线。图4-36所示为HF系统启动界面。

图4-36　HF系统启动界面

全绘图方式编程是为生成加工所需的轨迹线，形成轨迹线的方式有两种。一种是通过作辅助线形成轨迹线，一般步骤为：“作点”或“作直线”或“作圆”→取交点→再用“取轨迹”将两节点间的辅助线变成轨迹线。另一种是直接用“绘直线”“绘圆弧”“常用曲线”等模块做出轨迹线。形成轨迹线

后，一般需加引入线和引出线。如果加引线后，图形做了修改，必须对图形进行“排序”。

为了更好地了解软件，先来了解一下该软件中的一些基本术语和它的一些约定。

辅助线：用于求解和产生轨迹线（也称切割线）的几何元素。它包括点、直线、圆。在软件中将点用红色表示，直线用白色表示，圆用高亮度白色表示。

轨迹线：具有起点和终点的曲线段。软件中轨迹线是直线段的用淡蓝色表示，是圆弧段的用绿色表示。

切割线方向：切割线的起点到终点的方向。

引入线和引出线：一种特殊的切割线，用黄色表示。它们应该是成对出现的。

为了更好地使用该系统，做如下约定：

1）在全绘图方式编程中，用鼠标确定了一个点或一条线后，可使用鼠标或键盘再输入一个点的参数或一条线的参数；但使用键盘输入一个点的参数或一条线的参数后，就不能用鼠标来确定下一个点或下一条线。

2）为了在以后的绘图中能精确地指定一个点、一条线、一个圆或某一个确定的值，软件中可对这些点、线、圆、数值做上标记。

另外，此软件还规定：P*n*（point）表示点，并默认P0为坐标系的原点；L*n*（line）表示线，并默认L1、L2分别为坐标系的*X*轴、*Y*轴；C*n*（cycle）表示圆；V*n*（value）表示某一确定的值。软件中用PI表示圆周率（π=3.1415926……）；V2 =π/180，V3 =180/π。

4.5.2 界面功能

在主菜单下，单击“全绘编程”按钮出现如图4-37所示界面。

“图形显示框”是所画图形显示的区域，在整个“全绘编程”过程中这个区域始终存在。“功能选择框”是功能选择区域，一共有两个。在整个“全绘编程”过程中这两个区域随着功能的选择而变化，其中“功能选择框1”变成了该功能的说明框，“功能选择框2”变成了对话提示框和热键提示框，如图4-38所示。

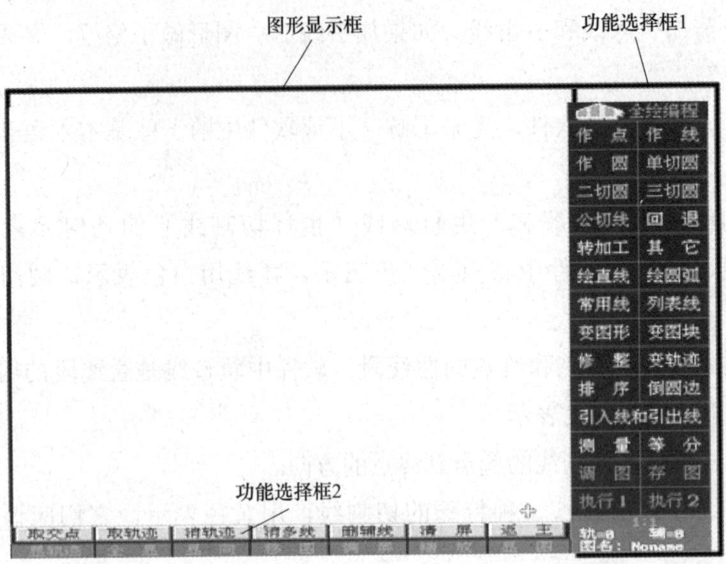

图4-37　全绘编程界面

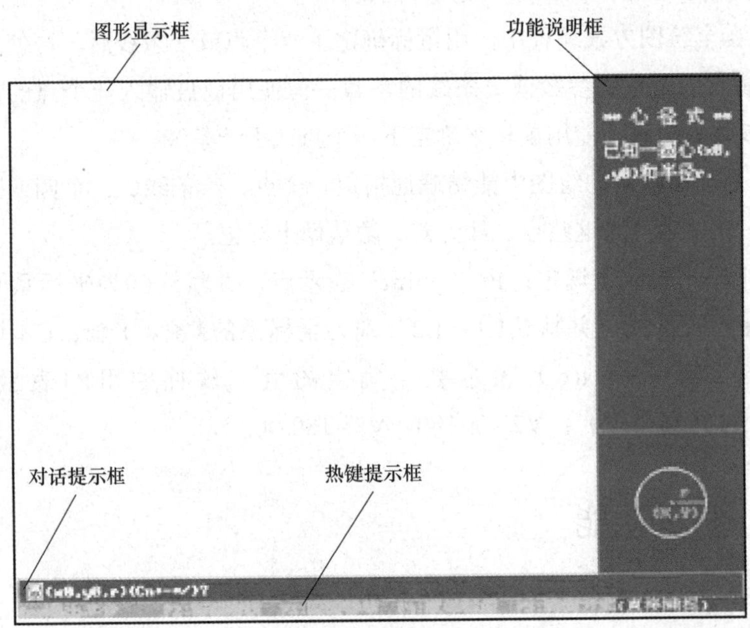

图4-38　子功能界面

选择“作圆”功能中“心径圆”子功能后出现如图4-38所示的子功能界面，此界面中“图形显示框”与图4-37一样；“功能说明框”将功能的说明和图例显示出来，以供参考；“对话提示框”提示输入“圆心和半径”，当操作者根据要求输入并按回车键后，一个按照要求的圆就显示在“图形显示框”

内；“热键提示框”提示了该子功能中可以使用的热键内容。

以上两个界面为全绘编程中常常出现的界面，作为第二个界面只是随着子功能的不同所显示的内容不同。

4.5.3　加工界面操作说明

在编控系统主菜单选择“加工”，或在全绘编程环境下选择“转向加工”菜单便进入加工界面，如图4-39所示。

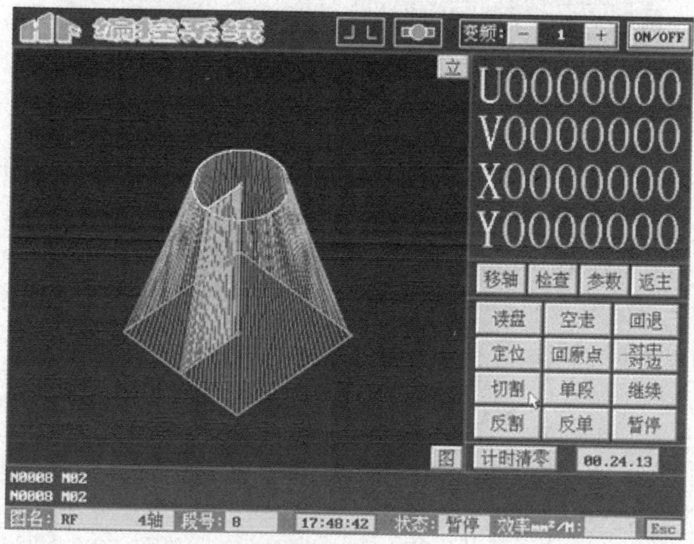

图4-39　加工界面

在加工前，需要准备好相应的加工文件。本系统所生成的加工文件均为绝对式G代码（无锥式也可生成3B格式加工文件）。

加工文件的准备主要有两种方法：

1）在“全绘编程”环境下，绘好图形后选择“执行1”或“执行2”，便会进入“后置”，从而生成无锥式G代码加工文件，或锥度式G代码加工文件，或变锥式G代码加工文件，其文件的扩展名分别为“2NC”“3NC”“4NC”。

2）在主菜单中选择“异面合成”，则生成上下异面体G代码加工文件，其文件的扩展名为“5NC”。当然，在“异面合成”前，必须准备好相应的HGT类图形文件。这些HGT图形文件都是在全绘编程环境下完成的。

加工文件准备好后，就可以进行加工了。加工部分的菜单如下：

（1）参数设置　当单击“参数”按钮时，则进入加工参数设置界面，如图4-40所示。

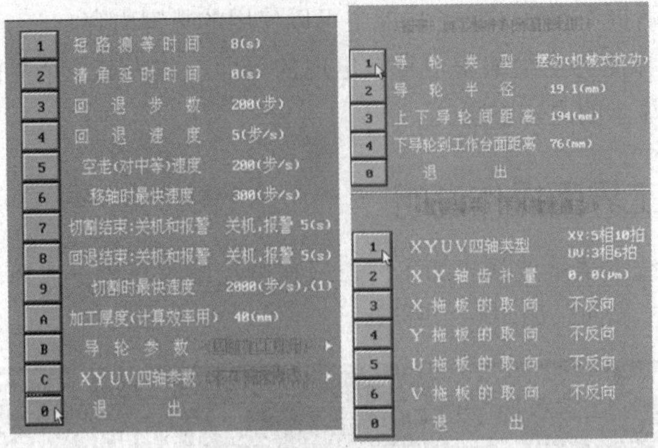

图4-40　加工参数设置界面

进行锥度加工和异面体加工时（即四轴联动时），需要对“上下导轮间距离”“下导轮到工作台面距离”“导轮半径”这三个参数进行设置。四轴联动时（包括小锥度）均采用精确计算，即考虑到了导轮半径对*X*、*Y*、*U*、*V*四轴运动所产生的轨迹偏差。平面加工时，用不到这三个参数，任意值都可。各参数设置选项的含义见表4-14。

表4-14　各参数设置选项的含义

选项名称	类型	含义
短路测等时间	必选	判断加工有无短路现象而设置，通常设定为5～10s
清角延时时间	可选	为段与段间过渡延时用的，目的是改善拐角处由于电极丝弯曲造成的轨迹偏差，系统默认值为0
回退步数	可选	加工过程中产生短路现象，则自动进行回退。回退的步数则由此项决定。手动回退时也采用此步数
回退速度	可选	适用于自动回退和手动回退
空走（对中等）速度	可选	空走时、回原点时、对中心或对边时，由此项决定
移轴时最快速度	可选	移轴时的速度
切割结束：关机和报警	必选	工件加工完时报警提示时间，可自行设置
切割时最快速度	可选	在加工高厚度和超薄工件时，由于采样频率的不稳定，往往会出现不必要的短路现象提示。对于这一问题，可通过设置最快速度来解决
加工厚度（计算效率用）	可选	计算加工效率需设置加工零件的厚度
导轮参数	可选	此项有导轮类型、导轮半径、上下导轮间距离、下导轮到工作台距离四个参数，需操作者根据机床的情况来设置
X、*Y*、*U*、*V*四轴类型	必选	只需设置一次（一般由机床厂家设置）

（续）

选项名称	类型	含义
X、*Y*轴齿补量	必选	针对由机床的丝杆齿隙发生变化的情况下，作为弥补误差用的。选用此项必须对齿隙进行测量，否则将会影响到加工精度
*X*拖板的取向	可选	如果某轴的正反方向与用户所需要的相反，则选择此项（一般由机床厂家设置）
*Y*拖板的取向		
*U*拖板的取向		
*V*拖板的取向		

在加工过程中，有些参数是不能随意改变的。因为在“读盘”生成加工数据时，已将当前的参数考虑进去。比如，加工异面体时，已用到“上下导轮间距离”等参数，如果在自动加工时，改变这些参数，将会产生矛盾。在自动加工时，要修改这些参数，系统将不予响应。

（2）移轴　可手动移动*X*、*Y*轴和*U*、*V*轴，移动距离有自动设定和手工设定。设置界面如图4-41所示。要自动设定，则选“移动距离”，其距离为1.00mm、0.100mm、0.010mm、0.001mm。要手动设定，则选“自定移动距离”，其距离需用键盘输入。可用HF无绳遥控盒移轴。

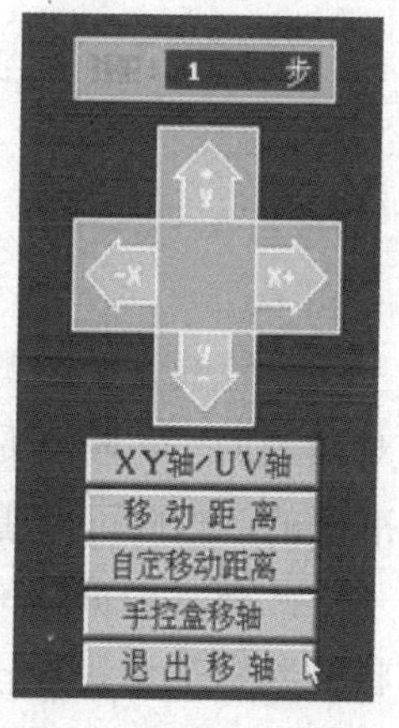

图4-41　移轴设置界面

（3）检查　检查是整个加工操作中较为关键的一步，它关系到后续操作能否顺利进行，分为两轴加工检查和四轴加工检查。检查操作界面如图4-42所示。

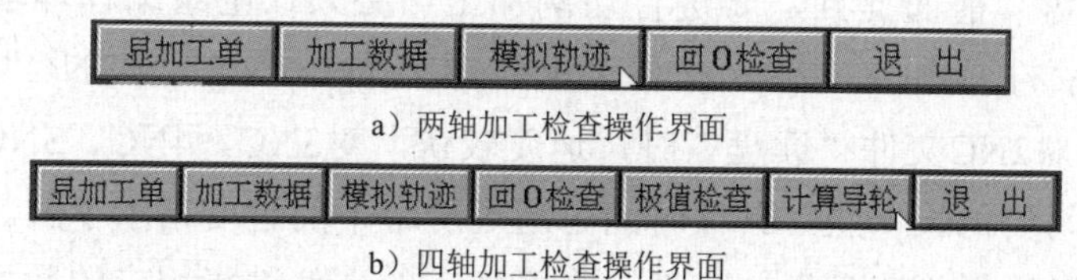

a）两轴加工检查操作界面

b）四轴加工检查操作界面

图4-42　检查操作界面

显加工单：可显示G代码加工单（两轴加工时也可显示3B代码加工单）。

加工数据：在四轴加工时，显示的是上表面和下表面的图形数据，同时还显示“读盘”时用到的参数和当前参数表里的参数，看其是否一致，以免误操作。

模拟轨迹：模拟轨迹时，拖板不动作。

回0检查：按照习惯，将加工起点总是定义为原点（0，0），而不管实际图形的起点是否为原点。这便于对封闭图形的回零检校。

极值检查：在四轴加工时可检查*X*、*Y*、*U*、*V*四轴的最大值和最小值。显示极值的目的是了解四轴的实际加工范围是否能满足该工件的加工。

由此可见，在四轴加工时，“加工数据”和“极值检查”所显示的内容是有区别的。还应当知道，*U*、*V*拖板总是相对于*X*、*Y*拖板动作，因此，*U*、*V*值也是相对于*X*、*Y*的相对值。

计算导轮：系统对导轮参数有反计算功能，如图4-43所示。

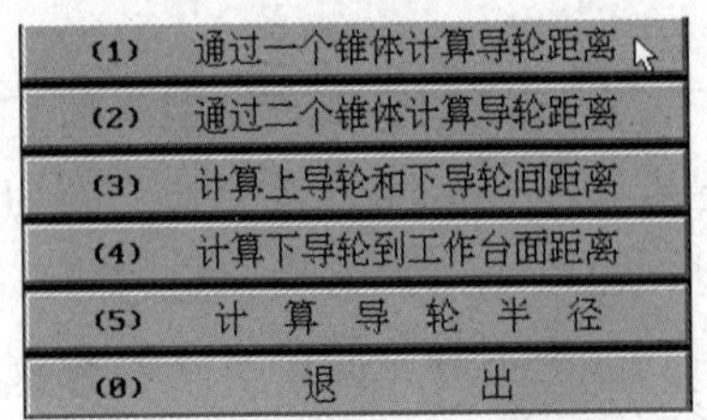

图4-43　导轮计算操作界面

导轮的几个参数（即上下导轮距离、下导轮到工作台面距离、导轮半径）对四轴加工，特别是对大锥度加工的影响十分显著。这些参数不是事先能测量准确的，因此可以通过反计算功能来计算修正这些参数。

此外，根据理论推导和试验检验，还可以通过对一个上小下大的圆锥体形状的判别来修正导轮距离，一般规则，若圆锥体的上圆呈现“右大左尖”的形状，则应改大上下导轮间距离；反之，若上圆呈现 “左大右尖”的形状，则应改小上下导轮间距离。若圆锥体的上圆偏大，则应改小下导轮到工作台面距离；反之，则改大下导轮到工作台面距离。

（4）读盘　前面提到，要进行切割加工，必须在全绘编程环境下或“异面合成”下，生成加工文件。文件名的扩展名为“2NC”“3NC”“4NC”“5NC”。对2NC文件“读盘”时，速度较快，对3NC、4NC、5NC文件“读盘”时，时间要稍长一些。具体时间可通过屏幕下的进度指示了解。有了这些文件，就可以选择“读盘”这一项，将要加工的文件进行相应的数据处理，然后就可以加工了。

对某一加工文件“读盘”后，只要不改动参数表里的参数，那么下次加工时就不需要第二次“读盘”。

该系统读盘时也可以处理3B格式加工单。3B格式加工单可以在“后置”的“其他”中生成，也可直接在主菜单“其他”的“编辑文本文件”中编辑。当然也可以读取其他编程软件所生成的3B格式加工单。

（5）空走　空走分正向空走和反向空走、正向单段空走和反向单段空走。

空走时，可按<Esc>键中断空走。

（6）回退　这就是上面提到的手工回退，手工回退时，可按<Esc>键中断手工回退。手工回退的方向与自动切割的方向是相对应的，即：如果在回退之前是正向切割，那么回退时沿着反方向走。

（7）定位

1）确定加工起点：对某一文件“读盘”后，将自动定位到加工起点。但是，如果在将工件加工完毕，又要从头再加工，那么就必须用“定位”定位到起点。用“定位”还可定位到终点，或某一段的起点。

必须说明，如果在加工的中途停下，又要继续加工，不必用“定位”，可用“切割”“反割”“继续”等选项继续进行未完的过程。“定位”对空走也适用。

2）确定加工结束点：在正向切割时，加工的结束点一般为报警点或整个轨迹的结束点。在反向切割时，加工的结束点一般为报警点或整个轨迹的开始点。加工的结束点可通过定位的方法予以改变。

3）确定是否保留报警点：加工起点、结束点、报警点在屏幕上均有显示。

（8）回原点　将X、Y拖板和U、V拖板（如果是四轴）自动复位到起点，即（0，0）。按<Esc>键可中断复位。

（9）对中和对边　控制器中设计了对中和对边的有关线路，机床上不需要另接有关的专用线路了。在夹具绝缘良好的情况下，可实现此功能。对中和对边时有拖板移动指示。可按<Esc>键中断对边和对中。采用此项功能时，钼丝的初始位置到要碰撞的工件边沿距离不得小于1mm。

（10）自动切割　自动切割有六栏，分别是切割、单段、反割、反单、继续、暂停。

“切割”即正向切割；“单段”即正向单段切割；“反割”即反向切割；“反单”即反向单段切割；“继续”是按上次自动切割的方向继续切割；“暂停”是中止自动切割。在自动切割方式下，<Esc>键不起作用。

自动切割时，“切割”和“反单”、“反割”和“反向”可相互转换。其速度由变频数来决定，变频数大速度慢，变频数小速度快。变频数变化范围为1～255。在自动切割前或自动切割过程中均可改变频数。按<–>键变频数变小，按<+>键变频数变大。改变变频数，均用鼠标操作，按下鼠标左键按1递增或递减变化，按下鼠标右键则按10递增或递减变化。

在自动切割时，如果遇到短路而自动回退时，可按<F5>键中断自动回退。

可同时进行全绘编程或其他操作，此时，只要选择“返主”便回到系统主菜单，用户便可选择“全绘编程”或其他选项。

在“全绘编程”环境下，也可随时进入加工菜单。如果仍是自动加工状态，那么屏幕上将继续显示加工轨迹和有关数据。

（11）显示图形　在自动切割、空走、模拟时均跟踪显示轨迹，还可同时对显示的图形进行放大、缩小、移动等操作。在四轴加工时，还可进行平面显图和立体显图切换。

另外，该系统加工界面一般用鼠标操作，如果需用键盘热键操作，可参看“系统信息”的有关提示。该系统具有丝距修正功能，并且对加工数据有自动保护功能。如果中途断电或意外停机，重新启动计算机后，本系统将自动恢复加工数据。本系统对编程数据同样也有自动保护功能。

4.5.4　多次切割工艺参数设置

1. 第一次切割的任务是高速稳定切割

1）脉冲参数：选用高峰值电流、较长脉宽的规准进行大电流切割，以获得较高的切割速度。

2）电极丝中心轨迹的补偿量：

$$f=d/2+\delta+\Delta+S$$

式中　f——补偿量（mm）；

δ——第一次切割时的放电间隙（mm）；

d——电极丝直径（mm）；

Δ——留给第二次切割的加工余量（mm）；

S——精修余量（mm）。

在高峰值电流粗规准切割时，单边放电间隙大约为0.02mm；精修余量甚微，一般只有0.003mm；而加工余量Δ则取决于第一次切割后的加工表面粗糙度及机床精度，在0.03～0.04mm范围内。这样，第一次切割的补偿量应在0.05～0.06mm之间，选大了会影响第二次切割的速度，选小了又难于消除第一次切割的痕迹。

3）走丝方式：采用高速走丝，走丝速度为8～12m/s，以达到最大加工效率。

2. 第二次切割的任务是精修，保证加工尺寸精度

1）脉冲参数：选用中等规准，使第二次切割后的表面粗糙度 Ra 在

1.4～1.7μm之间。

2）补偿量*f*：由于第二次切割是精修，此时放电间隙较小，δ不到0.01mm，而第三次切割所需的加工余量甚微，只有几微米，两者加起来约为0.01mm。所以，第二次切割的补偿量*f*约为$d/2$+0.01mm。

3）走丝方式：为了达到精修的目的，通常采用低速走丝方式，走丝速度为1～3m/s，并对跟踪进给速度限制在一定范围内，以消除往返切割条纹，并获得所需的加工尺寸精度。

3. 第三次切割的任务是抛磨修光

1）脉冲参数：用最小脉宽进行修光，而峰值电流随加工表面质量要求而异。

2）补偿量*f*：理论上是电极丝的半径加上0.003mm的放电间隙，实际上精修过程是一种电火花磨削，加工量甚微，不会改变工件的尺寸大小。所以，仅用电极的半径作补偿量也能获得理想效果。

3）走丝方式：像第二次切割那样采用低速走丝限速进给即可。

4.5.5 多次切割操作实例

为方便读者实际理解和操作多次切割数控系统，下面以三次切割加工一个如图4-44所示的图形，从而说明该软件的基本应用。首先进入软件系统的主菜单，单击“全绘编程”按钮进入全绘编程环境。

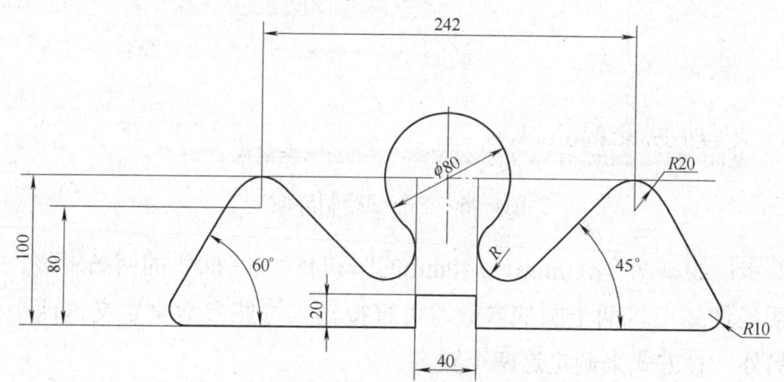

图4-44　多次切割加工实例

第一步：单击“功能选择框”中的“作线”按钮，再在“定义辅助直线”对话框中单击“平行线”按钮，定义一系列平行线。平行于*X*轴、距离分别为20mm、80mm、100mm的三条平行线和平行于*Y*轴、距离分别20mm、121mm

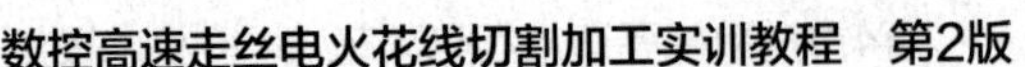

的两条平行线；图中“对话提示框”中显示“已知直线（x3，y3，x4，y4）{Ln+-*/}?”，此时可用鼠标直接选取X轴或Y轴；也可在此框中输入L1或L2来选取X轴或Y轴。如图4-45所示。

图中“对话提示框”中显示“平移距L={Vn+-*/}”，此时输入平行线间的距离值（如20）后按回车键；图中“对话提示框”中显示“取平行线所处的一侧”，用光标点一下平行线所处的一侧，这样第一条平行线就形成了。此时界面回到继续定义平行线的界面，可接着定义其他平行线。当以上几条线都定义完成后，按一下键盘上的<Esc>键退出平行线的定义，界面回到“定义辅助直线”。单击“退出”按钮可退出定义直线功能模块。此时可能有一条直线在“图形显示区”中看不到，可通过“热键提示框”中的“满屏”子功能将它们显示出来，也可通过“显图”功能中的“图形渐缩”子功能来完成。

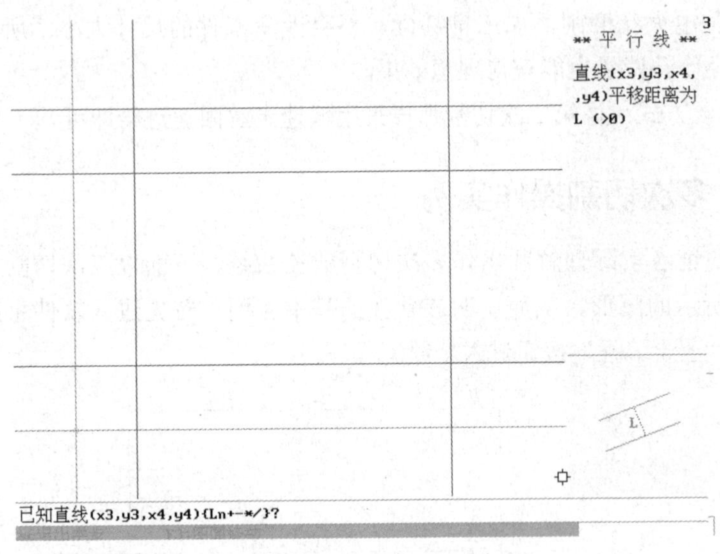

图4-45　平行线绘制界面

第二步：绘制两个ϕ80mm、ϕ40mm的圆和45°、-60°的两条斜线。从图中可以很明显地知道这两个圆的参数，可直接输入这些参数来定义这两个圆。这里将用另外一种方式来确定这两个圆。

首先，确定两个圆的圆心，单击“取交点”按钮，此时界面变成了取交点的界面。将光标移到平行于X轴的第三条线与Y轴相交处点一下，这就是ϕ80mm圆的圆心。用同样的方法来确定另一圆的圆心。此时两个圆心处均有一个红点。按<Esc>键退出。圆绘制界面如图4-46所示。

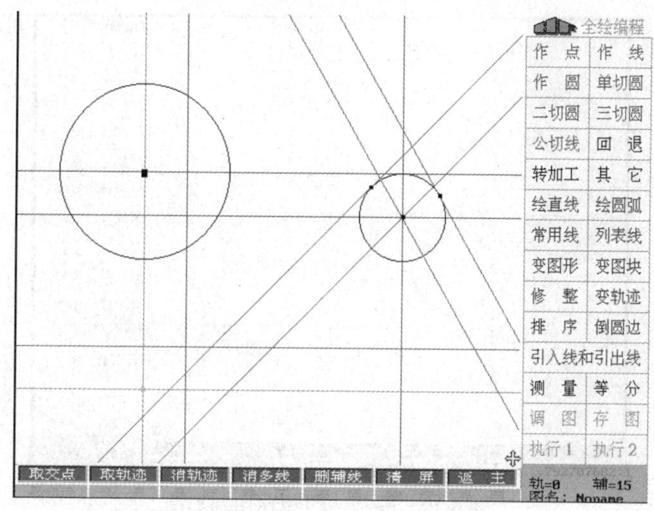

图4-46 圆绘制界面

单击“作圆”按钮，进入“定义辅助圆”功能，再单击“心径圆”按钮，进入“心径式”子功能。按照提示选取一个圆心，此时可拖动光标来确定一个圆，也可在对话提示框中输入一个确定的半径值来确定一个准确的圆。

图中ϕ80mm、ϕ40mm两个圆，用取交点的方法来确定圆心的另一个目的是为作45°、-60°两条直线做准备。退回到“全绘编程”界面。

单击“作线”按钮，进入“定义辅助直线”功能，单击“点角线”按钮，进入“点角式”子功能。此时在对话提示框中显示“已知直线（x3，y3，x4，y4）{Ln+-*/}?”，用户可用光标去选择一条水平线，也可在此提示框中输入L1表示已知直线为*X*轴所在直线。对话提示框中显示的是“过点（x1，y1）{Pn+-*/}?”，此时可输入点的坐标，也可用光标去选取图中右边的圆心；在下一个界面的对话提示框中显示的是“角（度）w={Vn+-*/}”，此时输入一个角度值（如45°）后按回车键。屏幕中就生成一条过小圆圆心且与水平线成45°的直线。用同样的方法去定义与*X*轴成-60°的直线，退出“点角式”。再进入定义“平行线”子功能，去定义分别与这两条线平行且距离为20mm的另外两条线。退出“作线”功能；用“取交点”功能来定义这两条线与圆的相切点并退出此功能界面，如图4-46所示。

下面将通过“三切圆”功能来定义图4-44中标注为*R*的圆。单击“三切圆”按钮后进入“三切圆”功能。按图中三个椭圆标示的位置分别选取三个几何元素，此时“图形显示框”中就有满足与这三个几何元素相切的，并且不断闪动的虚线圆出现，可通过光标来确定任意一个圆，如图4-47所示。

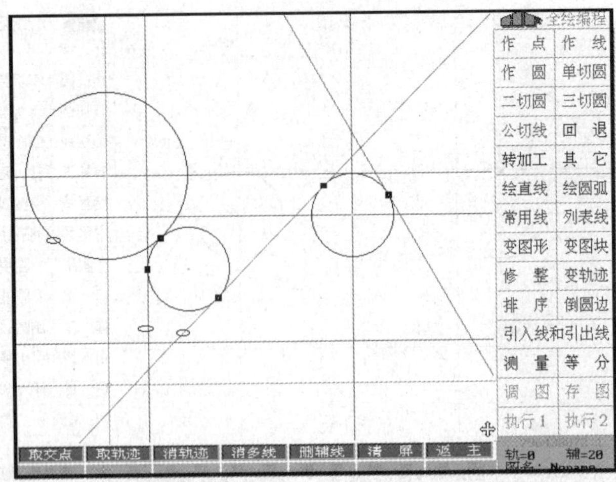

图4-47　绘制切线与相切圆界面

第三步：通过“作线”“作圆”功能中的“轴对称”子功能来定义Y轴左边的图形部分。

单击“作线”按钮，进入“作线”功能；单击“轴对称”按钮，进入“轴对称”子功能。按照“对话提示框”中所提示内容进行操作，将所要对称的直线对称地定义到Y轴左边。退回到“全绘编程”界面。

单击“作圆”按钮，进入“作圆”功能；单击“轴对称”按钮，进入“轴对称”子功能。按照“对话提示框”中所提示内容进行操作，将所要对称的圆对称定义到Y轴左边。退回到“全绘编程”界面。

再用“取交点”的功能来定义下一步“取轨迹”所需要的点，如图4-48所示。

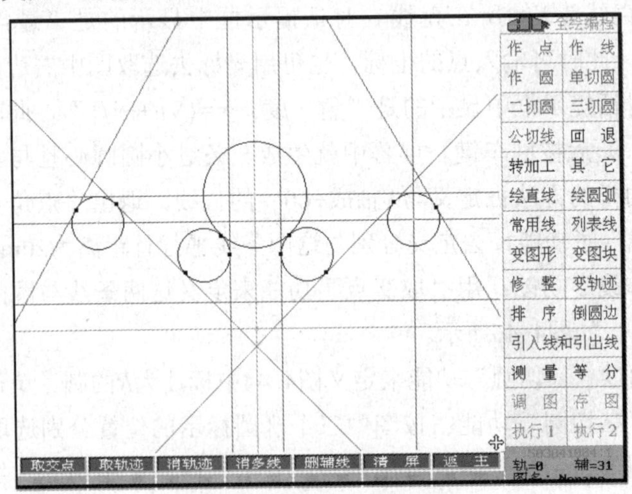

图4-48　图形绘制界面

此时图中仍有两个$R10$mm的圆没有定义，这两个圆将采用“倒圆边”功能来解决。需要注意的是“倒圆边”只对轨迹线起作用。

第四步：按照图形的轮廓形状，在图4-48中每两个交点间的连线上进行取轨迹操作，得到轨迹线。

退出“取轨迹”功能。单击“倒圆边”按钮，进入“倒圆”或“倒边”功能，用光标点取需要倒圆或倒边的尖点，按提示输入半径或边长的值，就完成了倒圆和倒边的操作，如图4-49所示。退回到“全绘编程”界面。

至此，本例的作图过程就完成了。当然本例的作图方法并不只有这一种。在读者熟悉了各种功能后，可灵活应用这些功能来作图，也可达到同样的效果。

在进行下一步操作之前，再对图4-49所示图形做一个合并轨迹线操作，以便了解合并轨迹线的应用。图4-49中Y轴右边、图4-44中标注为R的圆弧，是由两段圆弧轨迹线所组成的。此两段圆弧是同心、同半径的，可通过“排序”中“合并轨迹线”功能将它们合并为一条轨迹线。

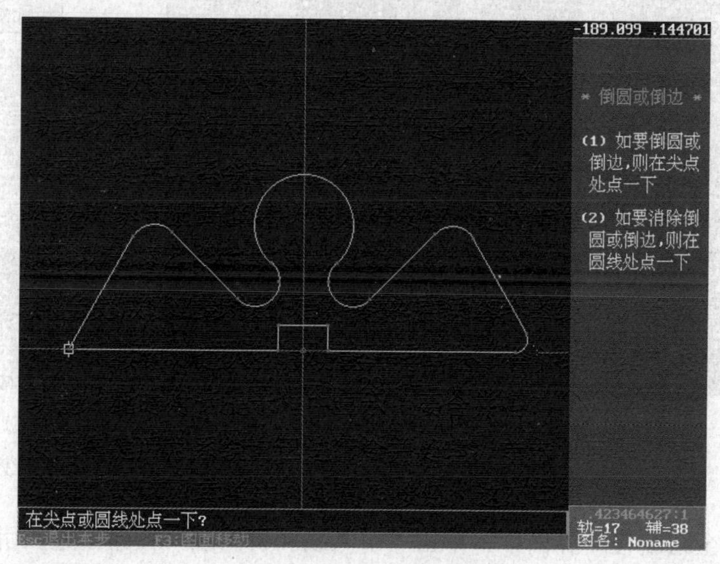

图4-49 倒圆或倒边后的轨迹线

单击“排序”按钮，进入排序功能，再单击“合并轨迹线”按钮，进入合并轨迹线子功能，此时对话提示框中显示“要合并吗？（y）/（n）”，当按一下<Y>键并按回车键后，系统自己进行合并处理。单击“回车... 退出”按钮，回到“全绘编程”界面。再单击“显向”按钮，这时可看出那两条轨迹线已合并为一条轨迹线，如图4-50所示。

第五步：当完成了上步操作后，零件的理论轮廓线的切割轨迹线就已形成。在实际加工中，还需要考虑钼丝的补偿值以及切入点的位置。关于这些问题，系统应用引入线、引出线功能来实现。系统所提供的引入线、引出线功能比较齐全，如图4-51所示。

作一般引线可以通过三种方式完成：①用端点来确定引线的位置、方向；②用长度加上系统的判断来确定引线的位置、方向；③用长度加上与X轴的夹角来确定引线的位置、方向。另外，可以将直线变成引线，即选择某直线轨迹线作为引线。

“自动消引线”可自动将所设定的一般引线删除；“修改补偿方向”可任意修改引线方向；“修改补偿系数”可调整不同的补偿系数以满足不同封闭图形需要有不同的补偿值的要求。

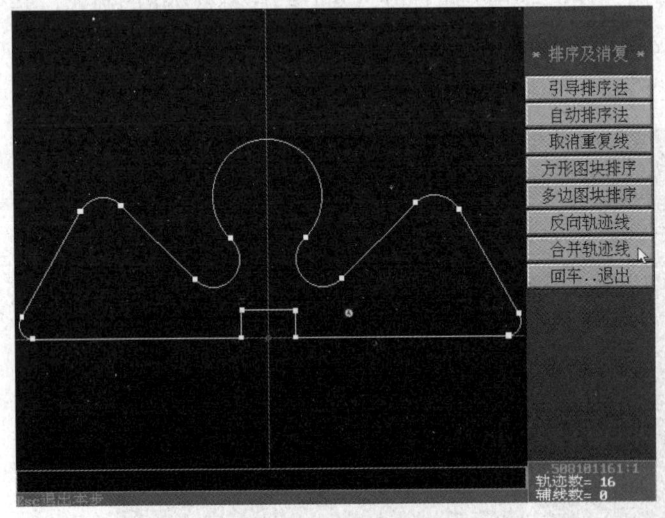

图4-50　排序操作界面

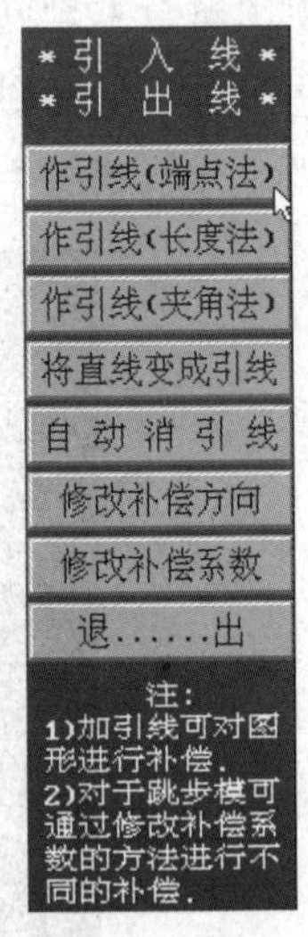

图4-51　引入线、引出线设置界面

在“全绘编程”界面中，单击“引入线和引出线”按钮，进入引入线、引出线功能；再单击“作一般引线（端点法）”按钮，进入此功能；对话提示框中显示“引入线的起点（Ax，Ay）？”，此时可直接输入一点的坐标或用光标拾取一点，如在“显向界面”图中小椭圆处点一下；对话提示框中显示“引入线的终点（Bx，By）？”，此时可直接输入点的坐标（0，20）或用光标去选取这一点；对话提示框中显示“引线括号内自动进行尖角修圆的半径sr=?（不修圆回车）”，这一功能对于一个图形中没有尖角且有很多相同半径的圆角时非常有用；此时输入5作为修圆半径，按回车键后，对话提示框中显示“指定补偿

方向：确定该方向（鼠右键）/另换方向（鼠左键）”，如图4-52所示。

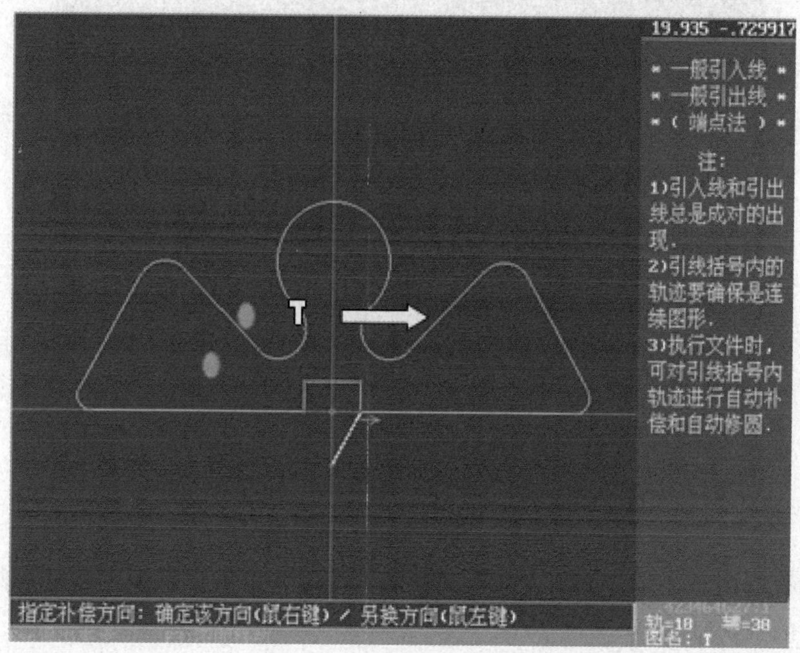

图4-52　引线绘制界面

图4-52中箭头是希望的方向，单击鼠标右键完成引线的操作（注：在作引入线时会自动排序）。图4-52中有一白色移动的图示，表明钼丝的行走方向和钼丝偏离理论轨迹线的方向。单击“退回”按钮，回到“全绘编程”界面。

第六步：存图操作。在完成以上操作后，将所做的工作进行保存，以便以后调用。此系统的存图功能包括“存轨迹线图”“存辅助线图”“存DXF文件”“存AUTOP文件”子功能。按照这些子功能的提示进行存图操作即可。

第七步：执行和后置处理。该系统的执行部分有两个，即“执行1”和“执行2”。这两个执行的区别是：“执行1”是对所做的所有轨迹线进行执行和后置处理；而“执行2”只对含有引入线和引出线的轨迹线进行执行和后置处理。对于本例来说采用任何一种执行处理都可。现单击“执行1”，屏幕显示为：

（执行全部轨迹）

（Esc：退出本步）

文件名：Noname

间隙补偿值f=（单边，通常>=0，也可<0）

输入f值，按回车键确认后，出现如图4-53所示界面。

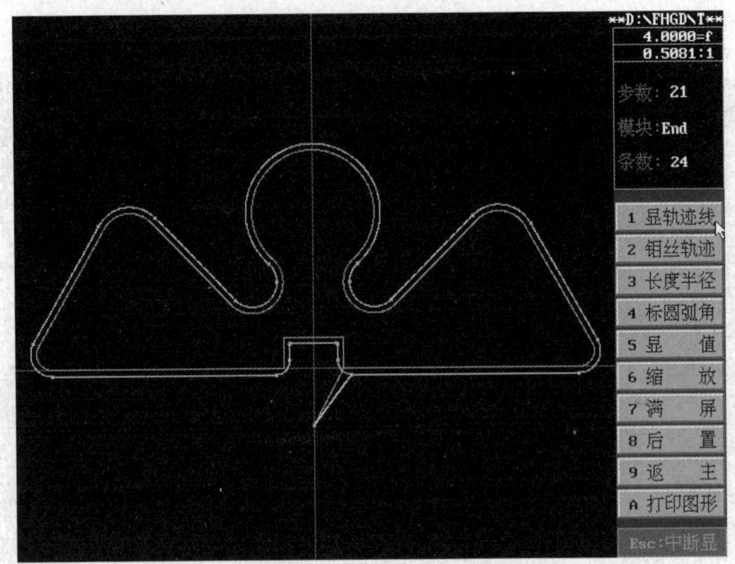

图4-53　执行和后处理显示界面

图4-54所示为生成加工程序前的检测界面，在这一界面中可以对零件图形做最后的确认操作。

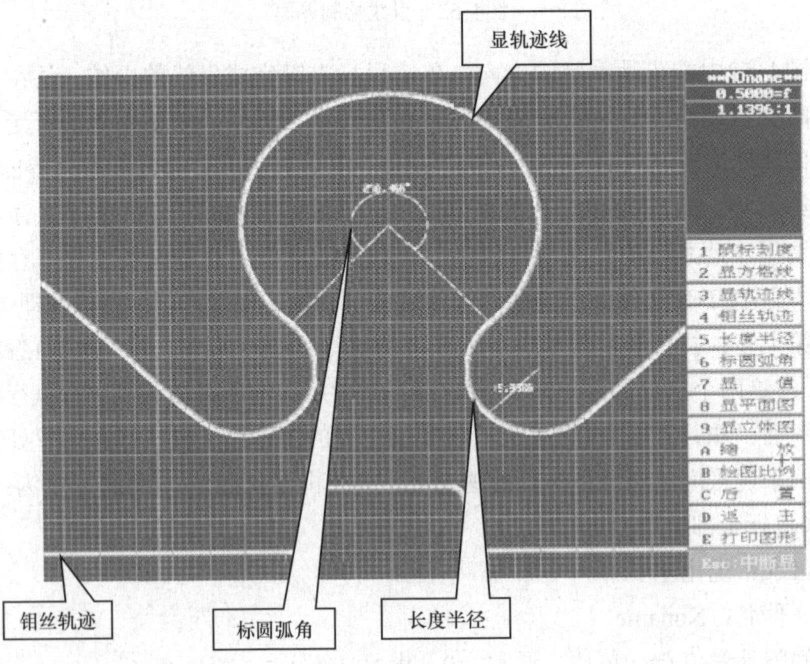

图4-54　检测界面

确认图形完全正确后，通过单击“后置”按钮进入“后置处理”。其中：

返回主菜单：退回到最开始的界面，则可转到加工界面。

生成平面G代码加工单：生成两轴G代码加工程序单，数据文件扩展名为2NC。

生成3B代码加工单：生成两轴3B代码加工程序单，数据文件扩展名为2NC。

生成一般锥度加工程序单：数据文件扩展名为3NC。如图4-55所示，确定基准面、正锥或倒锥，填入锥体的角度和厚度。

生成变锥锥度加工单：数据文件扩展名为4NC，如图4-55所示。选择基准图形的位置；输入锥体工件的厚度；标出锥度，必须在引线上标出通用锥度，在某一线段上标出的则为该段锥度；最后将加工单存盘，数据文件扩展名为4NC。

切割次数：快走丝切割次数通常为1次，如果为了降低表面粗糙度值，中走丝设置多次切割。要注意的是，必须将G代码加工单存盘或3B加工单存盘，为加工做好准备。建议用G代码，因为G代码精度高。选择“执行2”，切割次数输入“3”，进入多次切割界面，如图4-56所示。输入参数值后，单击“确定”按钮结束设置。

***** 生 成 锥 体 *****
1) 基准图形中需含有引入线和引出线;
2) 切割锥体时,也适用于跳步模.

(1) 基准图形的位置	基准图形在下面
(2) 正 锥 或 倒 锥	正锥[上小下大]
(3) 锥体的单边锥度(度)	15
(4) 锥 体 的 厚 度(mm)	60
(5) 显 示 立 体 图	
(6) 显 示 加 工 单	
(7) 打 印 加 工 单	
(8) 加 工 单 存 盘	
(9) 生成HGT图形文件	
(0) 退 出	

图4-55　生成锥体设置界面

	确 定	切割次数(1-7)	3
.30	过切量(mm)	凸模台宽(mm)	1.2
.04	第1次偏离量	高频组号(1-7)	5
.02	第2次偏离量	高频组号(1-7)	6
0	第3次偏离量	高频组号(1-7)	7

图4-56　切割次数设置界面

完成上述工作后，设置间隙补偿值f输入“0.08”（钼丝直径0.18mm）；后置、G代码加工单存盘（无锥），给出存盘的文件名为FANG；返回主菜单后，进入加工界面，读盘，读G代码程序，选择文件FANG，屏幕显示待加轨迹图；调节好高频电源各组参数，按下“锁定”键，打开运丝、工作液泵、高频，然后按“切割”进行加工。

另外需要注意：通常情况下，高频组号（0～2）用于第一次切割，高频组号（3～5）用于第二次切割，高频组号（6～7）用于第三次切割。如切割次数为3次，厚度在20mm以下，一般用2-4-6组高频参数；切割厚度为20～40mm，用1-3-5组高频参数；切割厚度为40～60mm，用1-3-4组高频参数。

以ϕ0.18mm钼丝计，补偿值可选为0.08mm，则第一刀的补偿量为0.16mm（即第一次偏离量+补偿值），第二刀的补偿量为0.1mm（即第二次偏离量+补偿值），第三刀的补偿量为0.08mm（即补偿值），如果尺寸偏小（凸模），则补偿值加大；如果尺寸偏小（凹模），则补偿值减小。

第5章

数控高速走丝电火花线切割加工自动编程实训

数控高速走丝电火花线切割机床的控制系统是按照指令去控制机床进行加工的，前面已经介绍了数控高速走丝线切割机床加工程序的格式、规定以及手工编程方法。在实际工作中，许多工件的形状复杂，编程计算量较大，而计算的精度直接影响着加工精度，操作者的工作量较大，效率低下，线切割自动编程软件为解决这一问题提供了有效手段。线切割自动编程软件是以人机交互的方式，先绘制出工件的图形，再根据加工条件的设定（加工起始点、加工路径、偏移量确定等），由自动编程软件自动运算特征点，生成加工程序。由于线切割自动编程软件具有编程速度快、运算精度高、使用简便、易于检验和修改等特点，大大简化了操作者的工作，在线切割界得到了广泛的应用。

一般电火花线切割机床厂家生产的数控高速走丝电火花线切割机床都带有自己的自动编程软件，且针对性较强，也较容易上手。除此之外，市场上还有大量通用性较强、针对电火花线切割机床的自动编程软件，如国外的Cimatron线切割自动编程系统Fikus、Mastercam Wire线切割自动编程系统、Esprit线切割自动编程系统等，国内较著名的有北航海尔的CAXA线切割自动编程系统、YH线切割自动编程系统、统达TwinCAD/CAM线切割自动编程系统等。

北航海尔的CAXA线切割自动编程系统是北航海尔公司在CAXA电子图板基础上开发的，针对线切割机床加工的自动编程软件。在绘图功能、操作便捷性等方面都符合中国人习惯，在国内线切割自动编程软件市场上有着较好的表现。2003年，北京数码大方科技股份有限公司（CAXA）成立，该公司成为中国领先的CAD和PLM软件供应商，拥有完全自主知识产权的系列化的CAD、CAPP、CAM、DNC、PDM、MPM等软件产品和解决方案，覆盖了设计、工艺、制造和管理四大领域，公司客户覆盖航空航天、机械装备、汽车、电子电器、建筑、教育等行业，包括中国制造业500强在内的30000家企业，以及3000所知名大中专院校。CAXA被评为2008工业软件优秀企业、中关村百家创新型试点企业，先后荣获中国设计贡献金奖、中国软件行业20年“金软件”奖、中国十大创新软件产品等荣誉。为了方便读者认识和使用线切割自动编程软件，这里以CAXA CAM线切割2019自动编程系统为代表，介绍数控高速走丝电火花线切割自动编程。

5.1 CAXA CAM线切割自动编程系统简介

5.1.1 CAXA CAD电子图板2019的特点

CAXA CAD电子图板2019采用流行的Fluent/Ribbon图形用户界面。新的界面风格更加简洁、直接，使用者可以更加容易地找到各种绘图命令，交互效率更高。同时，新版本保留原有CAXA风格界面，并通过快捷键切换新老界面，方便老用户使用。CAXA CAD电子图板2019优化了并行交互技术、动态导航以及双击编辑等方面的功能，辅以更加细致的命令整合与拆分，大幅改进了CAD软件同用户的交流体验，使命令更加直接简捷，操作更加灵活方便。

为了满足跨语言、跨平台的数据转换与处理的要求，CAXA CAD电子图板2019基于Unicode编码进行重新开发，进一步增强了对AutoCAD数据的兼容性，保证电子图板EXB格式数据与DWG格式数据的直接转换，从而完全兼容企业历史数据，实现企业设计平台的转换。CAXA CAD电子图板2019支持主流操作系统，改善了软件操作性能，加快了设计绘图速度。

除了拥有强大的基本图形绘制和编辑能力外，CAXA CAD电子图板2019还提供智能化的工程标注方式，包括尺寸标注、坐标标注、文字标注、尺寸公差标注、几何公差标注、表面结构标注等。具体标注的所有细节均由系统自动完成，真正轻松地实现设计过程的“所见即所得”。

CAXA CAD电子图板2019提供开放的图纸幅面设置系统，可以快速设置图纸尺寸、调入图框、标题栏、参数栏以及填写图纸属性信息。也可以通过几个简单的参数设置，快速生成需要的图框。还可以快速生成符合标准的各种样式的零件序号、明细栏，并且能够保持零件序号与明细栏之间的相互关联，从而极大地提高编辑修改的效率，并使工程设计标准化。CAXA CAD电子图板2019支持主流的Windows系统驱动打印机和绘图仪，提供指定打印比例、拼图以及排版，支持pdf、jpg打印等多种输出方式，保证工程师的出图效率，有效节约时间和资源。

CAXA CAD电子图板2019针对机械专业设计的要求，提供了符合现行国标的参量化图库，共有50大类，4600余种，近100000个规格的标准图符，并提供完全开放式的图库管理和定制手段，方便快捷地建立、扩充自己的参数化图库。在设计过程中，针对图形的查询、计算、转换等操作提供辅助设计工具，集成多种外部工具于一身，有效满足不同场景下的绘图需求。

5.1.2 CAXA CAM线切割2019加工系统

CAXA CAM线切割2019是一款简单、实用的为线切割加工量身定制的CAM软件。它以CAXA CAD 电子图板2019为基础平台，使用户可以方便地生成所需的几何图形，并添加了与线切割加工相关的轨迹生成、轨迹跳步、线框仿真、后置处理等功能，最终实现生成线切割加工G代码的目标。

CAXA CAM线切割2019加工系统由绘图模块和线切割模块两个部分组成。该系统提供了功能强大、使用简洁的图形绘制、轨迹生成手段，可方便快捷地绘制出所需的工件图形，并按加工要求生成各种复杂图形的加工轨迹，可实现跳步及锥度加工。通用的后置处理模块使CAXA CAM线切割2019可以满足各种机床的代码格式，可输出G代码及3B、4B/R3B代码，并可对生成的代码进行校验及加工仿真。

如图5-1所示，CAXA CAM线切割2019用户界面（简称界面）是交互式绘图软件与用户进行信息交流的中介。系统通过界面反映当前信息状态或将要执行的操作，用户按照界面提供的信息做出判断，并经由输入设备进行下一步的操作。因此，用户界面被认为是人机对话的桥梁。

CAXA CAM线切割2019的用户界面包括两种风格：Fluent风格界面和经典界面。Fluent风格界面主要使用功能区、快速启动工具栏和菜单按钮访问常用命令。经典界面主要通过主菜单和工具条访问常用命令。Fluent风格界面拥有很高的交互效率，但为了照顾老用户的使用习惯，CAXA CAM线切割2019也提供了经典界面。

在Fluent风格界面下的功能区中单击“视图”选项卡→“界面操作面板”→“切换界面风格”或在主菜单中单击“工具”→“界面操作”→“切换”，就可以在新界面和经典界面之间进行切换。该功能的快捷键为<F9>。

除了这些界面元素外，还包括状态栏、立即菜单、绘图区、工具选项板、命令行等。

按照大体功能，用户界面主要由绘图功能区、菜单系统区和状态栏三个部分组成。

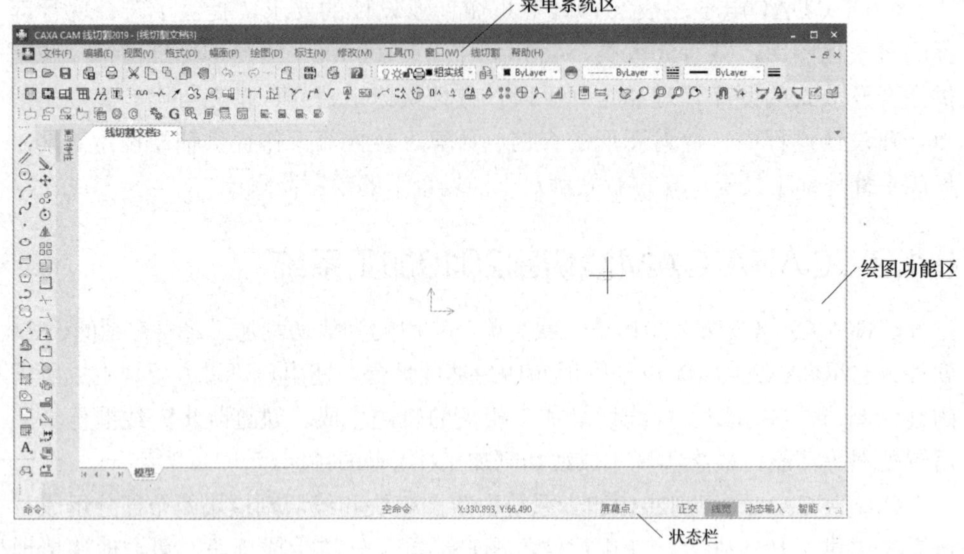

图5-1　CAXA CAM线切割2019用户界面

1. 绘图功能区

CAXA CAM线切割2019绘图功能区是用户进行绘图设计的区域，区域中央给出一个二维直角坐标系，是系统默认的坐标系。同时根据作图方便或者个人习惯，用户也可以自己设置坐标系，CAXA CAM线切割2019最多允许设置16个坐标系，这16个坐标系可以相互切换，可以设置为可见或不可见。绘图功能区窗口默认情况下为黑色，用户可以根据个人的喜好或习惯，在系统设置菜单中设置光标的形式、绘图区窗口颜色、坐标系的可见与隐藏等。

2. 菜单系统区

CAXA CAM线切割2019菜单系统区是所有命令所在的区域，主要分为下拉菜单、图标菜单、立即菜单和工具菜单四个部分。

（1）下拉菜单　下拉菜单位于界面的顶部，由一行主菜单和下拉子菜单组成。CAXA CAM 线切割2019有12个主菜单，分别为文件、编辑、视图、格式、幅面、绘图、标注、修改、工具、窗口、线切割、帮助。

1）文件主菜单所包含的主要功能是对文件进行相应的管理，其下拉子菜单如图5-2所示。

2）编辑主菜单所包含的主要功能是对具体图形的宏观操作，其下拉子菜单如图5-3所示。

3）视图主菜单所包含的主要功能是完成对所设计图形的显示和观察，其下拉子菜单如图5-4所示。

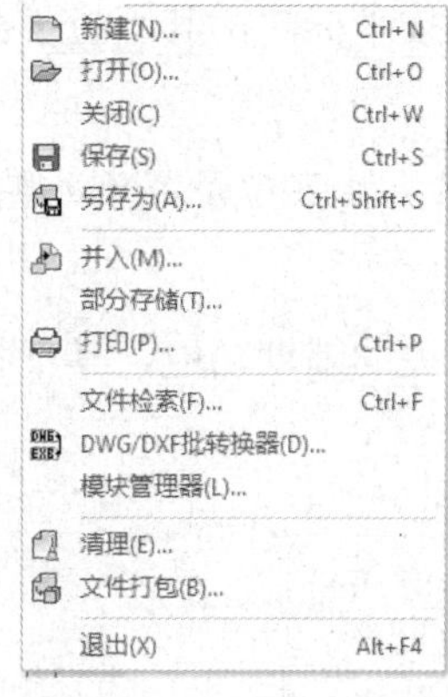

图5-2 文件下拉子菜单

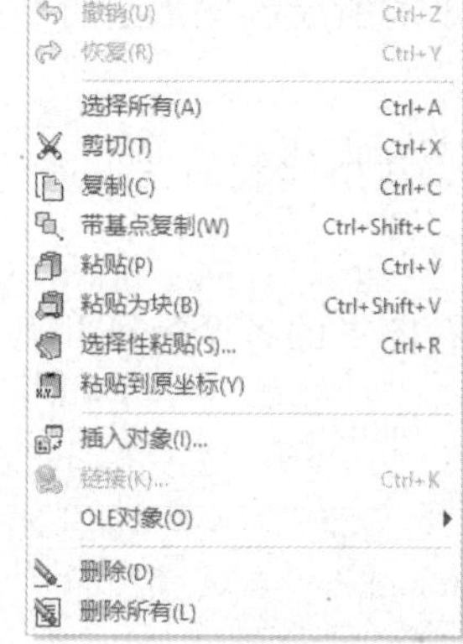

图5-3 编辑下拉子菜单

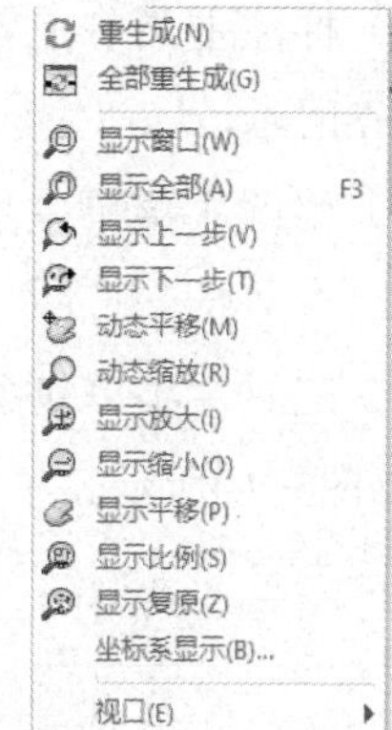

图5-4 视图下拉子菜单

4）格式主菜单主要是完成图层、线条等样式的相关设置及管理，其下拉子菜单如图5-5所示。

5）幅面主菜单主要是完成图纸的相关设置，其下拉子菜单如图5-6所示。

6）绘图主菜单主要完成图形的绘制，其下拉子菜单如图5-7所示。

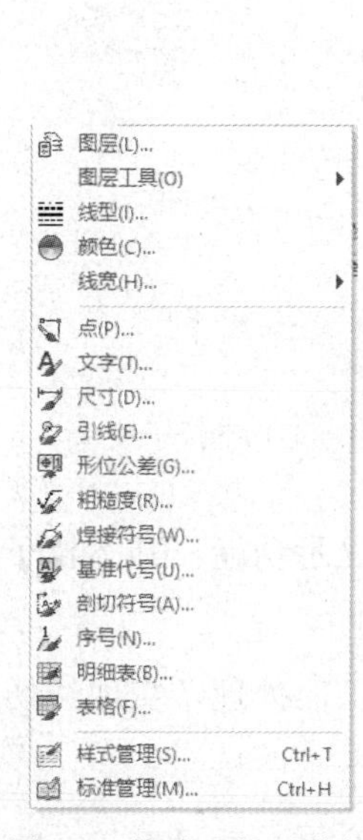

图5-5 格式下拉子菜单

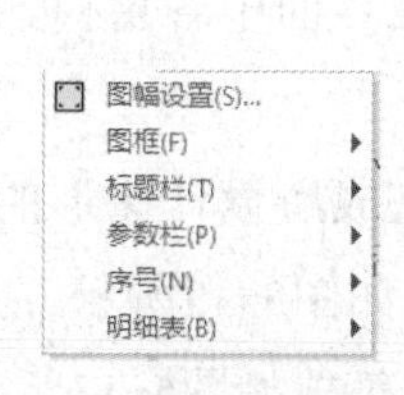

图5-6 幅面下拉子菜单

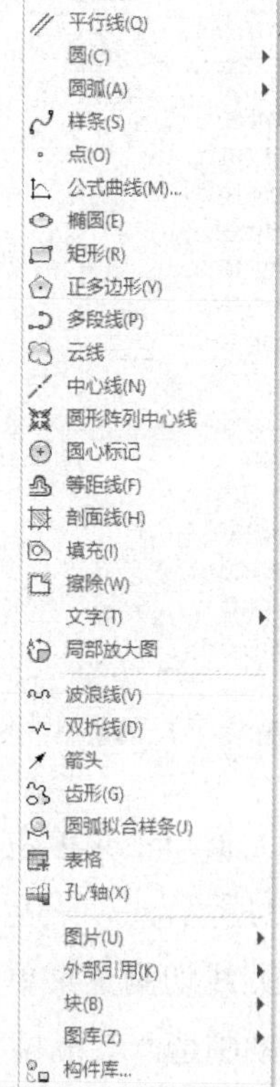

图5-7 绘图下拉子菜单

7）标注主菜单主要用于对所绘制图形进行数据及技术标注，其下拉子菜单如图5-8所示。

8）修改主菜单主要用于对所绘制的图形进行编辑，其下拉子菜单如图5-9所示。

9）工具主菜单包含查看图形的各个特征和其他相关的辅助功能，其下拉子菜单如图5-10所示。

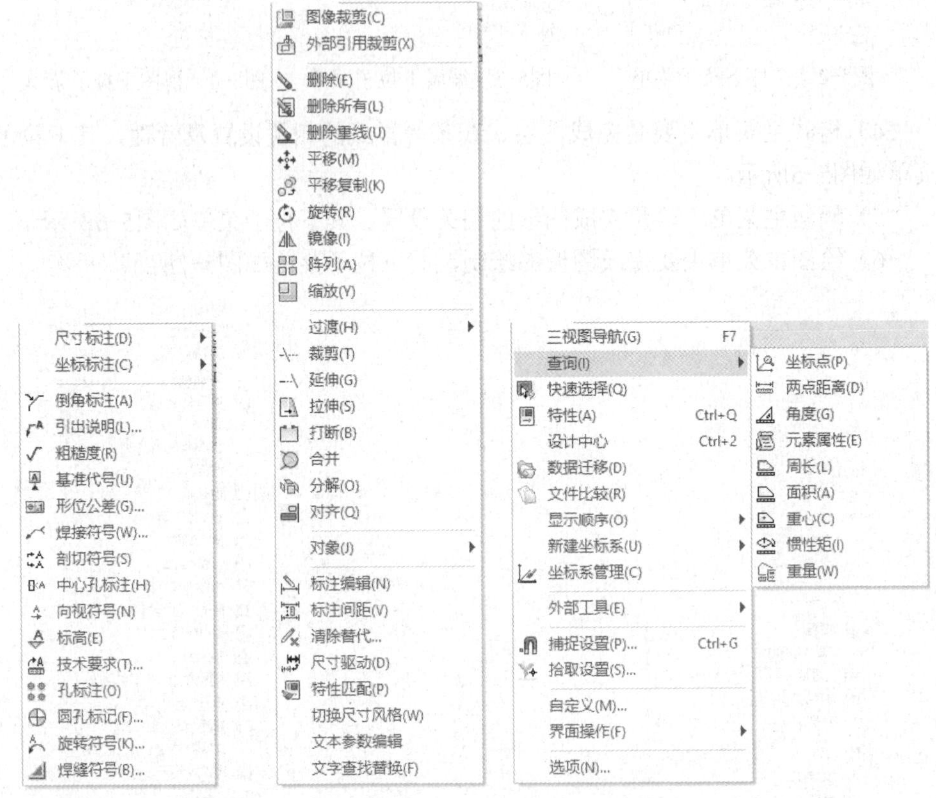

图5-8　标注下拉子菜单　图5-9　修改下拉子菜单　　　图5-10　工具下拉子菜单

10）窗口主菜单主要完成界面中各窗口的摆放、显示功能，其下拉子菜单如图5-11所示。

11）线切割主菜单主要完成所设计图形的相关加工后处理，实现线切割计算机辅助制造，其下拉子菜单如图5-12所示。

12）帮助主菜单的下拉子菜单如图5-13所示。

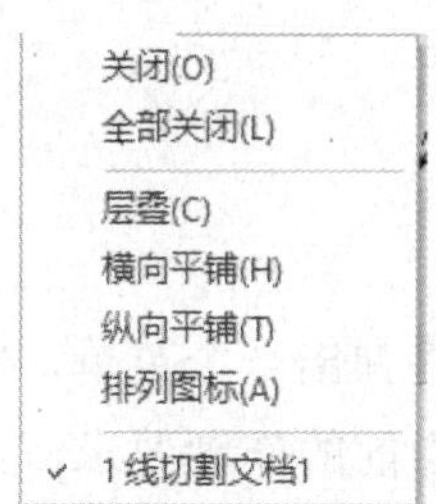

图5-11　窗口下拉子菜单

轨迹生成　Alt+C
轨迹跳步
取消跳步
四轴轨迹　Alt+F
工艺信息编辑　Alt+I
轨迹仿真　Alt+S
图像矢量化　Alt+V
后置设置　Alt+P
生成G代码　Alt+G
校核G代码　Alt+R
查看代码　Alt+E
R3B后置设置　Alt+T
生成B代码　Alt+B
同步传输
应答传输
串口传输
传输设置

图5-12　线切割下拉子菜单

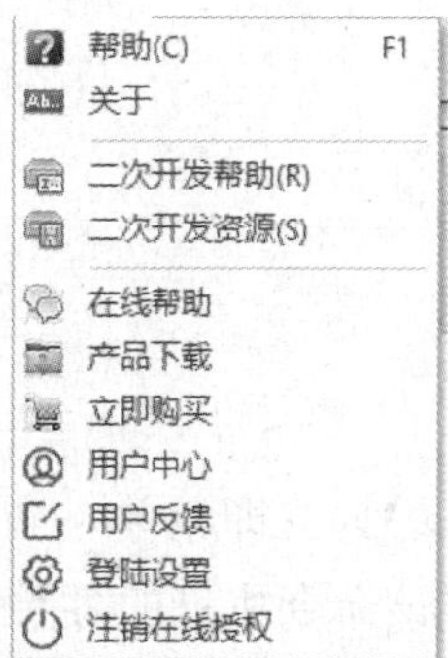

图5-13　帮助下拉子菜单

（2）图标菜单　CAXA CAM线切割2019的图标菜单是以图标按钮的形式直观地表达了各个图标的功能。图标菜单包括标准工具栏、常用工具栏、属性工具栏、绘制工具栏和当前绘制工具栏，用于完成所需图形的绘制。图标菜单中的所有命令均可在位于界面上方的下拉菜单中找到。一般地，安装好CAXA CAM线切割2019后，标准工具栏、常用工具栏、属性工具栏位于主菜单下方，绘制工具栏和当前绘制工具栏位于屏幕的左侧，是系统默认的设置，如图5-14所示。可以通过将光标移动到菜单空白区，右击选择显示或隐藏某个图标菜单，如图5-15所示。

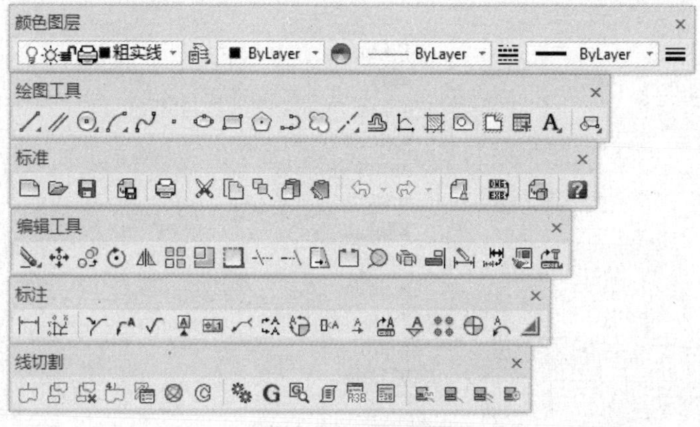

图5-14　图标菜单

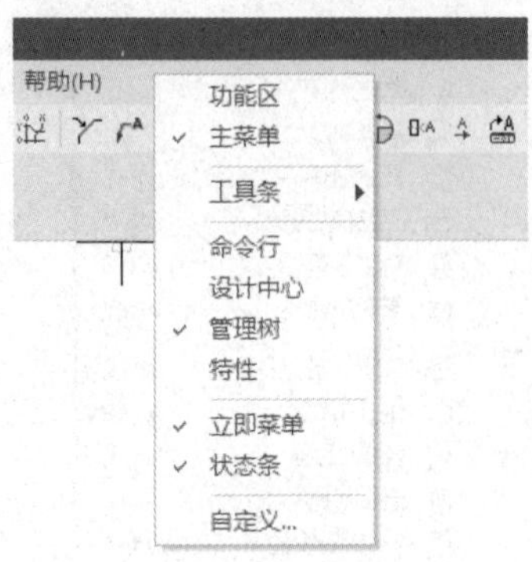

图5-15　显示或隐藏图标菜单

（3）立即菜单　当命令被执行时，在绘图区左下角将弹出一个菜单，它描述了该命令执行的各种情况和使用条件，并且可以根据当前的作图要求，正确选择各项参数，这种菜单称为立即菜单，如图5-16所示。对立即菜单进行操作时，可以用鼠标直接单击需要改变的选项，如果是下拉菜单格式的，可以在弹出的菜单中选择一个选项；如果是文本框格式的，则在文本框内输入所需的参数值即可。

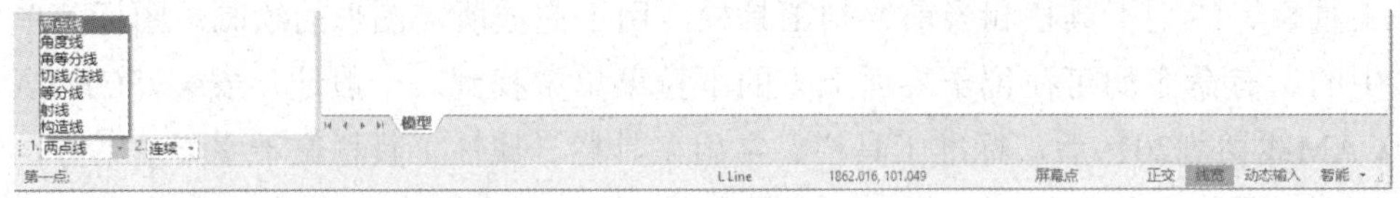

图5-16　绘制直线时的立即菜单

（4）工具菜单　工具菜单包括工具点菜单和拾取过滤菜单等，如图5-17和图5-18所示。工具菜单用于辅助点或物体选择的操作。

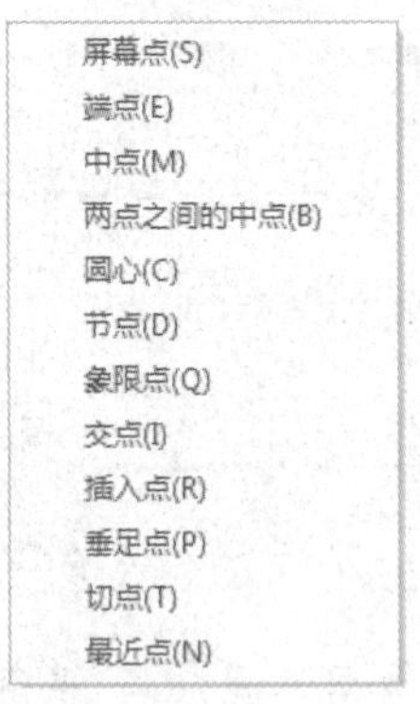

图5-17　工具点菜单

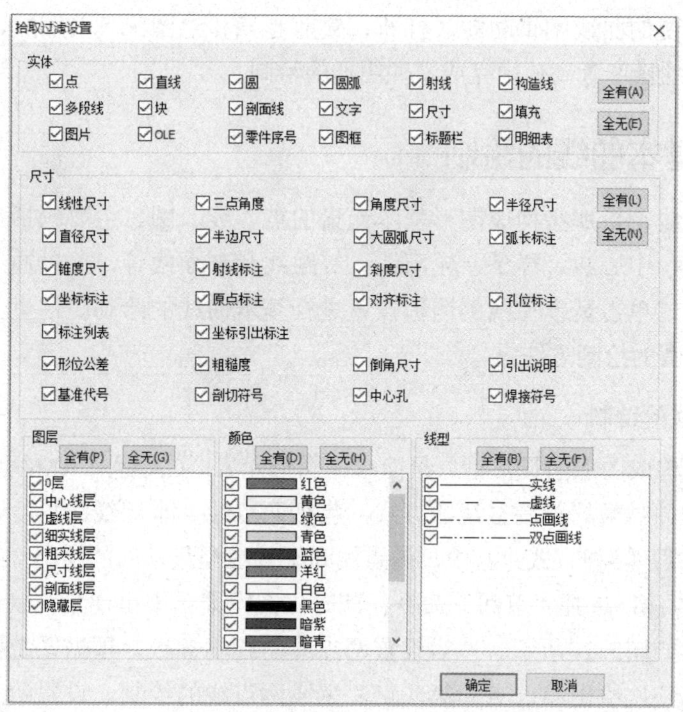

图5-18　拾取过滤菜单

3. 状态栏

状态栏位于界面的底部，为用户显示当前的命令、当前坐标值以及用户的操作信息等。状态栏包括当前点坐标的显示、操作信息提示、工具菜单状态提示、点捕捉状态提示和命令与数据的输入等内容，如图5-19所示。

图5-19　状态栏

5.2　CAXA CAM线切割加工图形的绘制

在机械零件的形状图形中，大多数零件是由直线、圆弧构成的，部分零件还由公式曲线（如阿基米德螺旋线、渐开线等）构成。CAXA CAM线切割2019提供了强大的绘图功能，能满足绘制各种零件图形的要求。系统提供了基本曲线（直线、圆弧等）、高级曲线（正多边形、齿轮、花键、公式曲线等）的绘制功能，方便的曲线编辑功能（打断、裁剪等）和绘图工具（缩放、动态平移等）可以帮助操作者高效地完成零件图形的绘制。

5.2.1　基本曲线的绘制

基本曲线是指那些构成图形基本元素的点、线、圆。主要包括直线、圆、圆弧、矩形、中心线、样条、轮廓线、等距线和剖面线等，可以通过选择下拉菜单或者通过单击基本曲线的图标按钮进行基本曲线的绘制。这里主要介绍直线、圆弧、圆的绘制方法。

1. 直线的绘制

直线是构成图形的最常见、最简单的图形元素。CAXA CAM线切割2019提供了满足各种需求的绘制直线的方式，包括两点线、平行线、角度线、角等分线、切线/法线等5种方式，其中，两点线和平行线是最常用的绘制直线方式。

1）两点线：选择“直线”命令，此时，立即菜单中出现系统默认的“两点线”方式，如图5-20所示。然后设置两点线的绘制参数，根据系统提示，应用键盘和鼠标依次给出第一点和第二点，完成两点线的绘制。设置两点线的绘制参数说明见表5-1。

图5-20　绘制两点线时的立即菜单

表5-1　设置两点线的绘制参数说明

参数名称	说明
单根	每次绘制的直线段相互独立
连续	每段直线依次连接，前一线段的终点是后一线段的起点
非正交	所绘制的线段是任意方向，取决于光标移动的方向
正交	所绘制的线段与坐标轴平行或垂直，取决于光标移动的方向
点方式	通过指定方式绘制正交直线段
长度方式	通过指定点和长度的数值正交直线段

2）平行线：执行“基本曲线”→选择“直线”命令，此时，在立即菜单中单击菜单“1. ”，选择“平行线”。根据系统提示，用光标选取一条被平行的直线，设置平行线的绘制参数。如图5-21所示，如果是“偏移方式”，在屏幕上移动光标，将会有一条预显的与所拾取的直线平行且长度相等的直线段跟随

光标移动，将光标移动到所需位置，右击，一条平行线即被画出；如果是“两点方式”，在拾取直线后，系统则提示“指定平行线起点”，用光标在屏幕上指定一点或通过键盘输入一个坐标点，屏幕上将出现与拾取直线相平行的直线，此时系统将提示“指定平行线终点”，将光标移动到合适位置并单击，一条平行线被画出。设置平行线的绘制参数说明见表5-2。

1. 偏移方式　2. 单向
拾取直线:

1. 两点方式　2. 点方式　3. 到点
拾取直线:

图5-21　绘制平行线时的立即菜单

表5-2　设置平行线的绘制参数说明

参数名称	说明
偏移方向	按照给定距离绘制与已知直线平行且长度相等的直线段
两点方式	绘制以指定点为起点，与已知直线相平行的直线
单向	在光标所在直线的那一侧绘制平行线
双向	在直线的两侧分别绘制平行线
到点	平行线的终点为光标位置平行线的垂足
到线上	平行线的终点为平行线与指定直线的交点

2. 圆弧的绘制

圆弧的绘制有三点圆弧、圆心_起点_圆心角、圆心_半径、圆心_半径_起终角、起点_终点_圆心角、起点_半径_起终角等6种绘制方式。这里主要介绍三点圆弧和圆心_半径_起终角的绘制方式，其余方式留给读者自学练习。

1）三点圆弧：通过给定的三点绘制圆弧，执行“基本曲线”→选择“圆弧”命令，弹出立即菜单，系统默认的即为“三点圆弧”绘制方式。根据系统提示，依次在屏幕上选取三点，或者用键盘输入第一点、第二点、第三点的坐标值，即可画出所需圆弧。

2）圆心_半径_起终角：通过给定圆心位置、半径大小以及起始角和终止角绘制圆弧，执行“基本曲线”→选择“圆弧”命令，在弹出的立即菜单中选择“圆心_半径_起终角”方式，并在系统提示下依次输入所需数据，即可画出所需圆弧，如图5-22所示。

1. 圆心_半径_起终角　2.半径=　30　3.起始角=　0　4.终止角=　60
圆心点:

图5-22　圆心_半径_起终角方式绘制圆弧时的立即菜单

3. 圆的绘制

圆的绘制有圆心_半径、两点、三点、两点_半径等4种方式，绘制的方法与圆弧的绘制类似，这里不再介绍。

5.2.2　高级曲线的绘制

高级曲线是指那些由基本元素组成的特定的图形曲线，主要包括正多边形、椭圆、孔/轴、波浪线、双折线、公式曲线、填充曲线、点、齿轮、花键、圆弧拟合样条、位图矢量化、轮廓文字等14种类型。可以通过选择下拉菜单或者单击高级曲线的图标按钮进行高级曲线的绘制。这里主要介绍公式曲线和齿轮的绘制方法。

1. 公式曲线绘制

单击高级曲线工具栏中的“公式曲线”按钮，或依次单击主菜单中的“绘图”→“公式曲线”，系统弹出“公式曲线”对话框，如图5-23所示，就可进行公式曲线的绘制。公式曲线即是数学表达式的曲线图形，也就是根据数学公式（或参数表达式）绘制出相应的数学曲线。公式的给出，既可以是直角坐标形式的，也可以是极坐标形式的。根据需要，可直观地修改对话框中的内容，然后单击“确定”按钮，屏幕上生成符合条件的公式曲线，指定一点，从而完成公式曲线的设计。

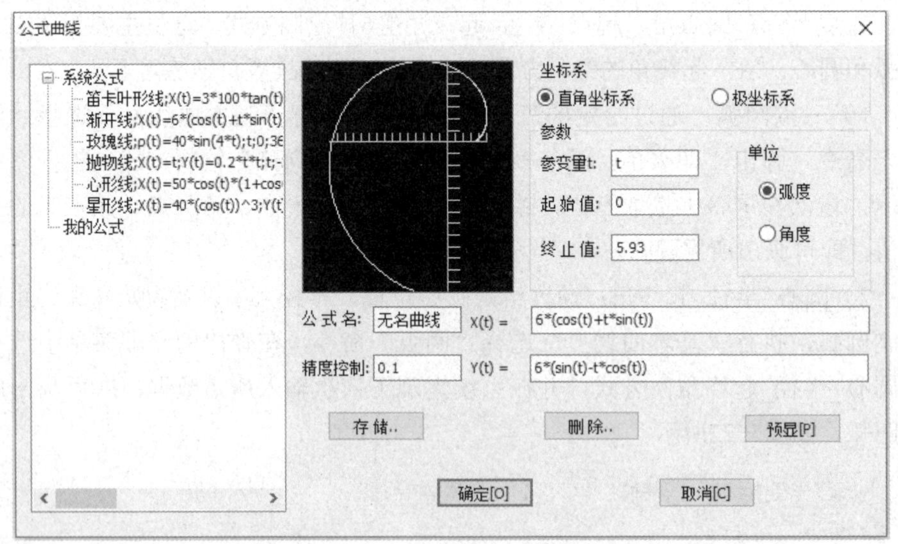

图5-23　“公式曲线”对话框

2. 齿轮的绘制

单击高级曲线工具栏中的“齿形”按钮，或依次单击主菜单中的“绘图”→“齿形”，系统弹出“渐开线齿轮齿形参数”对话框，如图5-24所示，就可以开始齿轮的设计与绘制。“渐开线齿轮齿形参数”对话框分为基本参数区、参数一区、参数二区等3个区域。用户在绘制齿轮时，基本参数区的参数必须确定，参数一区、参数二区可根据实际情况，选择一种进行确定。然后单击“下一步”按钮，弹出“渐开线齿轮齿形预显”对话框，如图5-25所示，此时可设置齿轮的齿顶过渡圆角半径、齿根过渡圆角半径以及齿轮的精度等，接着单击“完成”按钮结束齿轮的生成。结束齿轮生成后，在屏幕上给定齿轮的定位点即可完成齿轮的绘制。

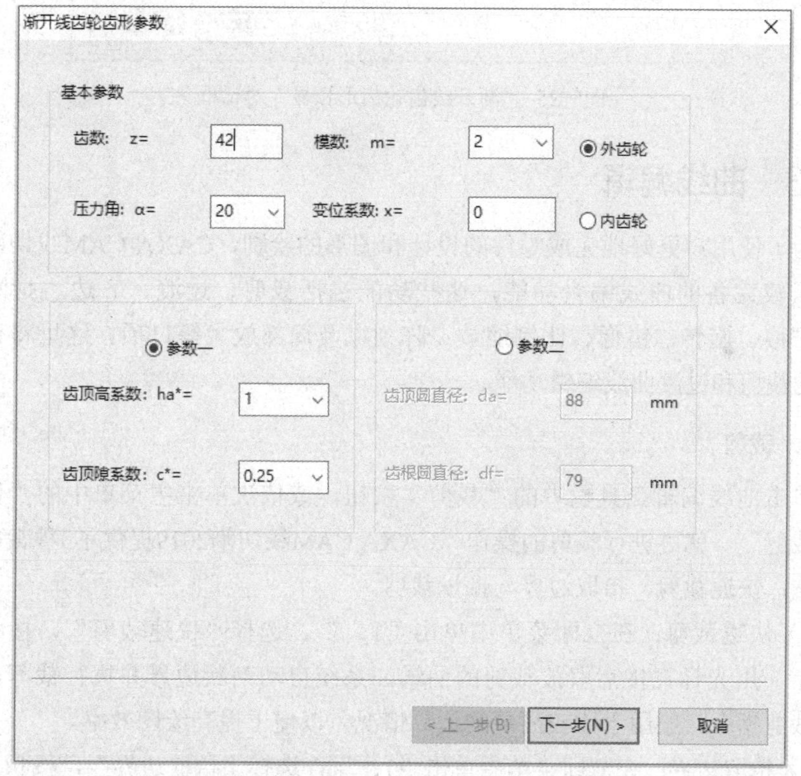

图5-24　“渐开线齿轮齿形参数”对话框

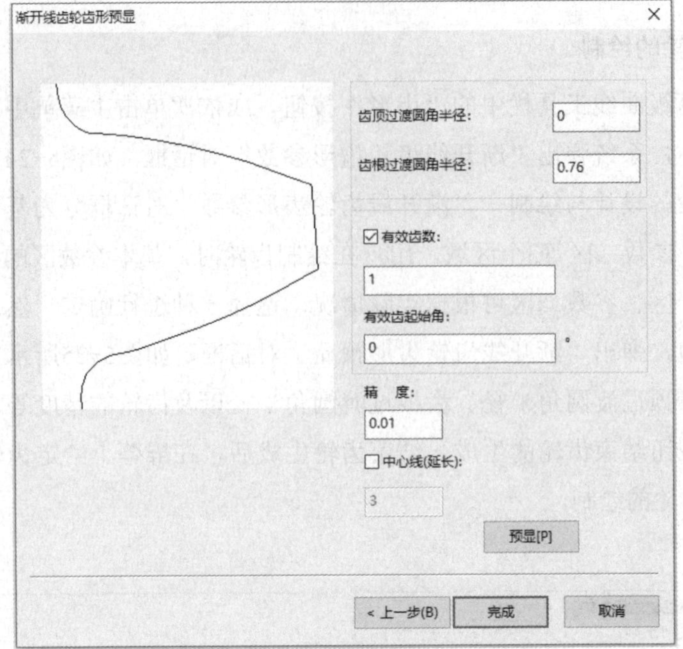

图5-25 “渐开线齿轮齿形预显”对话框

5.2.3　曲线编辑

为了使用户更好地完成零件的设计和图形的绘制，CAXA CAM线切割2019提供了较完备的曲线编辑功能，这些功能包括裁剪、过渡、齐边、打断、拉伸、平移、旋转、镜像、比例缩放、阵列以及局部放大等11项。这里将介绍较常用的裁剪和过渡曲线编辑功能。

1. 裁剪

单击曲线编辑工具栏中的“裁剪”按钮，或依次单击主菜单中的“修改”→“裁剪”，就可进行裁剪的操作。CAXA CAM线切割2019提供了3种裁剪曲线的方法：快速裁剪、拾取边界、批量裁剪。

1）快速裁剪：在立即菜单中单击“1. ”，选择“快速裁剪”，按状态栏的提示，用光标直接点取被裁剪的曲线，系统自动判断边界并执行裁剪命令。快速裁剪指令一般用于比较简单的边界情况，以便于提高绘图效率。

2）拾取边界：在立即菜单中单击“1. ”，选择“拾取边界”，按状态栏的提示，拾取一条或多条边界，拾取完成后右击确定。再根据提示，选择被裁剪的曲线单击，点取的曲线段至边界部分被裁剪掉，边界另一侧的曲线被保留。

3）批量裁剪：在立即菜单中单击“1. ”，选择“批量裁剪”，按状态栏的提示，拾取一条或多条边界链，再根据提示，选择被裁剪的曲线，右击，提示选择要裁剪的方向，该方向一侧的曲线被裁剪，边界另一侧的曲线被保留，可根据需要进行选择。

2. 过渡

单击曲线编辑工具栏中的“过渡”按钮，或依次单击主菜单中的“修改”→“过渡”，就可进行过渡的操作。CAXA CAM线切割2019提供了7种过渡的方法：圆角过渡、多圆角过渡、倒角过渡、外倒角过渡、内倒角过渡、多倒角过渡、尖角过渡等。这里介绍圆角过渡和倒角过渡。

1）圆角过渡：在立即菜单中单击“1. ”，选择“圆角”，出现图5-26所示的立即菜单，单击“2. ”，选择裁剪方式“裁剪”，裁剪方式如图5-27所示。单击“3. 半径”，输入圆角半径，然后按照状态栏提示，用光标分别拾取需过渡的两条线。注意，拾取的顺序不同，裁剪方式所得到的结果则有所差异。

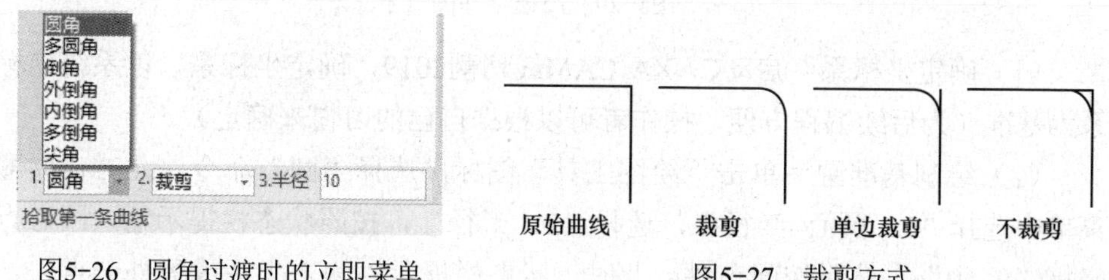

图5-26 圆角过渡时的立即菜单　　图5-27 裁剪方式

2）倒角过渡：在立即菜单中单击“1. ”，选择“倒角”，出现图5-28所示的立即菜单；单击“3. ”，选择裁剪方式“裁剪”；单击“4. 长度”，输入长度；单击“5. 角度”，输入角度，然后按照状态栏提示，用光标分别拾取需过渡的两条线。注意，拾取的顺序不同，裁剪方式所得到的结果则有所差异。

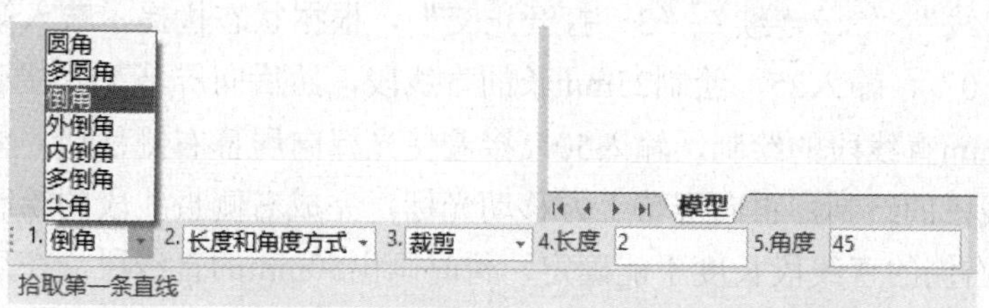

图5-28 倒角过渡时的立即菜单

5.2.4 零件绘制

下面以图5-29所示凸模零件图为例，介绍应用CAXA CAM 线切割2019绘制零件图的过程。

通过分析研究该零件图，不难看出，该零件是由直线和圆弧两种线型构成的，曲线之间的关系为相交和相切两种，绘图的重点在于圆弧R10mm与圆弧R15mm的相切以及6°斜线段起始点的确定。另外，各曲线的位置是以ϕ10mm孔为基准确定的。通过分析，按照以下步骤进行零件图的绘制。

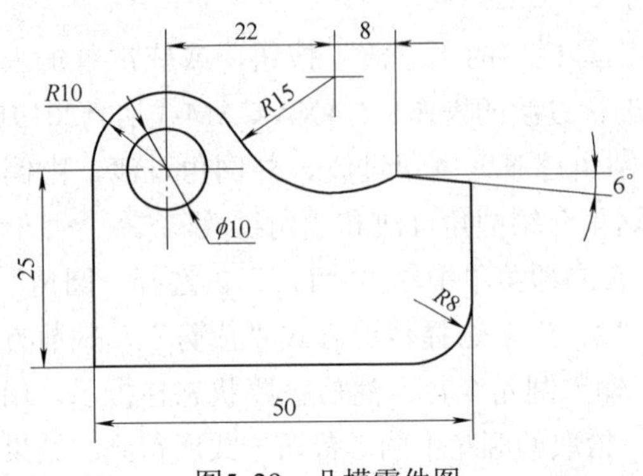

图5-29　凸模零件图

（1）确定坐标系　启动CAXA CAM线切割2019，确定坐标系，以系统坐标系为基准（为后续编程方便，操作者可以根据自己的习惯来确定）。

（2）绘制基准圆　单击“绘图工具”图标，选择“圆”命令，此时在立即菜单中选择“1．圆心_半径”，选择“2．半径”，按照状态栏提示输入圆心点坐标“0，0”，然后按回车键，此时，状态栏提示“输入半径或另外一点”，按照提示输入半径5，按回车键，则系统画出ϕ10mm的圆，再输入10，系统画出ϕ20mm的圆，最后右击结束画圆。圆心点的输入还可以用光标拾取点的方式，将光标移动到坐标原点附近，屏幕上出现圆心提示，单击确定拾取。

（3）绘制线段　单击“绘图工具”图标，选择直线命令图标，依次选择“1．两点线”“2．连续”“3．打开正交”，根据状态栏提示输入第一点坐标为“−10，0”，输入25，绘制25mm长的直线段，然后向屏幕下方移动光标，单击完成25mm直线段的绘制，输入50，接着使光标向屏幕右侧移动，单击，完成50mm直线段的绘制，再向屏幕上方移动光标，完成右侧直线段的绘制。注意，此时由于右侧的直线段长度不能确定，暂时画出50mm的直线段，在后续的编辑中再进行修改。完成的图形如图5-30所示。

（4）R15mm圆心的确定与绘制　从ϕ10mm圆心出发，画出平行于X轴方向的直线段22mm，再向屏幕上方移动光标，画出垂直于X轴的直线段25mm，此条线段的长度可任意选取，只需与接下来绘制的圆相交即可。单击圆命令图标，以坐标原点为中心，画出R25mm的圆，与垂直的25mm直线段相交点即为与R10mm相切的

R15mm的圆心，并以此为圆心，画出R15mm的圆。完成的图形如图5-31所示。

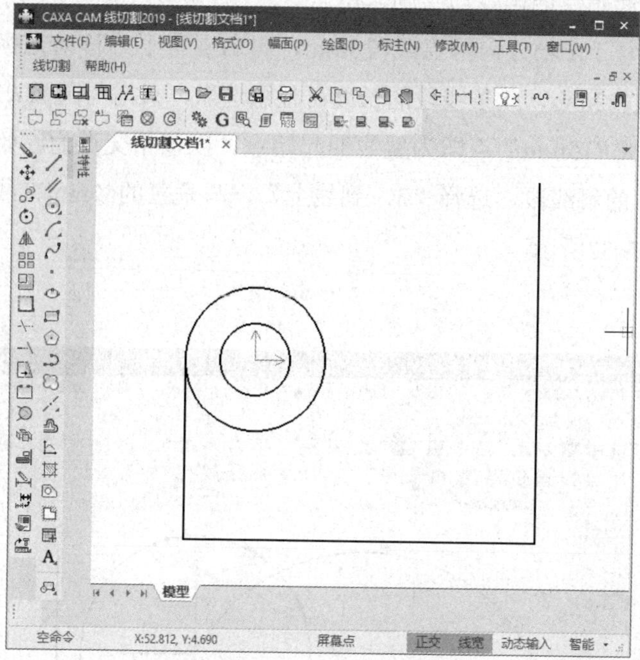

图5-30 圆和直线段的绘制

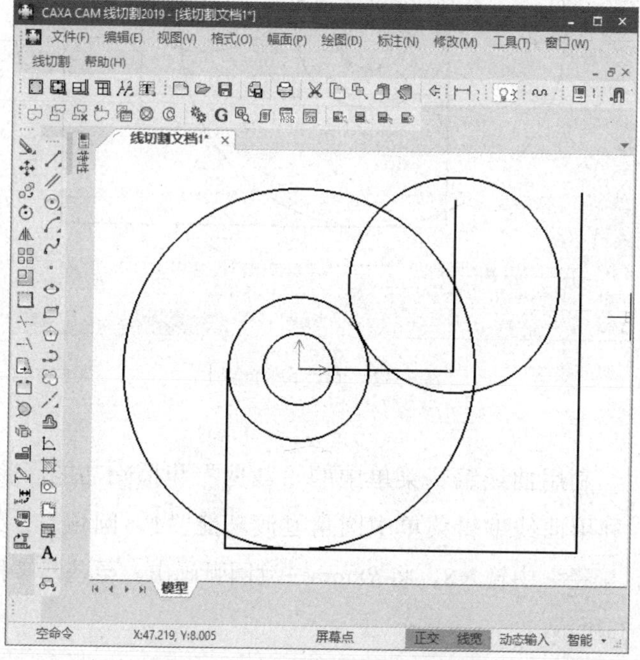

图5-31 R15mm圆心的确定与绘制

（5）斜线起始点的确定与绘制　用“两点线”的方式，从圆弧R15mm圆心出发，画出平行于X轴方向的直线段8mm，再向屏幕下方移动光标，画出垂直于X轴的直线段22mm，此条线段的长度可任意选取，只需与圆弧R15mm相交即可。相交于圆弧R15mm的点即为斜线的起始点。以该相交点为起始点，绘制与X轴夹角为6°的斜线段，选择“3．到线上”，与垂直的50mm直线段相交。完成的图形如图5-32所示。

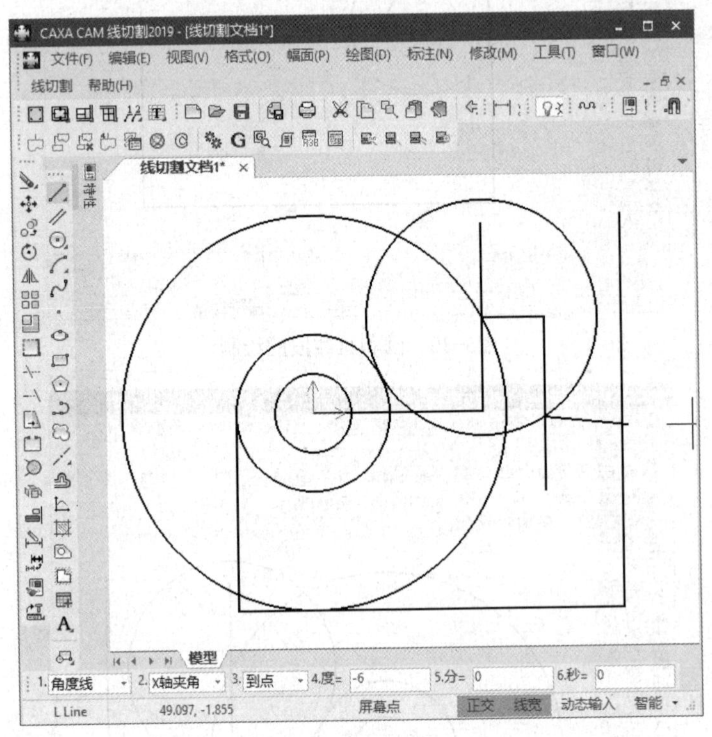

图5-32　斜线段的绘制

（6）修改　利用曲线编辑菜单中的“裁剪”和擦除功能，将多余的线段剪切和删除，利用曲线编辑菜单中圆角过渡功能“1．圆角”，选择“2．裁剪”，在“3．半径”中输入8，将R8mm过渡圆弧画出。至些，零件图图形绘制完毕，如图5-33所示。

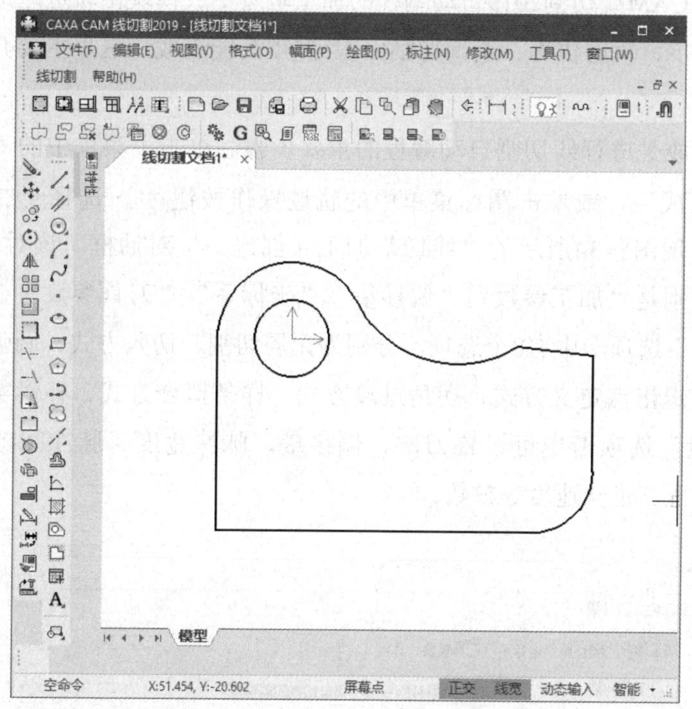

图5-33 绘制完成的零件图形

5.3 CAXA CAM线切割自动编程

CAXA CAM线切割2019自动编程包括加工轨迹的生成、加工代码的生成以及加工代码的传输等三个主要模块，操作者根据所设计加工零件的图形，选择加工方式，包括切入方式的选择、加工参数的设定、补偿方式的选择、加工代码的生成以及代码的传输等过程，完成工件加工程序的编制。

5.3.1 加工轨迹的生成

数控高速走丝线切割加工轨迹是在电火花线切割加工过程中，电极丝中心切割的实际路径，它是生成数控加工程序的基础。CAXA CAM线切割2019的轨迹生成功能是在已有CAD轮廓的基础上，结合工件加工的实际要求以及确定的各项工艺参数，由计算机自动计算而得到加工轨迹。

CAXA CAM线切割2019自动编程的加工轨迹生成模块由轨迹生成、轨迹跳步、取消跳步、轨迹仿真、查询切割面积等5项功能组成，这里主要介绍轨迹生成功能。

轨迹生成是进行线切割自动编程的重要步骤。单击主菜单中的“线切割”→“轨迹生成”，或单击图标菜单中的轨迹操作按钮，选择“二轴轨迹生成”，则出现图5-34所示的“线切割加工（创建）”对话框。该对话框有5个选项卡，分别是“加工参数”“偏移量”“坐标系”“刀具参数”“几何”。“加工参数”选项卡中有8个选项，分别为无屑切割、切入方式、圆弧进退刀、加工参数、退出点定义方式、拐角过渡方式、样条拟合方式、补偿实现方式。在“偏移量”选项卡中可设置刀次、偏移量、脉冲宽度、脉冲间隙、脉冲电流、脉冲电压、走丝速度等参数。

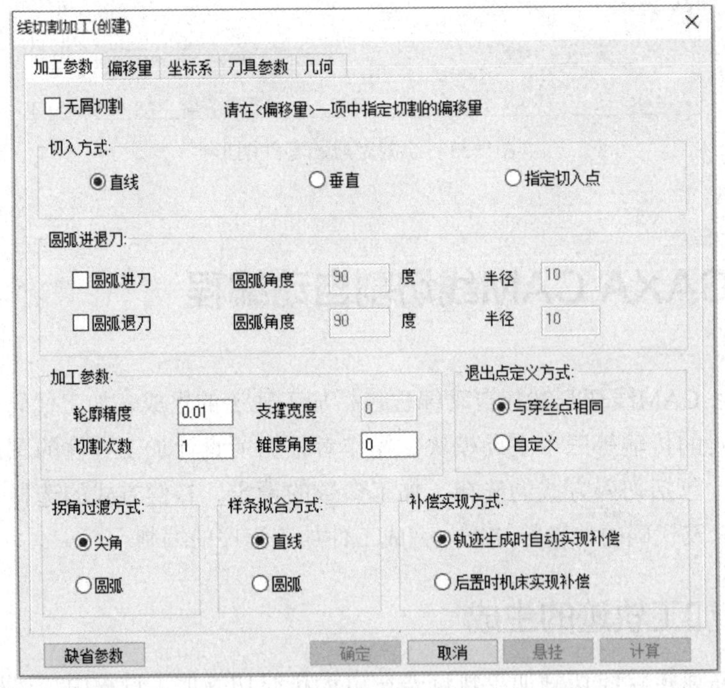

a）“加工参数”选项卡

图5-34　“线切割加工（创建）”对话框

线切割加工(创建)

加工参数　偏移量　坐标系　刀具参数　几何

☑启用电参数

刀次	偏移量(mm)	脉冲宽度(us)	脉冲间隙(us)	脉冲电流(档)	脉冲电压(档)	走丝速度(档)
1	0.000	1	1	1	1	1

保存电参数　读取电参数

注意:合理的偏移量应当按刀次顺序递减

参数范围：脉冲宽度[1-127];脉冲间隙[1-1023];脉冲电流[1-10];脉冲电压[1-4];走丝速度[1-4];电机速度[0.1-9.0]

缺省参数　确定　取消　悬挂　计算

b）“偏移量”选项卡

图5-34　“线切割加工（创建）”对话框（续）

（1）切入方式　切入方式是指电极丝由穿丝点到加工起始段起始点间的运动方式，系统提供了3种切入方式，分别为直线、垂直和指定切入点，如图5-35所示，操作者可根据工件加工需要以及实际情况来选择。

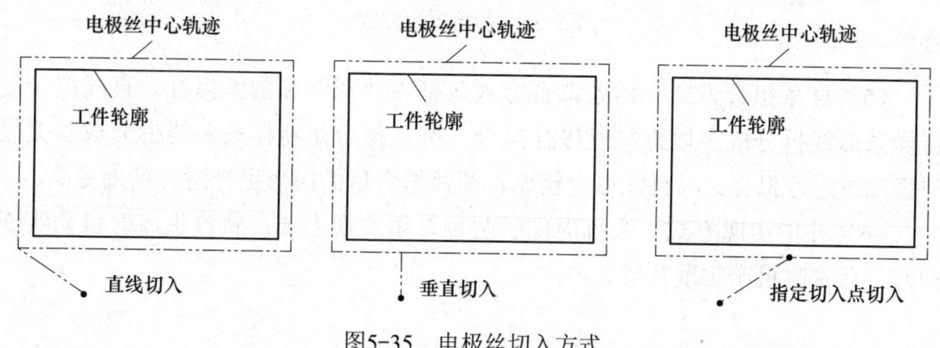

图5-35　电极丝切入方式

（2）圆弧进退刀　选中“圆弧进刀”或“圆弧退刀”复选按钮，可实现电极丝以圆弧切割方式切入或切出工件，这样能较好地保证工件的加工质量。通过修改“圆弧角度”“半径”，可以改变圆弧进刀、圆弧退刀的圆弧大小。

（3）加工参数　加工参数包括轮廓精度、切割次数、支撑宽度以及锥度角度4个参数。其中，轮廓精度主要是针对样条曲线而言的，是指加工轨迹和理想加工轮廓的偏差，系统根据给定的精度，将样条曲线分成多条折线段，精度越大，折线段的步长越大，折线段段数越少。一般地，数控高速走丝电火花线切割加工常采用一次加工完成。近年来，在实践操作中，也有人将多次切割应用到高速走丝线切割机床的加工中。支撑宽度主要是针对多次加工进行选择的，即为每次切割的加工轨迹始末点之间的宽度，以保证多次加工的完成。锥度角度参数的设置是在锥度加工时电极丝的倾斜角度。采用左锥度加工时，锥度角度为正值；采用右锥度加工时，锥度角度为负值。

（4）拐角过渡方式　在线切割加工中，经常碰到以下两种情况，如图5-36所示，此时必须采用尖角过渡或圆角过渡。加工凹形零件时，相邻两直线或圆弧的夹角大于180°；加工凸形零件时，相邻两直线或圆弧的夹角小于180°。

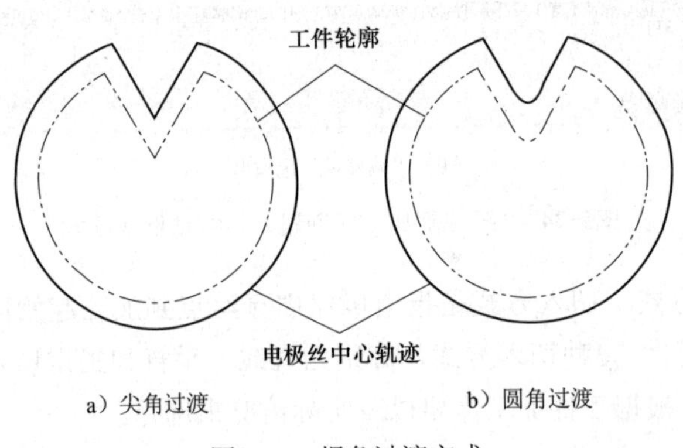

图5-36　拐角过渡方式

（5）样条拟合方式　样条拟合方式包括直线拟合和圆弧拟合。直线拟合是将样条曲线拆分成多段直线段进行拟合，圆弧拟合是将样条曲线拆分成圆弧段与直线段进行拟合。与直线拟合相比，圆弧拟合后的图形更光滑、精度更高。

（6）补偿实现方式　系统提供了两种补偿实现方式：轨迹生成时自动实现补偿、后置时机床实现补偿。

5.3.2　加工代码的生成

所谓“加工代码的生成”就是通过CAXA CAM线切割2019利用所设计的加工工件图形文件，生成加工轨迹，再把加工轨迹转化为程序代码，即加工程序。单击绘制工具栏中的代码生成按钮或G，或者依次单击主菜单中的“线

切割”→“生成B代码”等，就能实现加工代码的生成。CAXA代码生成包括7项功能：生成3B加工代码、生成4B/R3B加工代码、校核B代码、生成G代码、校核G加工代码、查看/打印加工代码、粘贴加工代码等。这里主要介绍生成3B加工代码。

单击生成B代码按钮，此时系统将弹出图5-37所示的“生成B代码”对话框，根据提示，选择轨迹后右击完成，再单击“后置”按钮便可生成代码，系统出现图5-38所示的“创建代码”对话框，然后进行代码的命名和保存等操作。

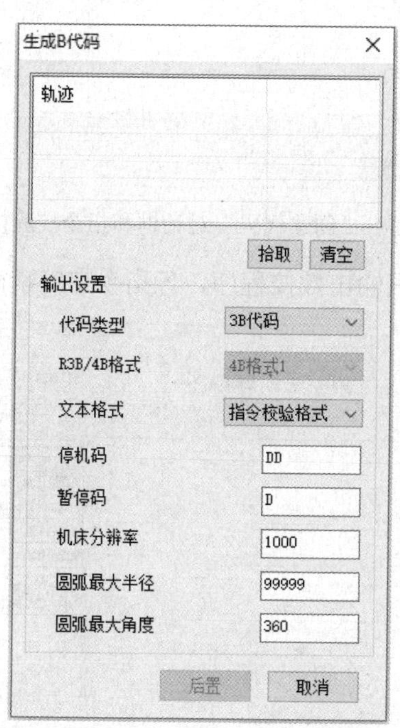

图5-37　“生成B代码”对话框

在图5-37中有文本格式的选择，CAXA CAM线切割2019提供了4种指令的输出格式，分别为指令校验格式、紧凑指令格式、对齐指令格式和详细校验格式。

1）指令校验格式：在生成数控程序的同时，每一段轨迹终点坐标一同输出，如图5-38所示。

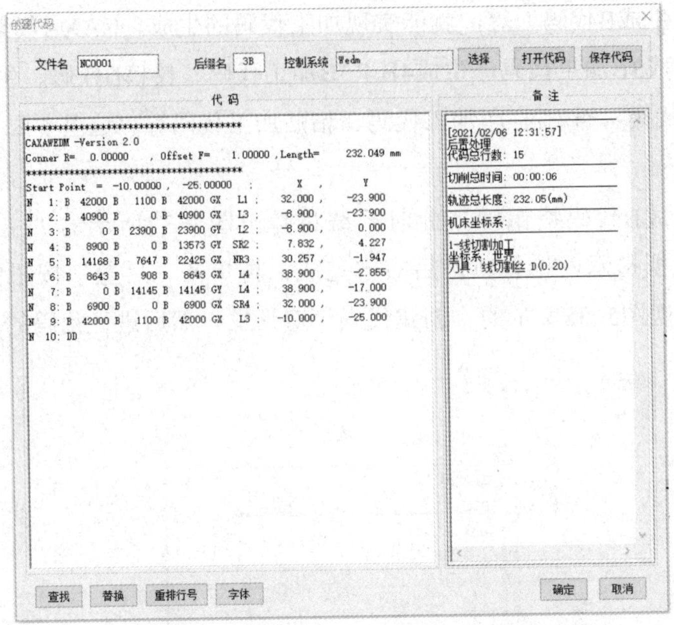

图5-38 “创建代码”对话框和指令校验格式

2）紧凑指令格式：只输出数控程序，各指令字符紧密排列，如图5-39所示。

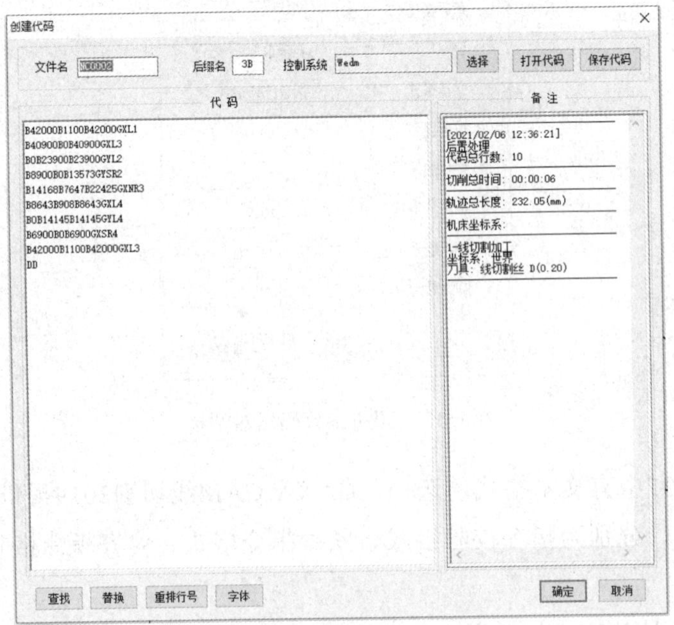

图5-39 紧凑指令格式

3）对齐指令格式：各程序段相应的代码一一对齐，每一指令代码用空格隔开，如图5-40所示。

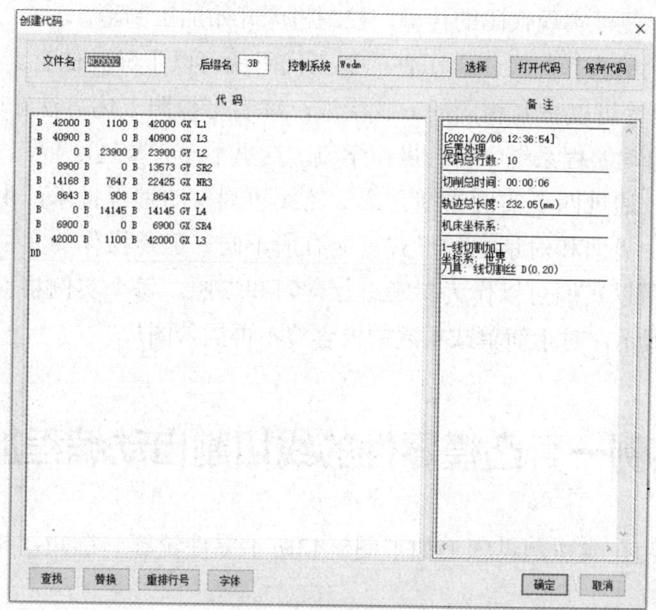

图5-40　对齐指令格式

4）详细校验格式：不仅输出完整程序，而且还提供各轨迹段特征点的坐标，如图5-41所示。

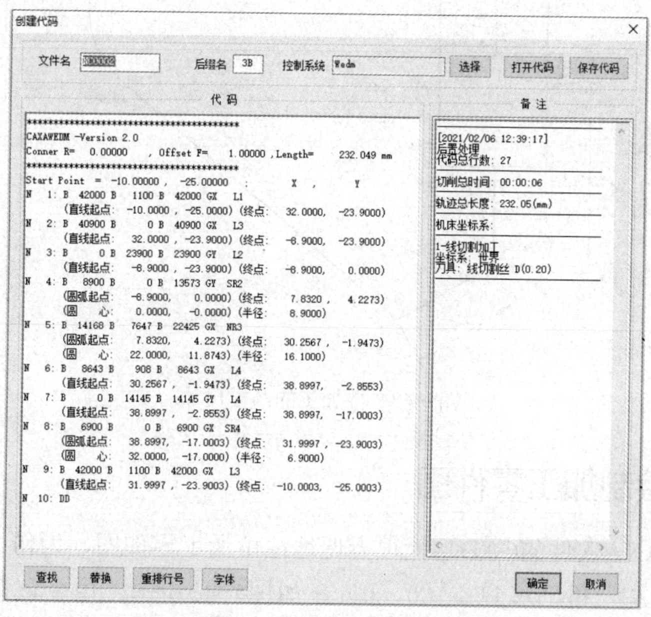

图5-41　详细校验格式

生成代码后，通过“线切割”中的同步传输、应答传输、串口传输和传输设备等操作，便可实现代码的传输，控制机床开始加工制造。

通过以上的选择与操作，工件的加工代码就可以生成并储存。4B/R3B加工代码、G代码等可以按照相同的方式生成，读者可按照上述方法在CAXA CAM线切割2019自动编程系统中自行操作学习，这里不一一赘述。

接下来，通过四个实例详细介绍数控线切割自动编程技术，由于使用的软件版本不同，界面和对话框的形式可能有所不同，但是操作的具体过程及内容基本相同，所以实例可以作为参考进行学习和参照。每个实例将根据侧重点进行操作图片展示，对于简单或重复的内容将不再插入图片。

5.4 实例一：凸模零件的线切割自动编程加工

本实例为在线切割机床上加工图5-42所示零件轮廓。已知：材料为45钢，厚度为8mm。

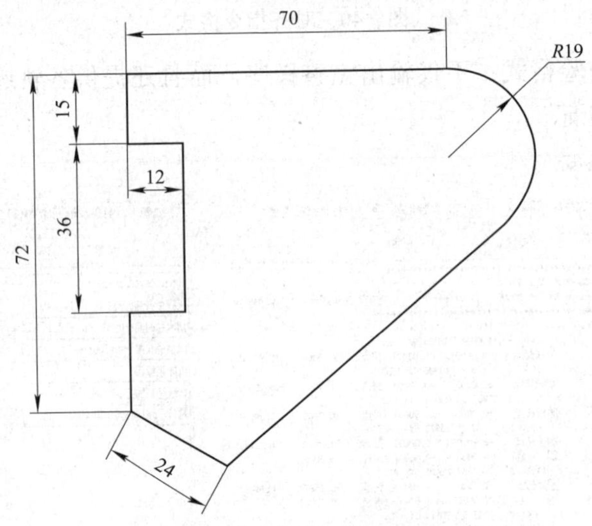

图5-42 要加工的凸模尺寸

5.4.1 绘制加工零件图

利用CAXA软件的CAD功能很方便地绘出加工零件图，为作引入线方便，可把图形的左上角平移到点（0，0），如图5-43所示。由于该模型轮廓很简单，故省略详细绘图步骤。详细绘图步骤在实例二中进行介绍。

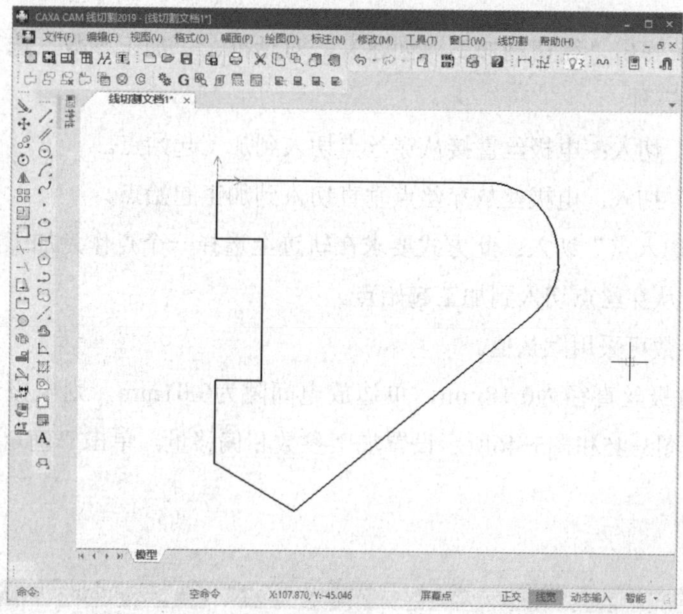

图5-43　绘制零件图

5.4.2　生成线切割加工轨迹

1）选择“线切割”菜单下的“轨迹生成”命令，如图5-44所示。

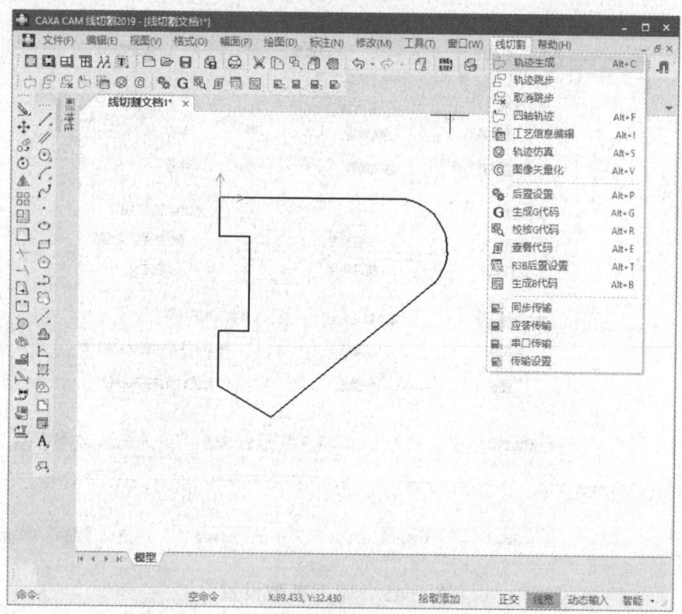

图5-44　选择“轨迹生成”命令

2）系统弹出“线切割加工（创建）”对话框。“加工参数”选项卡中“切入方式”有三种：

“直线”切入：电极丝直接从穿丝点切入到加工起始点。

“垂直”切入：电极丝从穿丝点垂直切入到加工起始点。

“指定切入点”切入：此方式要求在轨迹上选择一个点作为加工的起始点，电极丝直接从穿丝点切入到加工起始点。

其他参数可采用默认值。

已知电极丝直径为0.18mm，单边放电间隙为0.01mm，则电极丝偏移量为0.1mm。按图5-45和图5-46所示设置加工参数和偏移量，单击“确定”按钮完成设置。

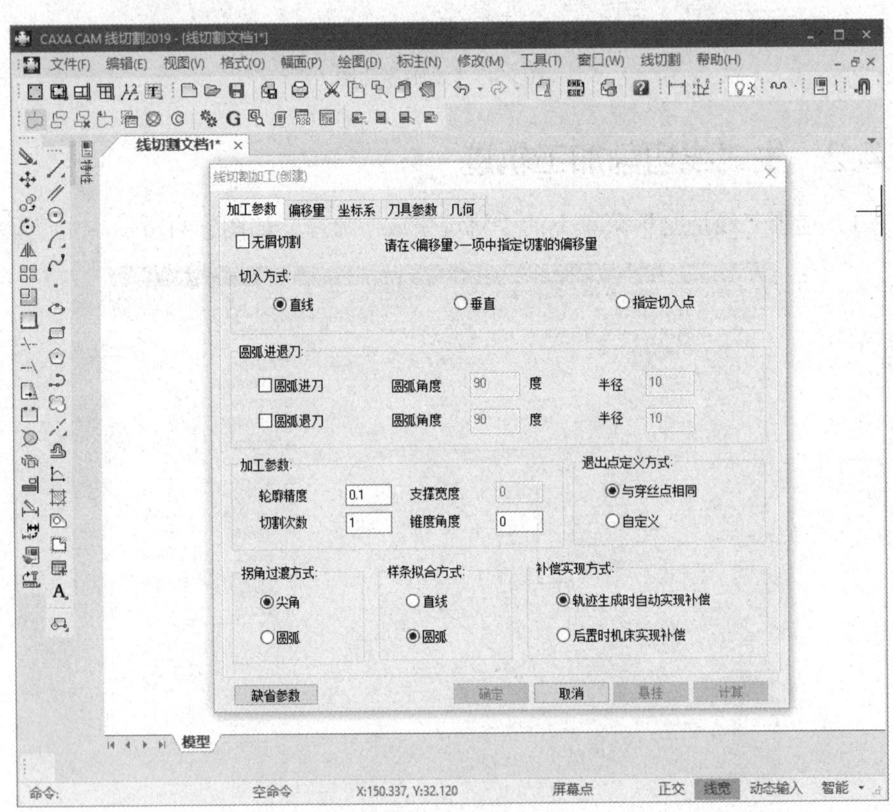

图5-45　加工参数设置

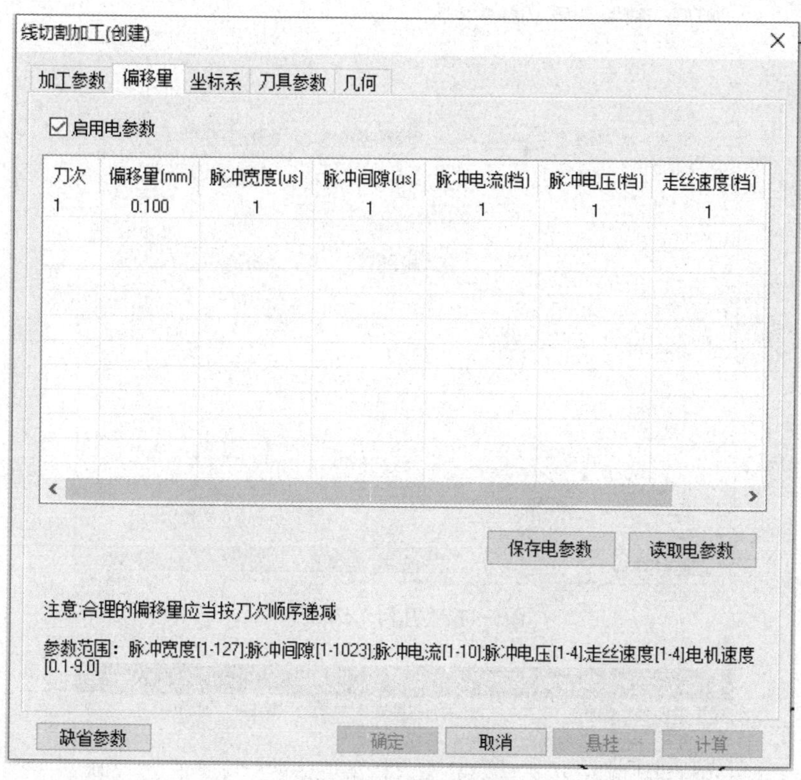

图5-46　偏移量设置

3）选择轮廓，打开“几何”选项卡，如图5-47所示。选取所绘图（见图5-48），被选取的图变为虚线，并沿轮廓方向出现一对反向箭头，系统提示“选取链拾取方向”，如工件为左边装夹，引入点可取在工件左上角点，并选择顺时针方向箭头，使工件装夹面最后切削。

4）选取链拾取方向后，全部变为虚线，且在轮廓法线方向出现一对反向箭头，系统提示“选择切割侧边或补偿方向”，因凸模应向外偏移，所以选择指向图形外侧的箭头，如图5-49所示。

5）选取穿丝点的位置，选择坐标原点即可。穿丝点即可为退出点。系统按偏移量0.1mm自动计算出加工轨迹。凸模类零件轨迹线在轮廓线外面，如图5-50所示。

线切割加工(创建)

加工参数　偏移量　坐标系　刀具参数　几何

必要　0　轮廓曲线　删除

必要　0　穿丝点　删除

0　切入点　删除

0　退出点　删除

缺省参数　确定　取消　悬挂　计算

图5-47 “几何”选项卡

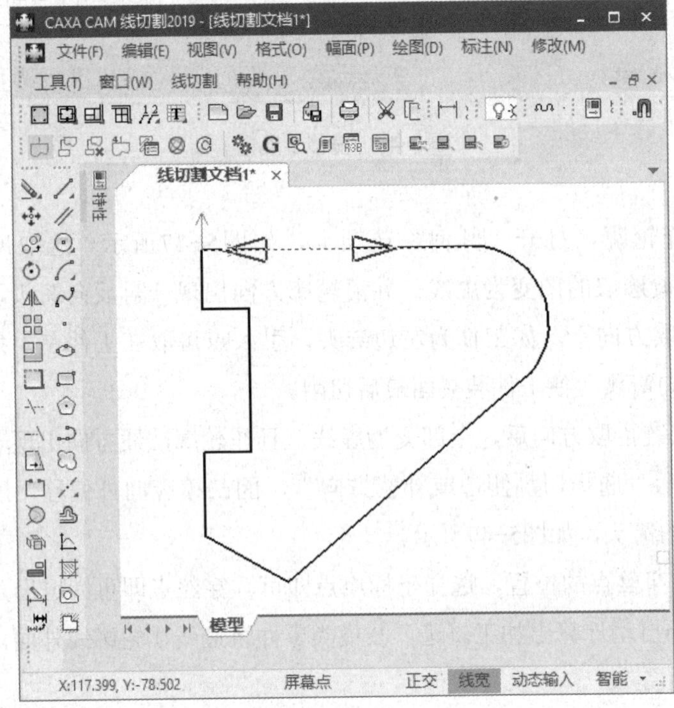

图5-48 加工轮廓选取

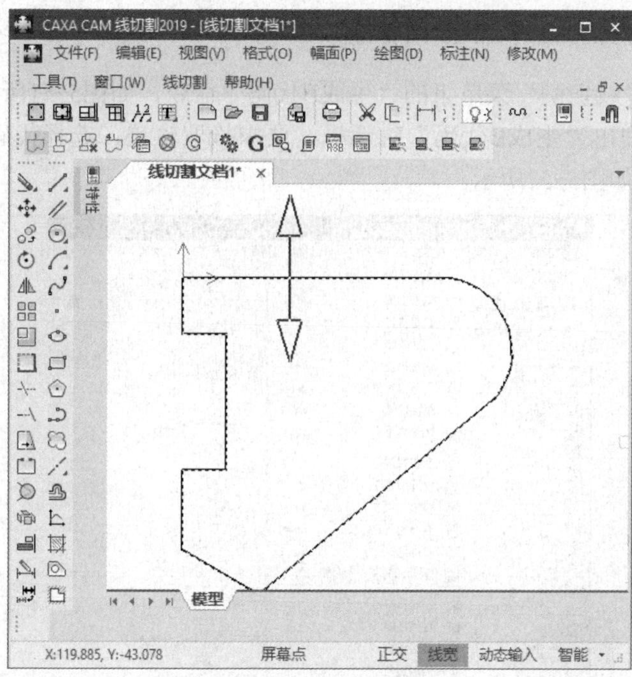

图5-49　补偿方向选取

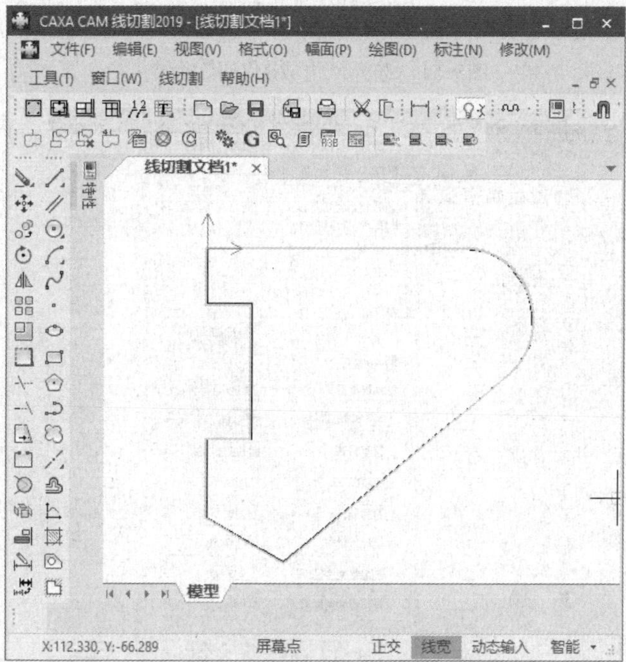

图5-50　凸模轨迹线

5.4.3　生成加工代码并传输

1）选择“线切割”菜单下的“生成B代码”命令，如图5-51所示。

2）系统弹出“生成B代码”对话框，要求拾取轨迹，选择代码类型，选择文本格式等，如图5-52所示。

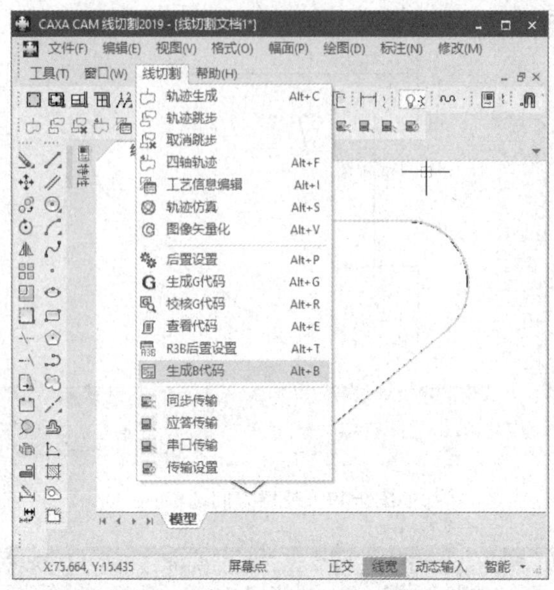

图5-51　选择“生成B代码”命令

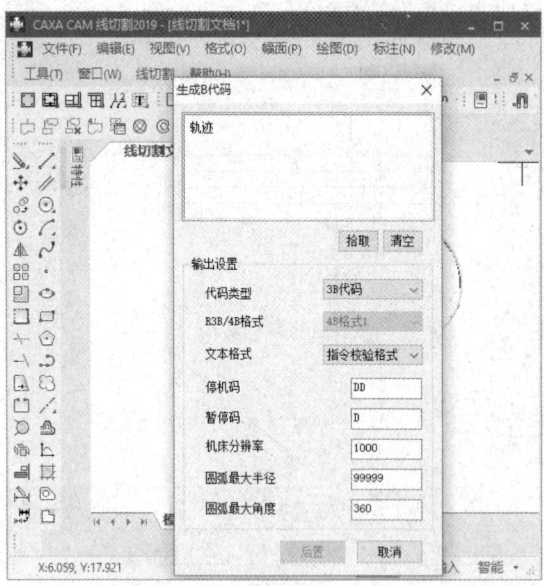

图5-52　“生成B代码”对话框

3）单击“拾取”按钮后，选择已经生成的轨迹，再单击“后置”按钮，系统弹出“创建代码”对话框，如图5-53所示。此处可查看代码、命名文件名并保存代码。

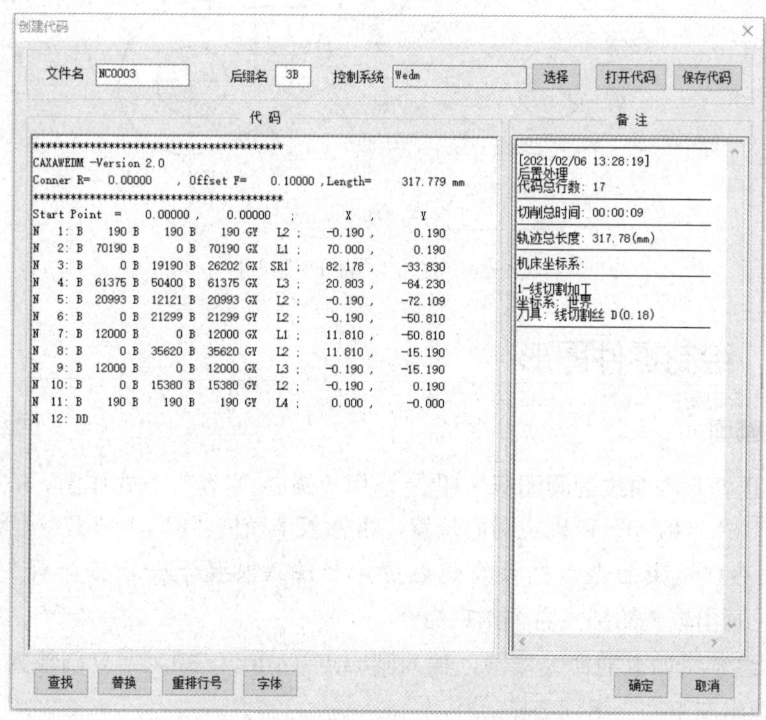

图5-53 “创建代码”对话框

完成编程后，需进行程序传输，程序可通过多种方式传输到机床。

5.5 实例二：凸凹模零件的线切割自动编程加工

下面以一个凸凹模零件的加工为例说明其操作过程。凸凹模尺寸如图5-54所示，线切割加工的电极丝为ϕ0.1mm的钼丝，单面放电间隙为0.01mm。本章前部分内容已经详细介绍了CAXA软件的执行命令及按钮，故本节介绍步骤时，不再插入相关按钮及操作界面的图片。

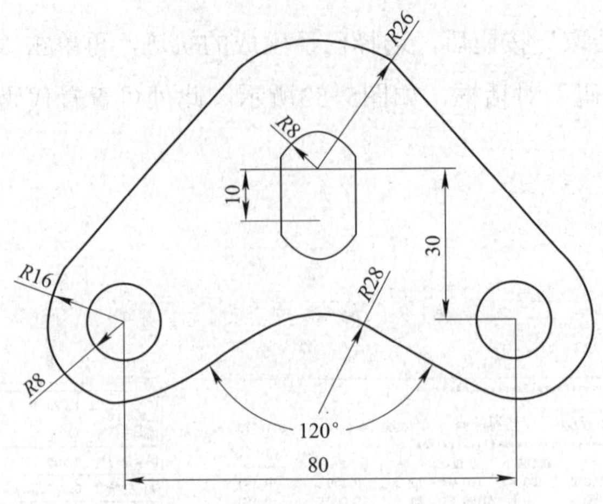

图5-54　要加工的凸凹模尺寸

5.5.1　绘制零件图形

1. 画圆

1）选择基本曲线的圆图标按钮，用“圆心_半径”方式作圆。

2）输入（0，0）以确定圆心位置，再输入半径值“8”，画出一个圆。

3）不要结束命令，在系统仍然提示“输入圆弧上一点或半径”时输入“26”，画出较大的圆，右击结束命令。

4）继续用如上的命令作圆，输入圆心点（−40，−30），分别输入半径值8和16，画出左下方一组同心圆。

2. 画直线

1）选择基本曲线的直线图标按钮，选择“两点线”方式，系统提示输入“第一点（切点，垂足点）”位置。

2）按空格键激活特征点捕捉菜单，从中选择“切点”。

3）在*R*16mm圆弧的适当位置上单击，此时移动鼠标可看到光标拖画出一条假想线，此时系统提示输入“第二点（切点，垂足点）”。

4）再次按空格键激活特征点捕捉菜单，从中选择“切点”。

5）再在*R*26mm圆弧的适当位置确定切点，即可方便地得到这两个圆的外公切线。

6）选择基本曲线的直线图标按钮，更改“两点线”方式为“角度线”方式。

7）单击第二个参数后的下拉标志，在弹出的菜单中选择“X轴夹角”。

8）单击“角度=45”的标志，输入新的角度值30。

9）用前面用过的方法选择“切点”，在*R*16mm圆弧的右下方适当的位置单击。

10）拖画假想线至适当位置后单击，完成画线。

3. 作对称图形

1）选择基本曲线的直线图标按钮，更改“两点线”方式为“正交”方式。

2）输入（0，0），拖画一条铅垂的直线。

3）在下拉菜单中选择曲线编辑的镜像图标按钮，用默认的“选择轴线”“拷贝”方式，此时系统提示拾取元素，分别点取刚生成的两条直线与图形左下方的半径为8mm和16mm的同心圆后，右击确认。

4）此时系统又提示拾取轴线，拾取刚画的铅垂直线，确定后便可得到右侧对称的图形。

4. 作长圆孔形

1）选择曲线编辑的平移图标按钮，选用“给定偏移”“拷贝”和“正交”方式。

2）系统提示拾取元素，点取*R*8mm的圆，右击确认。

3）系统提示“X和Y方向偏移量或位置点”，输入（0，−10），表示*X*轴方向位移为0，*Y*轴方向位移为−10mm。

4）用上述作公切线的方法生成图中的两条竖直线。

5. 编辑

1）选择橡皮头图标，系统提示“拾取几何元素”。

2）点取铅垂线，并删除此线。

3）选择曲线编辑的过渡图标按钮，选用“圆角”和“裁剪”方式，输入“半径”值20。

4）依提示分别点取两条与*X*轴夹角为30°的斜线，得到要求的圆弧过渡。

5）选择曲线编辑的裁剪图标按钮，选用“快速裁剪”方式，系统提示“拾取要裁剪的曲线”，注意应选取被剪掉的段。

6）分别点取不存在的线段，便可将其删除掉，完成图形。

5.5.2　轨迹生成及加工仿真

1. 轨迹生成

轨迹生成是在已经构造好轮廓的基础上，结合线切割加工工艺，给出确定的加工方法和加工条件，由计算机自动计算出加工轨迹的过程。下面结合本例介绍线切割加工走丝轨迹生成方法。

1）选择“轨迹生成”命令，在弹出的对话框中，按默认值确定各项加工参数。

2）在本例中，加工轨迹与图形轮廓有偏移量。加工凹模孔时，电极丝加工轨迹向原图形轨迹之内偏移进行“间隙补偿”。加工凸模孔时，电极丝加工轨迹向原图形轨迹之外偏移进行“间隙补偿”。补偿距离ΔR=（d/2）+Z=0.06mm，如图5−55所示。把该值输入到“第一次加工量”，然后单击“确定”按钮确认。

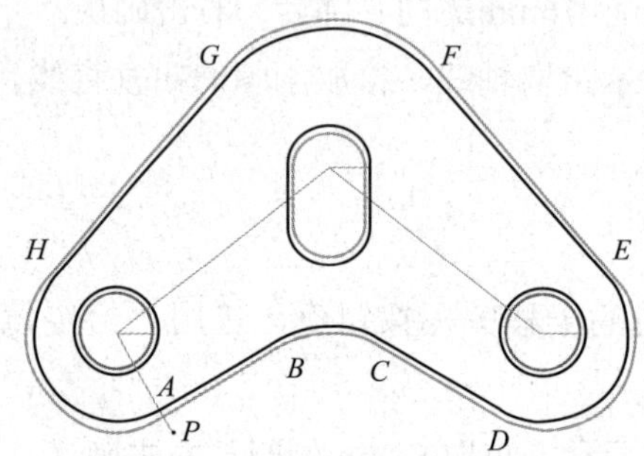

图5−55　实际加工轨迹

3）系统提示“拾取轮廓”。本例为凹凸模，不仅要切割外表面，而且要切割内表面，这里先切割凹模型孔。本例中有三个凹模型孔，以左边圆形孔为例，拾取该轮廓，此时R8mm轮廓线变成红色的虚线，同时在单击的位置上沿着轮廓线出现一对双向的绿色箭头，系统提示“选择链拾取方向”（系统默认时为链拾取）。

4）选取顺时针方向后，在垂直轮廓线的方向上又会出现一对绿色箭头，系统提示“选择切割的侧边”。

5）因拾取轮廓为凹模型孔，拾取指向轮廓内侧的箭头，系统提示“输入穿丝点位置”。

6）按空格键激活特征点捕捉菜单，从中选择“圆心”，然后在R8mm的圆上选取，即确定了圆心为穿丝点位置，系统提示“输入退出点（回车则与穿丝点重合）”。

7）右击或按回车键，系统计算出凹模型孔轮廓的加工轨迹。

8）此时，系统提示继续“拾取轮廓”，按上述方法完成另外两个凹模的加工轨迹。

9）系统提示继续“拾取轮廓”。

10）拾取*AB*段，此时*AB*段变成红色虚线。

11）系统又顺序提示“选择链拾取方向”“选择切割的侧边”“输入穿丝点位置”和“输入退出点”，选择*A*—*B*—*C*—*D*—*E*—*F*—*G*—*H*—*A*的顺序加工，*B*点为顺序起点，此轮廓为外表面，选择加工外侧边，穿丝点调整到模坯之外，取点为*P*（−29.500，−48.178），退出点也选此点。

12）右击或按<Esc>键结束轨迹生成，选择“编辑轨迹”命令的“轨迹跳步”功能将以上几段轨迹连接起来。

2. 加工仿真

拾取“加工仿真”，选择“连续”与合适的步长值，系统将完整地模拟从起步到加工结束之间的全过程。

5.5.3 生成加工代码并传输

1）选择“生成B代码”命令，然后选取生成的加工轨迹，即可生成该轨迹的加工代码。

2）选择“应答传输”命令，系统弹出对话框要求指定被传输的文件（在刚生成过代码的情况下，屏幕左下角会出现一个选择当前代码或代码文件的立即菜单）。

3）选择目标文件后，单击“确定”按钮，系统提示“按键盘任意键开始传输（Esc退出）”，按任意键即可开始传输加工代码文件。

需要注意的几个问题：

1）CAXA线切割的工件几何参数的输入方式，除了交互式绘图外还可以直接读入其他CAD软件生成的图形数据及图像扫描数据。

2）线切割加工的零件基本上是平面轮廓图形，一般不会切割自由曲面类零件。

3）穿丝点位置应尽量靠近程序的起点，以缩短切割时间。加工内孔时，穿丝孔可距离内孔边缘2～5mm处；加工外凸模时，为减小变形，穿丝孔与边缘距离应大于5mm。程序的起点一般也是切割的终点，电极丝返回时必然存在重复位置误差，造成加工痕迹，使精度和外观质量下降，因此程序起点应选择在表面粗糙度值较小的面上。当工件各面表面粗糙度要求相同时，则应选择在截面相交点。对于各切割面既无技术要求的差异又没有异面的交点的工件，则应选择在便于钳工修复的位置上。

4）当拾取多个加工轨迹同时生成加工代码时，系统按各轨迹之间拾取的先后顺序自动实现跳步，与“轨迹生成”和“轨迹跳步”功能相比，用这种方式实现跳步，各轨迹仍然能保持相对独立。

5.6　实例三：文字的线切割自动编程加工

利用CAXA线切割计算机辅助编程软件加工图5-56所示的“中”字的凸形。

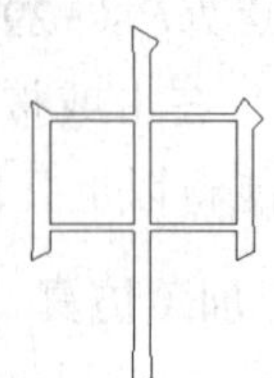

图5-56　加工文字

5.6.1　输入文字

1）在CAXA线切割计算机辅助编程软件中选择“绘图”→“文字”选项，系统提示“指定标注文字区域的第一角点”，选择角点后，系统提示“指定标注文字区域的第二角点”，确定文字区域后，系统弹出相应的对话框，如图5-57所示。

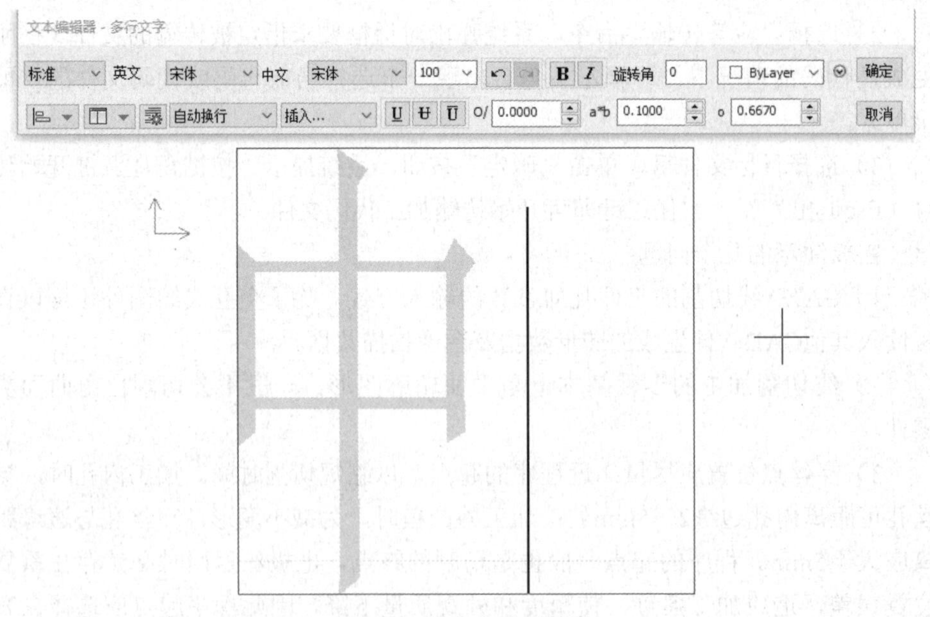

图5-57　输入文字对话框

2）单击设置按钮，系统提示一个设定文字格式的对话框，在对话框中可以确定文字的字体、字高、书写方式、倾斜角等，本例中设定的字体为“仿宋体”。

3）按<Ctrl>键和空格键，可以激活系统汉字输入法（用<Ctrl+Shift>组合键可以切换不同的输入法）。

4）输入汉语拼音“zhong”，按所需汉字前的数字键可选中该字（若所需字不在当前的页面内，用户可用“+”或“−”进行翻页），按回车键，文字将写到文字输入区域。

5）文字输入完成后，按<Ctrl>键和空格键退出中文输入状态，单击“确定”按钮关闭对话框。

5.6.2 生成加工轨迹

1）选择“线切割”→“轨迹生成”命令，在系统弹出的对话框中按默认确定各项加工参数，并单击“确定”按钮。

2）依提示将“第一次偏移量”设为0，则加工轨迹与字形轮廓完全重合。

3）系统提示“拾取轮廓”。

4）单击“中”字轮廓最左侧的竖线，此时该轮廓线变为红色的虚线，同时在鼠标单击的位置上沿轮廓线出现一对双向的绿色箭头，系统提示“选择链搜索方向”（系统默认的是链拾取）。

5）按照实际加工需要，选择一个方向后，在垂直轮廓线的方向上又会出现一对绿色箭头，系统提示“选择切割的侧边”。

6）拾取指向轮廓外侧的箭头，系统提示“输入穿丝点位置”。

7）在“中”字外选一点作为穿丝点，系统提示“输入退出点（回车则与穿丝孔重合）”。

8）单击“调整”按钮或按回车键，系统计算出外轮廓的加工轨迹。

9）此时系统提示“继续拾取轮廓”，并重新输入新的加工偏移量。

10）拾取“中”字内部左侧的“口”形轮廓。

11）系统顺序提示“选择链拾取方向”“选择切割的侧边”“输入穿丝点位置”和“输入退出点”，生成“中”字内部右侧的“口”形轮廓的加工轨迹，仍应选择加工内侧边，穿丝点为内部的一点。

12）单击“调整”按钮或按<Esc>键完成轨迹生成功能，选择“轨迹跳步”功能按提示将以上三段轨迹连接起来。

13）选择“生成B代码”命令生成轨迹的加工代码，假设字高为20mm，则得到如图5-58所示的3B代码。

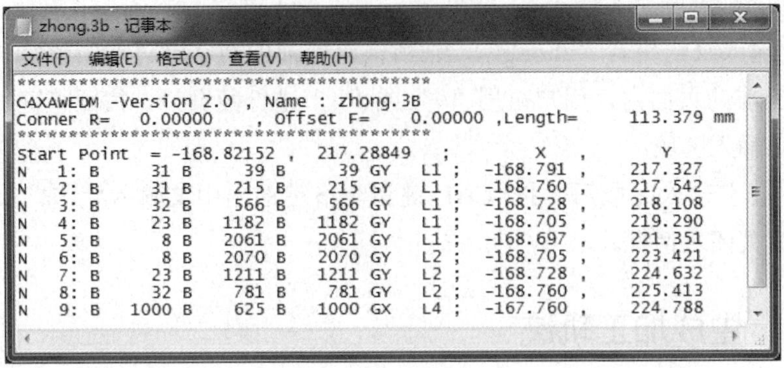

```
zhong.3b - 记事本
文件(F)  编辑(E)  格式(O)  查看(V)  帮助(H)
**********************************************
CAXAWEDM -Version 2.0 , Name : zhong.3B
Conner R=   0.00000     , Offset F=    0.00000 ,Length=     113.379 mm
**********************************************
Start Point   = -168.82152 ,  217.28849    ;          X   ,        Y
N   1: B     31 B     39 B     39 GY   L1 ;  -168.791 ,    217.327
N   2: B     31 B    215 B    215 GY   L1 ;  -168.760 ,    217.542
N   3: B     32 B    566 B    566 GY   L1 ;  -168.728 ,    218.108
N   4: B     23 B   1182 B   1182 GY   L1 ;  -168.705 ,    219.290
N   5: B      8 B   2061 B   2061 GY   L1 ;  -168.697 ,    221.351
N   6: B      8 B   2070 B   2070 GY   L2 ;  -168.705 ,    223.421
N   7: B     23 B   1211 B   1211 GY   L2 ;  -168.728 ,    224.632
N   8: B     32 B    781 B    781 GY   L2 ;  -168.760 ,    225.413
N   9: B   1000 B    625 B   1000 GX   L4 ;  -167.760 ,    224.788
```

图5-58　3B代码

5.6.3　线切割机床加工

将3B代码传输至数控电火花线切割机床，把坯料用夹具压紧固定，并用百分表找正。把钼丝移动至加工点（即生成轨迹操作的穿丝点）进行加工。

5.7　实例四：福娃工艺品的线切割自动编程加工

CAXA CAM线切割系统本身自带位图矢量化功能，但在需要对原图进行修改、图形较复杂或图形颜色多时，其自带的矢量化功能就难以处理了。所以在此之前先使用“Coreldraw X4”软件对图像进行处理。以下以奥运福娃为例，具体说明其设计、加工仿真与实际加工的过程。

5.7.1　图像的前期处理和矢量化

1. 图像的前期处理

北京奥运福娃的原始图形如图5-59所示，此时图片的格式为JPG。打开软件“Coreldraw X4”，将图片导入软件当中进行图像处理，具体操作为：

图5-59 北京奥运福娃的原始图形

1）单击文件(F)→导入(I)。

2）选择要导入的福娃图形文件，单击“导入”。

3）选中图片，通过拖拽或软件左上角的200.0 mm 41.99 mm来更改图片的大小。

4）选中图片，单击工具栏上的位图(B)→编辑位图(E)...。

5）在编辑位图的状态下，单击图像(I)→转换为黑白(1位)(1)...，转换方法通过下拉菜单选择线条图，改变阀值，当轮廓线条都比较清晰且无多余部分时即可，此图当阀值为52左右时符合要求。

6）确定后通过工具栏对转换后的黑白图进行修改，修改完成后，保存，关闭编辑位图的窗口。

7）因为CAXA CAM 线切割软件仅支持BMP、GIF、JPEG、PNG、PCX格式的图片进行导入矢量化，直接对用“Coreldraw X4”处理后的图片进行保存无法满足以上格式要求，用<Ctrl+E>组合键进行导出，导出格式为BMP（注意：选择扩展名为“Windows”，另一种扩展名“OS/2”无法用CAXA CAM 线切割软件打开）。

福娃修正图形如图5-60所示。

图5-60 福娃修正图形

2. 图像的矢量化

打开CAXA CAM 线切割软件，具体操作如下：

1）选中修正图形，单击线切割→图像矢量化 Alt+V。

2）此时在软件界面上显示“图像矢量化”对话框，如图5-61所示。

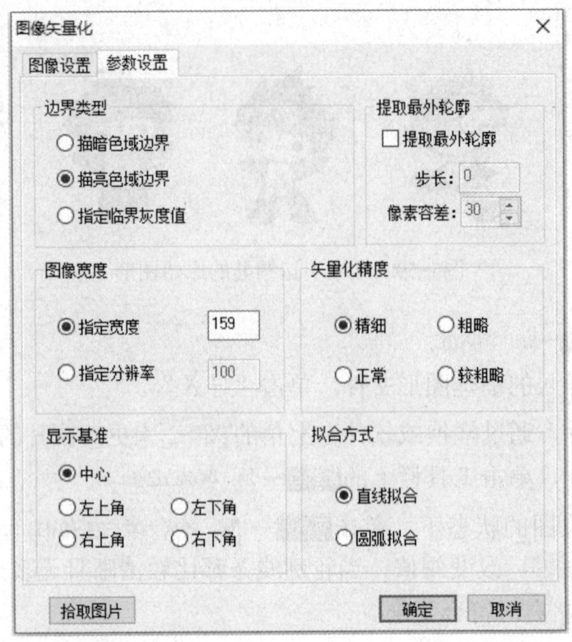

图5-61 “图像矢量化”对话框

参数说明：

① 当图像颜色较深而背景颜色较浅且背景颜色较均匀时选中“描暗色域边界”单选按钮；当图像颜色较浅而背景颜色较深且图像颜色较均匀时选中“描亮色域边界”单选按钮；选中“指定临界灰度值”单选按钮时，背景灰度较为均匀且与图形灰度对比较为明显时，将临界灰度值设为背景的灰度值效果较好，当图形灰度较为均匀且与背景灰度对比较为明显时，将临界灰度值设为图形的灰度值效果较好，默认的情况下系统将取位图灰度值的平均值作为临界灰度。

②“直线拟合”方式产生的轮廓只包含直线段；“圆弧拟合”方式产生的轮廓有直线和圆弧。

③ 通过“指定宽度”调整生成轮廓的大小。

④ 矢量化精度级别分为精细、正常、较粗略、粗略四种，级别越高轮廓的形状越精细，但会造成轮廓出现较多的锯齿，级别越低轮廓的偏差就越大。

通过以上设置方法，并调整参数，多试几次，即可获得较理想的轮廓。

针对图5-60所示修正图形，分别选中“指定临界灰度值”“直线拟合”“指定宽度”“精细”单选按钮，指定宽度为500mm。

3）删除位图后，此时界面上显示的是蓝色的福娃轮廓线条，如图5-62所示。

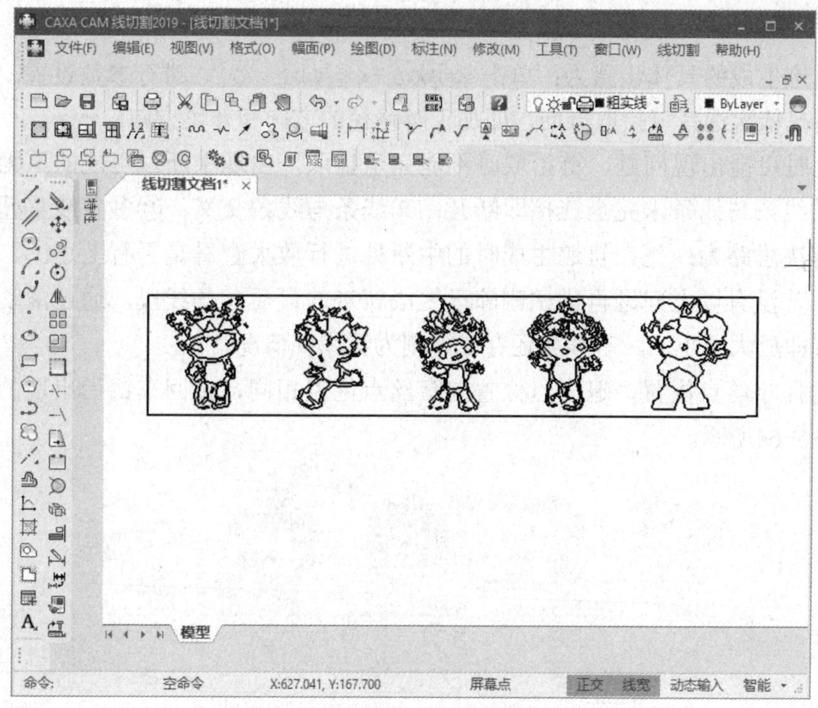

图5-62　矢量化后的福娃轮廓线条

5.7.2　图形的修整与加工轨迹生成

1. 图形的修整

矢量化后的图形是由许多不连续的样条线组成的，不符合线切割的条件。因此要对图形做修整，使其成为一笔画的图形。

具体方法为：矢量化后的图形为黑色线条，选中图形，右击，对线条属性进行修改，改成需要的线条，再通过工具栏中的直线样条对图像线条进行修改，利用等距线将图形中的线条连接起来，形成类似一笔画的封闭图形，如图5-63所示。

图5-63　修整后的福娃图形

2. 轨迹生成

轨迹生成的具体步骤为：单击 线切割(W) → 轨迹生成(G) ，进行参数设置。根据实际情况依次选择链拾取方向，即加工时路径的方向和补偿方向。

此时可能出现问题，链拾取时不能完全拾取，出现中断。可能的原因有三点：①线条与线条未完全连接即断开；②线条与线条交叉；③多条线重叠在一起。解决思路为：先在轨迹生成时的中断处进行放大查看是否有上述①、②点问题，若没有以上问题再尝试删除已生成轨迹的最后一条线段，通过滚动鼠标滚轮（即放大缩小），若线条还存在，则为第③种情况。

选择穿丝点位置，退出点位置与穿丝点位置相同，按回车键后出现的轨迹图如图5-64所示。

图5-64　轨迹图

5.7.3　轨迹仿真与代码生成

1. 加工轨迹仿真

选择菜单栏中的 线切割(W) → 轨迹仿真　Alt+S ，此时软件左下角出现立即菜单，选择默认设置，单击图5-64中的绿色轨迹，系统会出现如图5-65所示的加工过程。

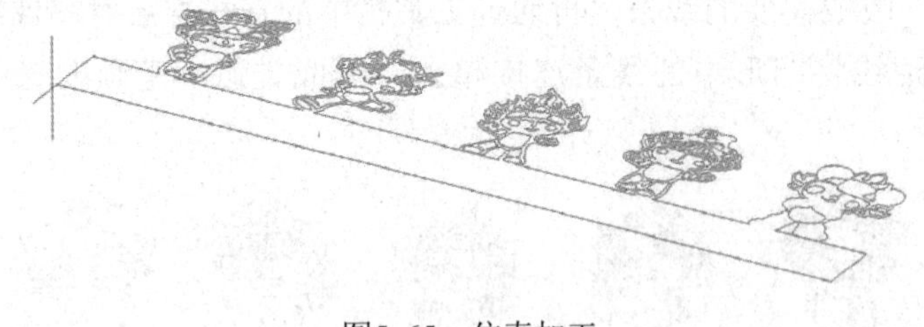

图5-65　仿真加工

2. 代码生成

选择菜单栏中的 线切割(W) → 生成B代码　Alt+B ，如前所述进行设置后保存

代码名为fuwa.3B。生成的3B代码如图5-66所示。

```
fuwa.3b - 记事本
文件(F) 编辑(E) 格式(O) 查看(V) 帮助(H)
****************************************
CAXAWEDM -Version 2.0 , Name : fuwa.3B
Conner R=    0.00000    , Offset F=    0.09000 ,Length=    9843.091
mm
****************************************
Start Point  =  -12.67541 ,   -55.37765    ;        X    ,      Y
N   1: B  42066 B  27511 B  42066 GX   L1 ;     29.391 ,   -27.867
N   2: B      0 B  42854 B  42854 GY   L2 ;     29.391 ,    14.967
N   3: B     90 B      0 B     90 GX  SR2 ;     29.481 ,    15.077
N   4: B  46693 B      0 B  46693 GX   L1 ;     76.174 ,    15.077
N   5: B      0 B    410 B    690 GX  NR4 ;     76.304 ,    15.876
N   6: B    888 B    296 B    888 GX   L2 ;     75.416 ,    16.172
N   7: B     28 B     85 B     35 GY  SR3 ;     75.369 ,    16.207
N   8: B   1524 B   2286 B   2286 GY   L2 ;     73.845 ,    18.493
N   9: B     75 B     50 B     28 GY  SR3 ;     73.833 ,    18.521
N  10: B    508 B   2033 B   2033 GY   L2 ;     73.325 ,    20.554
N  11: B     87 B     22 B     19 GY  SR3 ;     73.322 ,    20.573
N  12: B    253 B   7092 B   7092 GY   L2 ;     73.069 ,    27.665
N  13: B    245 B    491 B    491 GY   L2 ;     72.824 ,    28.156
N  14: B     80 B     40 B     62 GY  SR3 ;     72.818 ,    28.218
N  15: B    505 B   2022 B   2022 GY   L1 ;     73.323 ,    30.240
N  16: B      0 B   2783 B   2783 GY   L2 ;     73.323 ,    33.023
N  17: B     90 B      0 B     22 GY  SR2 ;     73.325 ,    33.045
N  18: B    172 B    689 B    689 GY   L1 ;     73.497 ,    33.734
N  19: B     87 B     22 B     63 GX  SR2 ;     73.560 ,    33.799
N  20: B   2977 B    806 B   2977 GX   L1 ;     76.537 ,    34.605
N  21: B     24 B     87 B    118 GY  SR2 ;     76.648 ,    34.493
N  22: B    353 B   1234 B   1234 GY   L3 ;     76.295 ,    33.259
N  23: B    507 B   4052 B   4052 GY   L3 ;     75.788 ,    29.207
N  24: B      0 B   4304 B   4304 GY   L4 ;     75.788 ,    24.903
N  25: B   1011 B   5052 B   5052 GY   L4 ;     76.799 ,    19.851
第1行，第1列
```

图5-66　3B代码

将3B代码传输至数控电火花线切割机床，把550mm×80mm×3mm的不锈钢钢板用夹具压紧固定，并用百分表找正，把电极丝移动至加工点（即生成轨迹操作的穿丝点）进行加工。

第6章

数控高速走丝电火花线切割加工实训项目

6.1 数控高速走丝电火花线切割机床开机实训

在起动数控高速走丝电火花线切割机床之前，操作者必须仔细阅读所使用机床的《机床使用说明书》和与之配套的《电柜使用说明书》，熟悉机床的机械、电气等部分的工作原理，熟悉机床主要部分的结构，熟悉各操作开关的位置及其作用。

6.1.1 开机前准备

（1）开机前检查　包括外接动力电源连接是否可靠，电柜与机床本体的控制及动力电源的接线是否牢固，电柜外观是否正常等。

（2）机械部位准备　将工作台移动到中间部位，摇动储丝筒，检查拖板往复运动是否灵活，调整左右撞块，控制拖板的合理行程。

6.1.2 起动并检查机床系统各部位状态

合上总电源开关，按下电柜控制面板上的机床电源开关，起动数控系统及机床，具体操作如前所述。

起动机床后，应对机床系统各部位的状态进行检查，以保证机床能在正常的状态下进行工作。一般地，机床系统的检查包括以下内容：

1）显示屏幕是否有数控系统的错误提示信息，若有，应及时进行处理。

2）起动走丝电动机，检查运转是否正常，检查拖板换向动作是否可靠，换向时高频电源是否自行切断；并检查限位开关是否起到停止走丝电动机的作用。

3）进行手控盒、控制面板按钮的操作，检查是否有按键失灵、失效等情况。

4）工作台做纵、横向移动，检查输入信号与移动动作是否一致。

5）检查断丝保护开关是否可靠。

6.2 数控高速走丝电火花线切割加工工件装夹、找正实训

与其他加工方式一样，数控高速走丝电火花线切割加工工件时，需要使工件准确、可靠地安装在机床工作台上，以保证加工出合格的工件。应该注意的是，在装夹工件时，应保证工件的切割部位位于机床工作台纵向、横向进给的允许范围内，不可以超出极限。同时，应考虑好切割时电极丝的运动空间，工作台移动时，不得与丝架相干涉。工装（夹具）应尽可能选用通用工装，所选工装应便于装夹和调整，便于协调工件与机床之间的关系。另外，工件的夹紧力要适当，夹紧力不能太小，以免工件的装夹不可靠。同时，夹紧力也不可太大，以免产生变形，影响加工精度。

6.2.1 工件的装夹

1. 悬臂式装夹

悬臂式装夹是将工件直接装夹在工作台面上或桥板式夹具的刃口上，如图6-1所示。这种装夹方式通用性强、使用方便；但由于工件单端固定，另一端呈悬梁状，因而工件平面不易平行于工作台面，易出现上仰或倾斜，致使切割表面与其上下平面不垂直或不能达到预定的精度。另外，加工中工件受力或切割过程导致应力释放时，装夹位置容易变化，一般当工件的技术要求不高的情况下才能使用。

2. 两端支承方式装夹

两端支承方式装夹是将工件两端固定在工作台面或夹具上，如图6-2所示。这种方法通用性也较强，夹持方便，夹紧力控制均匀，定位简单，精度较高，

一般不适用于较小工件的装夹。

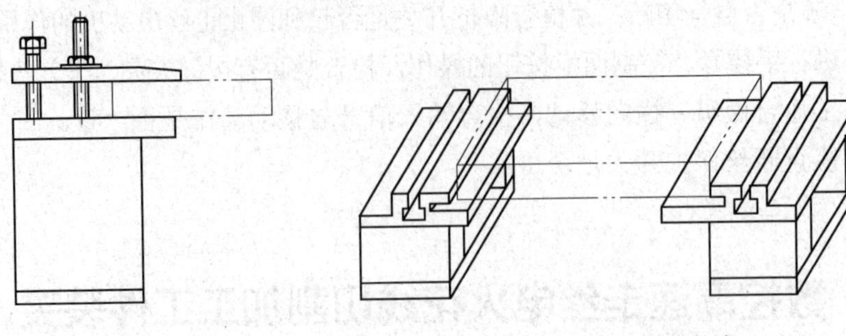

图6-1　悬臂式装夹　　　　图6-2　两端支承方式装夹

3. 桥式支承方式装夹

桥式支承方式装夹是将线切割专用桥板，采用两支承方式架在双端支承夹具上，如图6-3所示。其特点是通用性强，装夹方便，对大、中、小工件都可方便地进行装夹，特别是带有相互垂直的定位基准面的夹具，使侧面具有平面基准的工件可节省找正等工序。

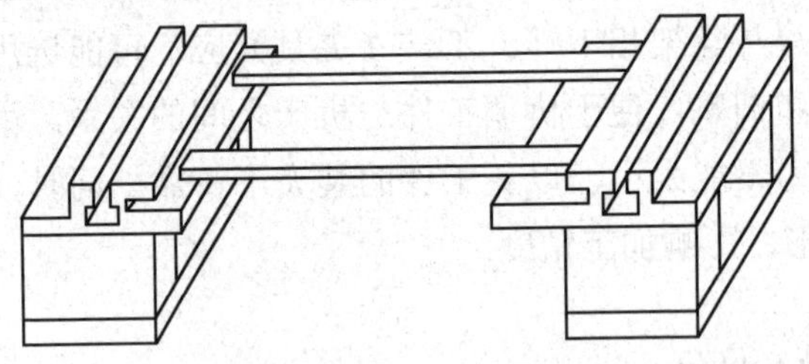

图6-3　桥式支承方式装夹

4. 板式支承方式装夹

板式支承方式装夹是根据常用的工件形状和尺寸，采用有通孔的支承板装夹工件，如图6-4所示。这种装夹方式定位精度高，安装使用方便，装夹效率高，适用于常规生产和批量生产。

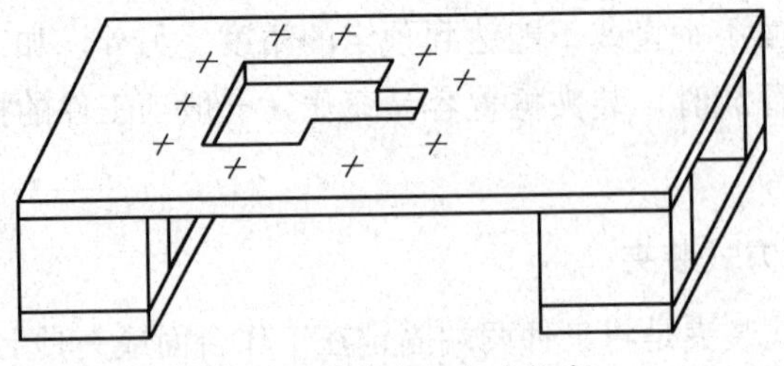

图6-4　板式支承方式装夹

5. **复式支承方式装夹**

复式支承方式装夹是在桥式夹具上再固定专用夹具而成，如图6-5所示。这种装夹方式可以很方便地实现工件的成批加工，能快速地装夹工件，因而可以节省装夹工件过程中的找正等辅助时间。

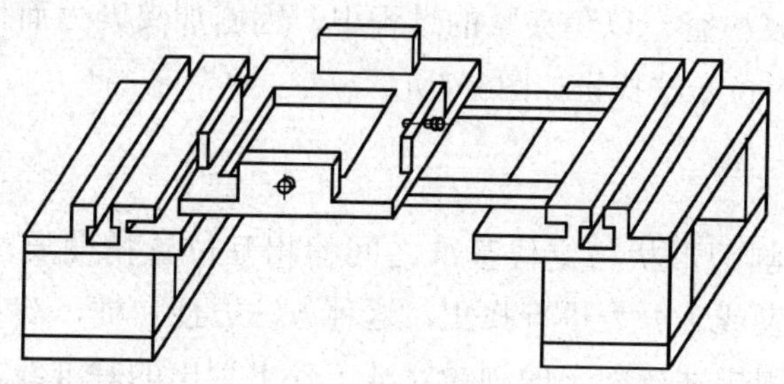

图6-5 复式支承方式装夹

6. **磁性夹具装夹**

采用磁性工作台或磁性表座夹持工件，如图6-6所示。这种装夹方式是依靠磁性力来装夹工件的，不需要压板和螺栓进行压紧，操作调整迅速简便、通用性强，应用范围广。

另外，对于特殊形式的工件的加工，如轴类工件、需精确分度类工件、螺旋回转类工件的加工，可根据加工要求采用V形块夹具、分度头夹具以及专用夹具进行加工，这里不一一详述。

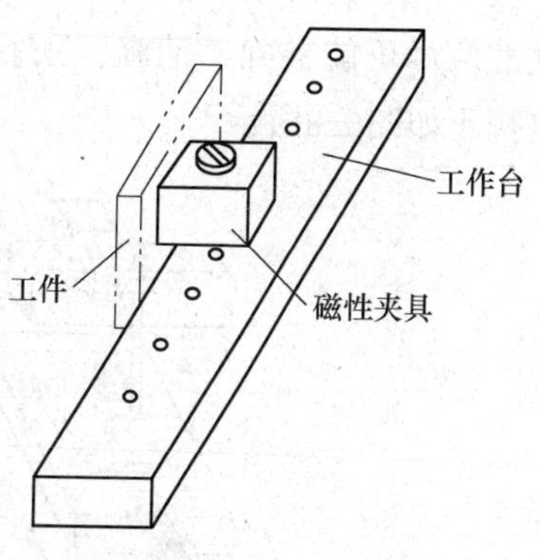

图6-6 磁性夹具装夹

6.2.2 工件的找正

装夹工件时，在夹紧工件之前，应先对工件的位置进行找正，使工件的定位基准面分别与机床工作台的进给方向保持平行，以保证所切割的表面与基准面之间的相对位置精度。常用的找正方法有拉表法、划线法和固定基准面靠定法。

1. **拉表法**

所谓拉表法即使用百分表或千分表进行找正，找正时，用磁力表座将百分表或千分表固定在丝架或其他相对于工作台不动的位置上，并确保固定可靠。

使表的测头与工件需找正的表面接触，往复移动工作台，按表的示数（指示值）调整工件的位置，直到工件被调整到准确的位置，满足加工要求为止。一般地，找正应该在纵向、横向和垂直方向三个方向来进行。应该注意的是，所选择的找正面应准确可靠，不精确的找正面影响找正精度。另外，在夹紧工件后，还应重新拉表检查，以免夹紧的过程中，因施加夹紧力而使找正好的工件的位置发生改变。拉表法找正如图6-7所示。

2. 划线法

当工件需切割的形状与定位基准之间的相互位置精度要求不高时，可采用划针代替百分表或千分表进行找正，这种方法方便快捷，容易上手。具体操作过程为：利用固定在丝架上的划针对准工件上划出的基准线，往复拉动工作台，目测基准线与划针之间的偏离情况，将工件调整到合理的位置。使用划线法进行找正的时候，应该注意：工件的基准面应尽可能清洁、无毛刺；所划的基准应尽可能准确、清晰；所打的样冲孔用力不能太大，且用力要均匀。划线法找正如图6-8所示。

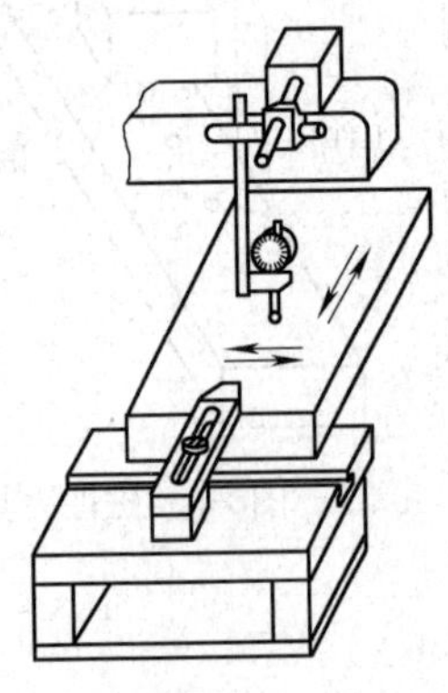

图6-7　拉表法找正

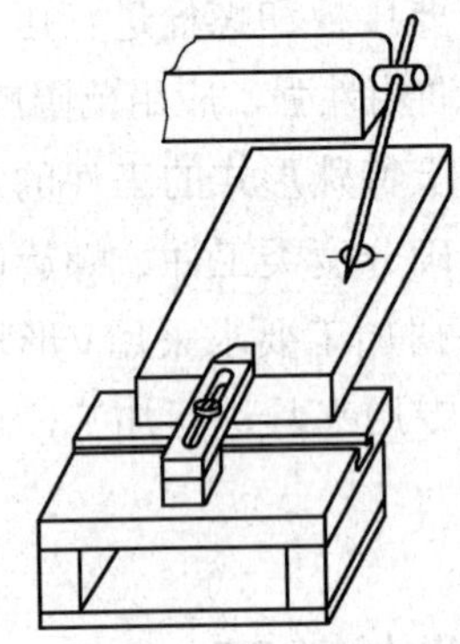

图6-8　划线法找正

3. 固定基准面靠定法

固定基准面靠定法是利用通用或专用夹具纵横方向的基准面，经过一次找正后，保证基准面与机床相应坐标方向一致，并稳定可靠地装夹于机床上。此时，具有相同加工基准面的工件可以直接安装定位，进行加工。应该注意的是，该方法在使用一段时间后，应及时检查，如果定位基准面定位误差超过规定值，必须及时调整，以保证其定位精度。这种方法适用于批量工件的加工，如图6-9所示。

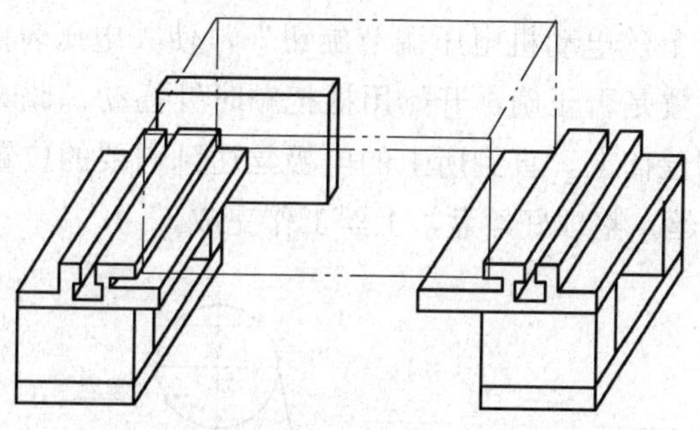

图6-9　固定基准面靠定法找正

6.3　数控高速走丝电火花线切割加工电极丝安装实训

前面已经对电极丝的材料、规格与选用做过介绍。在工作中，机床的走丝机构带动电极丝以一定的速度进行运动，完成对工件的加工。电极丝的上丝、穿丝以及调整是数控高速走丝线切割机床操作的一个重要环节，它直接影响到工件加工的效率和加工质量。所以，对线切割机床的上丝、穿丝以及电极丝的调整应熟练掌握。不同厂家生产的电火花线切割机床的型号、结构形式不同，上丝、穿丝等方法会有所不同，但操作方法大同小异，需要大家在实践过程中掌握其要领。

6.3.1　电极丝的安装

电极丝的安装过程实际上就是将电极丝从丝盘缠绕到储丝筒上（上丝），然后，按照要求再将电极丝正确安装（缠绕）到走丝系统（穿丝）并调整储丝筒行程的过程。也就是说，电极丝的安装包括上丝、穿丝和调节三个步骤。

1. 上丝

在上丝前，先将储丝筒用摇把转动，使其移动到右端，根据需上丝的多少，目测使上丝的位置对准过丝槽中心，然后将电极丝通过上丝导轮引到储丝筒右端紧固螺钉处压紧。如图6-10所示。打开储丝筒控制面板上的“上丝电动机开关”，调节“上丝电动机电压调节旋钮”，使其电压表的指示值在60V左右，检查电极丝位置是否正确，开始用摇把顺时针摇动，此时，电极丝便以一定的张力缠绕在储丝筒上，直到所上的电极丝达到需要的位置。关闭上丝电动机开关，剪断电极丝，整理好丝盘，上丝工作完成。

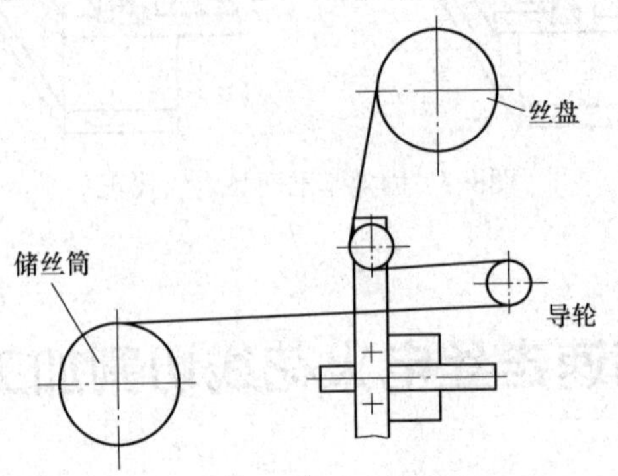

图6-10　上丝示意图

在上丝过程中，上丝所对准的位置越靠近储丝筒上右端的螺钉，电极丝就可以上得较满（多）。一般来说，根据实际加工需要，决定上丝的多少。上丝越多，加工过程中反复换向的次数就越少，加工稳定性也好，效率就高。但是一旦断丝，浪费的电极丝就越多；上丝越少，加工过程中反复换向的次数就越多，电动机及其相关零件加速损坏，加工稳定性不高。对于熟练操作者来说，选择的距离为20mm左右。另外，在上丝过程中，用手摇动摇把的力和摇动速度要均匀，这样，电极丝缠绕在储丝筒上的力就均匀，电极丝排列也均匀，否则，电极丝易产生重叠现象，加工时带来不便。

2. 穿丝

在穿丝时，首先将配重滑块移动到最前端并固定，将电极丝依次绕过走丝机构各导轮及导电块，最后绕回储丝筒端，用螺钉固定。取下配重滑块固定销钉，反绕储丝筒几圈，穿丝完成。注意，电极丝经过导轮后要从储丝筒下方绕回，电极丝要与途经的导电块良好接触，不可卡入里面的螺钉上。

3. 调节

安装电极丝的调节步骤主要是换向块位置的调节和电极丝张力的调节。如图6-11所示，调节换向块时，首先松动换向块，将储丝筒往回摇动5mm（轴向）左右，将左边的换向块移动对准左面的无触点感应开关，拧紧换向块。起

动储丝筒，使其移动到右端，距离右端丝位置5mm左右时停止，再将右端换向块移动到无触点感应开关处对准，拧紧换向块。由于无触点感应开关位置不便由目测确定，可通过走丝观察左右换向位置处丝的多少，微调一下换向位置，保证换向时不冲出储丝筒的限位即可，这样可以最大限度地利用电极丝。

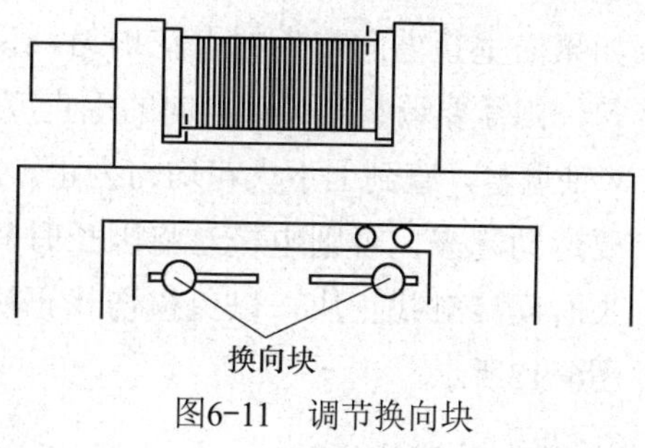

图6-11 调节换向块

电极丝张力的调节可在调整换向位置后进行，调节过程最好采用手动方式。左手从储丝筒一段开始转动摇把，同时右手拉动配重滑块，拉动的力稍大于配重力。绕到电极丝的另一端，此时，电极丝在拉力的作用下塑性伸长，伸长的长度一般为20～100mm，此时可达到最好的张力状态，使得电极丝在运动时不产生振动和变形。然后，将电极丝绕到紧固的端头，拉紧电极丝，使配重滑块尽量向前，重新固定电极丝，剪掉多余的部分，绕回到正常工作位置，电极丝张力调节完成。此调节过程应该注意的是，拉力不可以太大，以免拉断电极丝，拉力的大小需在实践中去体会。另外，在新电极丝工作一段时间后，由于电极丝塑性逐渐释放，电极丝工作长度不断伸长，需要随时观察并调节其张力，以使电极丝达到最佳的张力工作状态。

6.3.2 电极丝垂直度的找正

在工作中，电极丝是否与工作台垂直将直接影响着电火花线切割加工的精度。在新机床投入使用时以及线切割机床工作一段时间后，需定期对电极丝相对于工作台的垂直度进行找正。常用找正的方法有两种，即找正块找正和找正仪找正。

1. 找正块找正

用找正块找正是生产实际中常用的方法，这种方法操作简单，效率高，容易掌握。其缺点是找正的精度不高。所采用的找正块有六方体找正块、圆柱体找正块等，一般由机床生产厂家提供。在找正之前，先目测电极丝的垂直度，如果明显不垂直，调节*U*、*V*轴，使电极丝与工作台尽量垂直。然后把找正块稳定地安装在工作台面上，起动储丝筒并上脉冲电压，移动工作台，使电极丝慢慢沿*X*方向或*Y*方向靠近找正块，直到开始产生火花。用肉眼观察产生的火花，如果沿垂直方向产生的火花均匀，说明电极丝垂直度良好。如果上下火花不均匀，则需要调整。*X*轴方向的垂直度通过*U*轴进行调整，*Y*轴方向的垂直度通过*V*轴调整，直到上下火花均匀为止。应该注意的是，在调整过程中，电极丝一定要运动起来，否则电极丝将因长时间局部放电引起断丝。另外，电极丝不可以长时间接触找正块，以免损伤找正块表面，使其失去找正功能。找正块找正如图6-12所示。

2. 找正仪找正

找正仪找正精度较高，操作也较方便快捷。找正仪是由测量头和指示灯构成的仪器，当电极丝与测量头接触时，指示灯就会亮。它的灵敏度较高，支座一般由大理石或者花岗岩制成。与找正块找正过程类似，在找正仪找正时，使电极丝缓慢靠近测量头，如果电极丝垂直度好，则上下指示灯同时亮。如果不垂直，则上下指示灯不能同时亮，此时需要调整，调整方法与上述找正块调整方法相同。找正仪找正如图6-13所示。

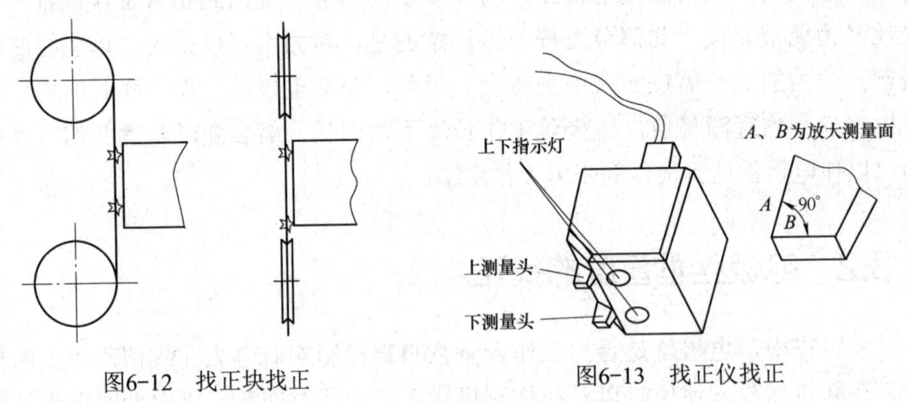

图6-12 找正块找正　　图6-13 找正仪找正

6.4 数控高速走丝电火花线切割加工电极丝定位实训

数控高速走丝电火花线切割加工中，在程序启动之前，数控系统并不知道电极丝位于被加工工件的相对位置。只要程序一启动，数控系统将驱动电极丝从其所在位置按照程序规定的路线进行加工，而不管加工的位置是否符合规定的要求。也就是说，数控系统与工件之间的正确位置关系在加工之前必须建立起来，这就是电极丝的定位，或称为确定加工起始点。电极丝的定位非常重要，目的在于保证所切割的部分与工件总体有一个符合要求的、正确位置关系。

6.4.1　电极丝的定位方式

确定电极丝位置的方法有目测法、火花法和自动找正法（接触感知法）。

1. 目测法

所谓目测法就是对于加工要求较低的工件，在确定电极丝与工件基准的相互位置时，可以直接用肉眼观测或借助放大镜来确定电极丝相对于工件的位置，并根据所观测的实际情况，移动工作台使电极丝处于加工最佳位置。如图6-14所示，利用穿丝孔划出的十字基准线，在*X*、*Y*轴两个方向对准孔的中心，此时的坐标值即为电极丝中心的位置。

2. 火花法

火花法是依据电极丝与工件直接轻微接触（一定间隙）时产生的电火花来确定电极丝的位置的。如图6-15所示，移动工作台使电极丝接近工件的基准面，当开始出现火花时，记下工作台的相对应坐标值，从而确定电极丝中心的坐标位置。利用火花法确定电极丝位置时，由于开始产生的放电间隙与正常切割条件下的放电间隙不同，会产生定位误差。另外，定位基准面由于存在污渍、毛刺等，也会降低定位精度。

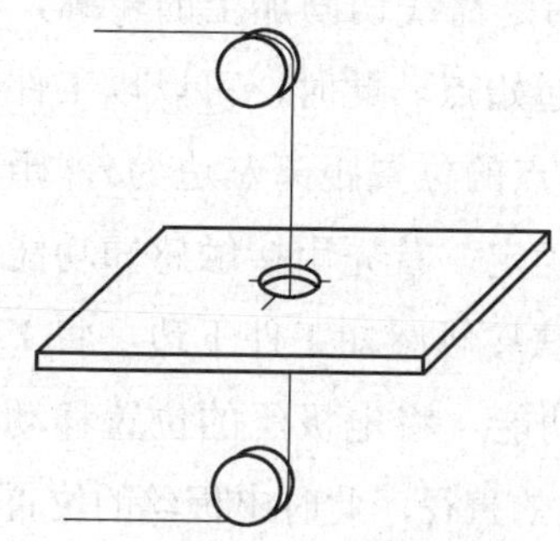

图6-14　目测法定位电极丝的位置

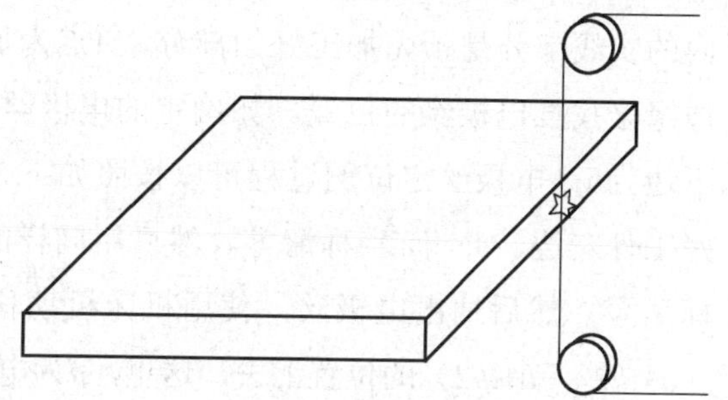

图6-15　火花法定位电极丝的位置

3. 自动找正法

自动找正法也称接触感知法，是利用机床自带的接触感知功能，根据电极

丝与工件之间的短路信号，来确定电极丝的中心位置。操作时，使电极丝在系统的控制下沿某一方向（找某一向位置时）或者自动沿 X、Y 轴两个方向接触工件（找穿丝孔中心时），当电极丝接触到工件的时候，机床自动停止移动，并记录下当前的坐标值，从而确定电极丝中心的坐标位置。尤其是自动找中心时，机床自带找中心控制程序，首先让电极丝在 X 或 Y 方向与孔壁接触，然后在另一方向重复上述动作，从而确定孔的中心位置，其动作过程如图6-16所示。这种方法简便易行，找正精度较高，效率高。使用接触感知法要注意的是，穿丝孔或找正的基准面一定要清洁，不能有污渍或毛刺等存在，以免影响找正精度。另外，在加工穿丝孔时，一定要保证穿丝孔规则，圆度、与基准面的垂直度要高。

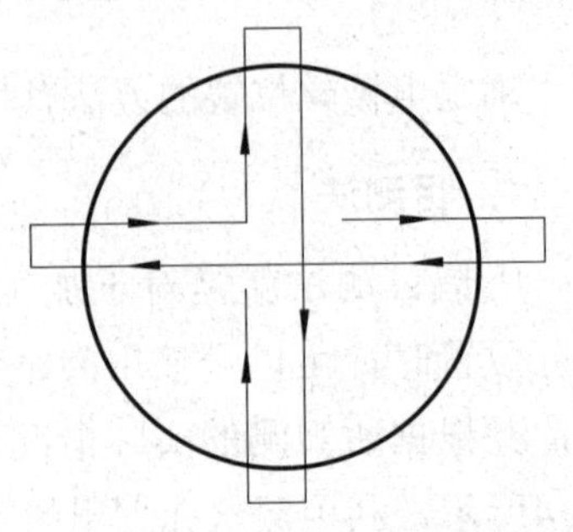
图6-16　自动找正法

6.4.2　电极丝定位的操作方法

1. 通过工件边缘确定电极丝的位置

如图6-17所示，当加工工件有预先加工好的部位，且该部位与拟用数控高速走丝线切割机床加工的部分有较高的位置要求时，预先加工好的部位是以边缘定位加工的。图6-17中，双点画线表达的是需线切割加工的轮廓，框内的实线部分是预先加工好的部分，A 点为加工起始点。此时，可以以工件的边缘来找准电极丝的位置。如确定的电极丝起始点的位置距离左边为 a，距离下边为 b，电极丝定位的过程可以按照如下方法确定。首先用接触感知功能找好工件左边，并将 X 坐标清零，然后用同样的方法接触感知工件下边，将 Y 坐标清零。然后抽出电极丝，使用机床机动移动功能，将电极丝的位置移动到（$a+d/2$，$-b+d/2$）的位置上去，这里，d 为电极丝的直径，此时电极丝的位置即是规定的起始点的位置。

此方法对于型腔与工件边缘有较高精度的位置要求，且预留的加工部分不规则情况尤为实用。对于加工坯料余量不大，或者在一块坯料上加工多个工件，且需节约材料的情况下，应用本方法可以得到较好的效果。

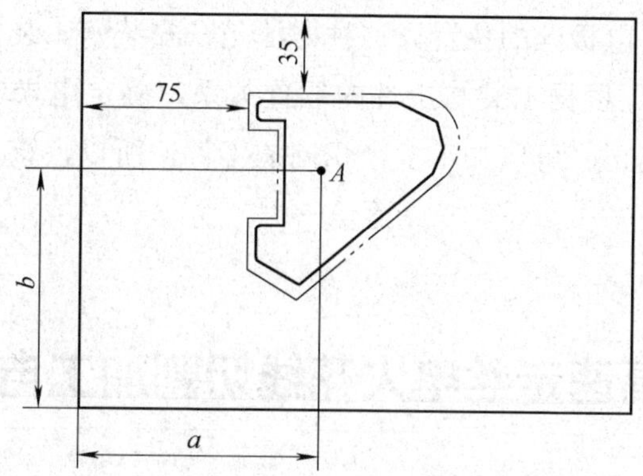

图6-17 通过工件边缘确定电极丝的位置

2. 通过找穿丝孔中心确定电极丝的位置

当加工工件为型腔，且与工件的其他部位有较高位置精度要求时，或者完成内部型腔与外形的加工只通过一次装夹时，可以通过精确预加工穿丝孔，并以穿丝孔为基准，确定电极丝的位置。此时可以应用自动找正方法，确定电极丝的位置，并作为起始点进行编程加工，这样可以较好地确定电极丝的位置。如图6-18所示工件的加工，先用自动找中心，确定加工*A*部分的起始点。*A*部分加工完成后，将电极丝抽出，按照预定的*B*部分起始点的位置，应用机床机动移动功能，将电极丝移动到*B*部分起始点的位置进行加工，这样就能较好地保证所加工的两部分或多部分的位置精度。

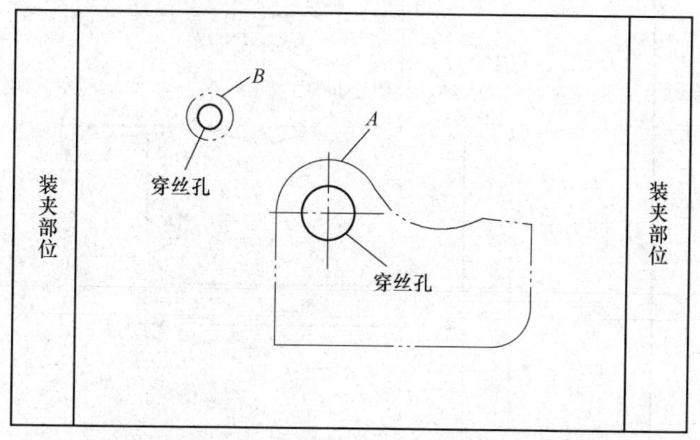

图6-18 通过找穿丝孔中心确定电极丝的位置

3. 通过间接找正的方法确定电极丝的位置

所谓间接找正即电极丝不直接找正工件，而是通过找正工件工装（夹具、胎具）的位置确定电极丝的位置。这种方法是在安装好工装之后，找正工装的*X*、*Y*方向的位置，根据工装与工件的位置关系，确定电极丝起始位置，也就是说，通过一次找正，可以加工多个相同的工件，所以，该找正方法一般适用于批量加工情况。

6.5　数控高速走丝电火花线切割加工自动编程实训

下面，以图6-19所示的凹模零件图为例，介绍应用CAXA CAM线切割2019自动编程系统的操作过程。该凹模外形尺寸以及凹模凸形在工件上的位置如图6-19所示，工件的高度尺寸（厚度）为50mm。

分析：由于是凹模零件，刃口的精度要求较高，加工时所采用的钼丝（电极丝）直径为0.18mm，精度选择为0.02mm；另外，电极丝的进给方式应从坯料的内部出发，也就是说必须事先加工出穿丝孔，为了方便作图、编程与实际操作，这里选择在编程坐标系中的（10，25）点为穿丝孔点，该点为圆弧*R*10mm的圆心；由于拟采用桥式支承方式装夹，若切割方向没有特殊要求，则可以选择顺时针方向进给。

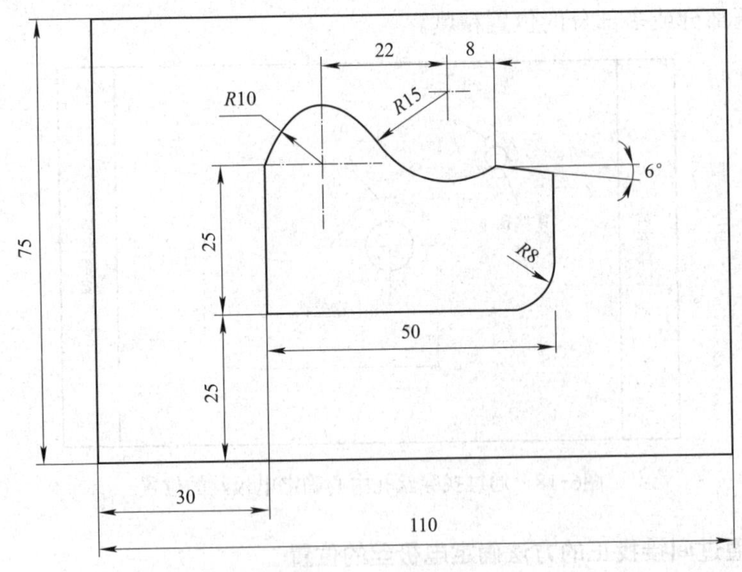

图6-19　凹模零件图

6.5.1 加工图形的绘制或打开已绘制的图形

启动CAXA CAM线切割2019自动编程系统，绘制零件图。可以按照前述方法进行零件图的绘制，这里不再重复。选择打开文件的方式，选择已绘制的零件图形。选择主菜单中的“打开文件”命令，选择文件“凹模.wdm”，如图6-20所示。此时，已绘制好的工件图出现在CAXA CAM线切割2019自动编程的绘图功能区。

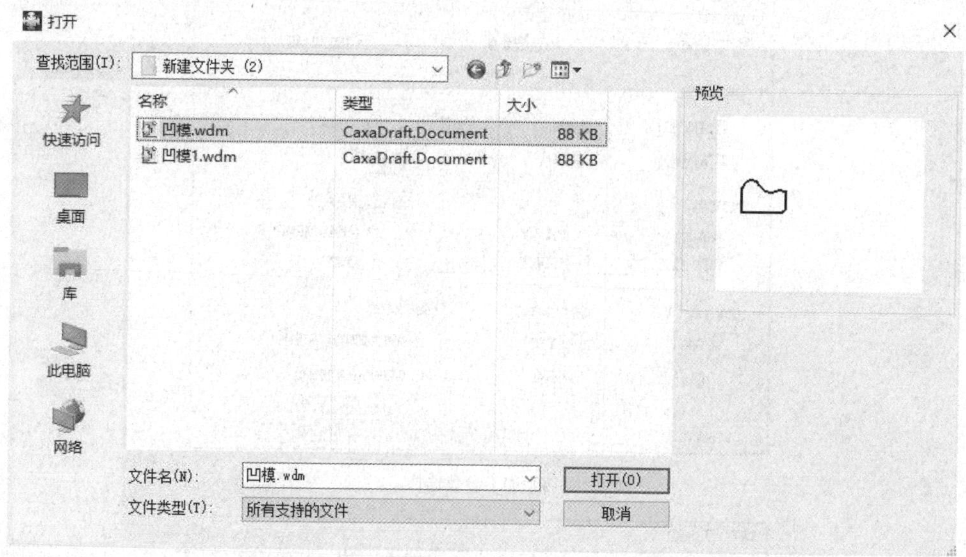

图6-20 打开文件

6.5.2 加工轨迹的生成

1. 加工参数确定

选择主菜单“线切割”中的“轨迹生成”命令，此时弹出“线切割加工（创建）”对话框，根据加工要求，选择加工参数。“切入方式”中，选择“指定切入点”；“加工参数”中，“轮廓精度”文本框中输入“0.02”，“切割次数”文本框中输入“1”，由于是一次垂直加工，“支撑宽度”默认为“0”，“锥度角度”文本框中输入“0”；“拐角过渡方式”中，选择“尖角”；“样条拟合方式”中，选择“圆弧”；“补偿实现方式”中，选择“轨迹生成时自动实现补偿”，如图6-21a所示。随后选择偏移量、坐标系（默认世界坐标系）、刀具参数进行相应参数设置，也可应用默认设置。最后打开“几何”选项卡，选取轮廓曲线，穿丝点和切入点，单击相应的要素会进入图形界面，轮廓曲线通过鼠标左键选择，穿丝点和切入点可以通过鼠标左键进行点选，也可以通过坐标输入进行选择。每项设置完毕后，右击或按回车键，便可自动弹回设置对话框，如图6-21b所示，单击“确定”按钮完成轨迹生成。

a）加工参数选择

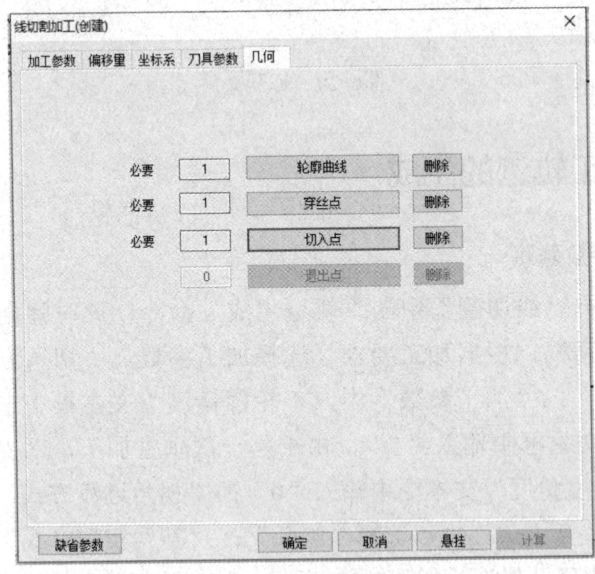

b）几何选择

图6-21 “线切割加工（创建）”对话框

2. 拾取轮廓

按照状态栏中的提示，选择工件的轮廓，注意，此时系统要求的是选择工件的第一段加工曲线，操作者应该按照加工的要求选择相应的第一段加工曲线，这里选择直线段25。

3. 加工方向的选择

拾取轮廓后，此时绘图区提示操作者选择加工方向，单击向上的蓝色箭头，选择顺时针方向，如图6-22所示。

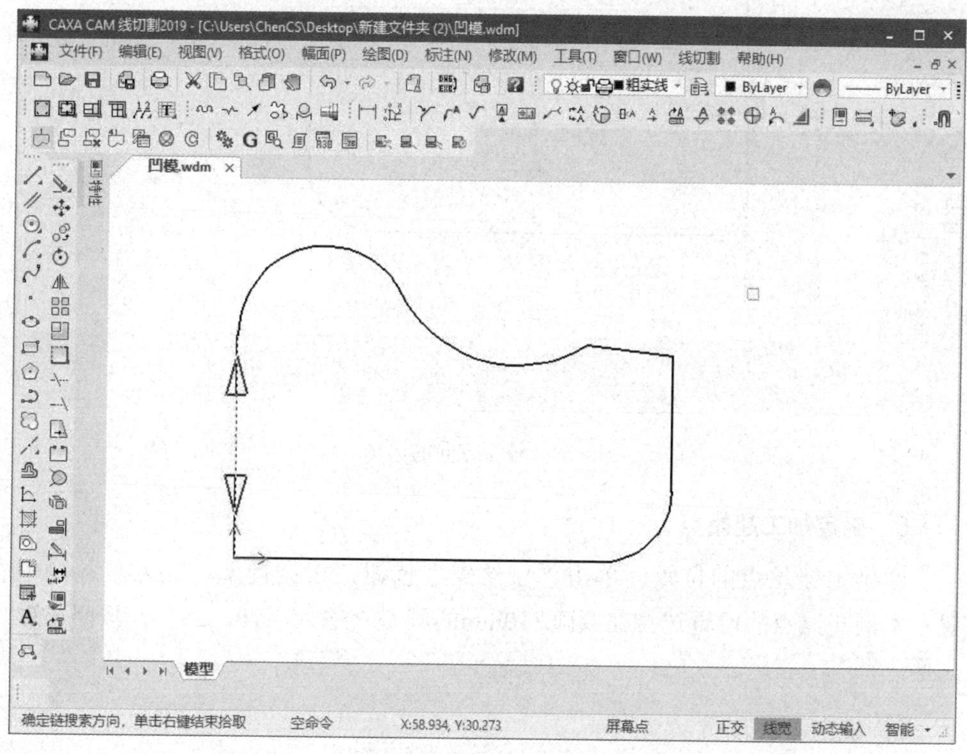

图6-22　加工方向的选择

4. 补偿方向的选择

加工方向确定后，绘图区将提示操作者选择电极丝补偿方向，即偏置方向。由于是凹模加工，考虑到电极丝的直径以及放电间隙的存在，将影响到加工精度，这里选择向内部补偿（偏移），单击向右的蓝色箭头，如图6-23所示。

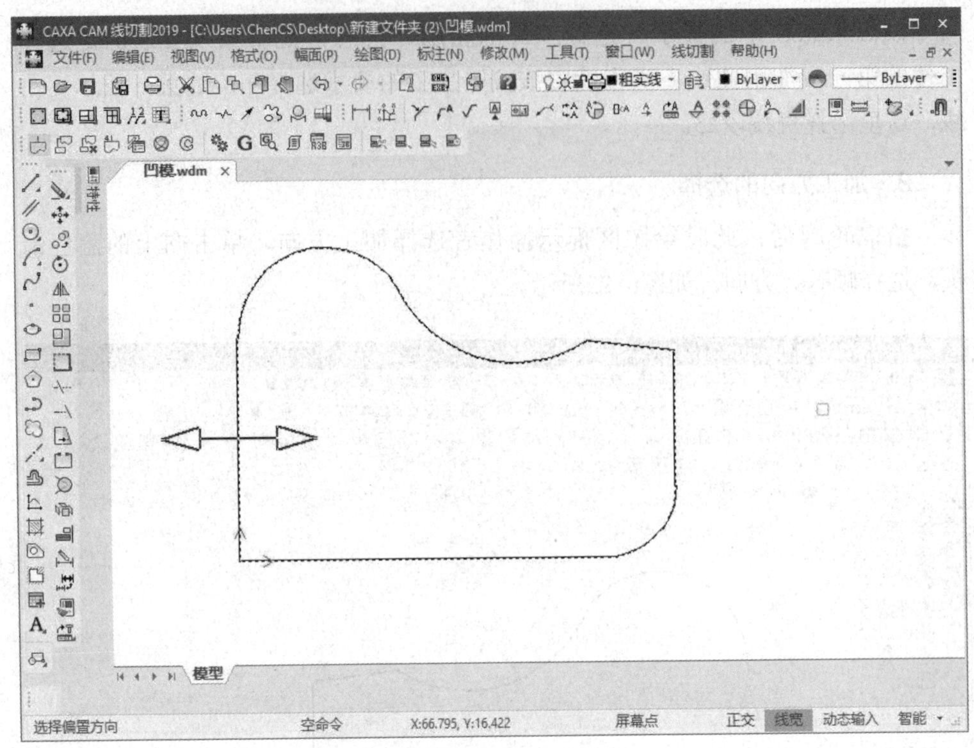

图6-23　补偿方向的选择

5. 确定加工起始点

即确定穿丝点的位置，单击“穿丝点”按钮，根据提示，输入穿丝点位置，本例穿丝点的位置选择在圆弧*R*10mm的圆心，输入“10，25”，按回车键确定。

6. 确定退出点

一般地，在高速走丝电火花线切割加工中，对于一次加工退出路径与进刀路径相同，加工起始点确定后，退出点与穿丝点重合。而且在加工参数选项卡中，退出点定义方式也默认选择了“与穿丝点相同”，此处不用设置。

7. 切入点的确定

单击“切入点”按钮，本例选择（0，25）点为切入点，输入“0，25”，按回车键，自动跳转“线切割加工（创建）”对话框，单击“确定”按钮，此时，绘图功能区则出现生成好的加工轨迹，如图6-24所示。

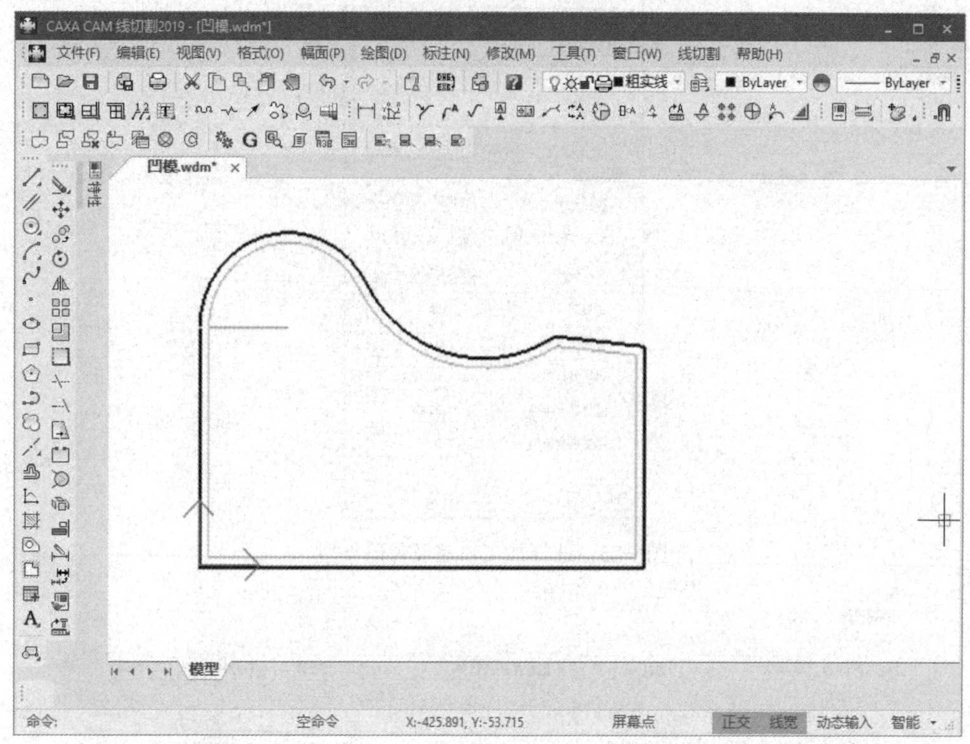

图6-24　系统生成的加工轨迹

6.5.3　加工代码的生成

1. 加工文件命名及选择存储路径

打开“线切割”主菜单，选择“生成B代码”命令，此时系统弹出“生成B代码”对话框，单击“拾取”按钮，系统自动返回画图界面，用鼠标左键选取此前生成的加工轨迹，右击或按回车键确定，即自动返回“生成B代码”对话框，选择代码类型为“3B代码”，文本格式为“指令校验格式”，其他相关信息用默认值，也可根据要求设置，然后单击“后置”按钮，如图6-25所示。

2. 查看、命名并保存所生成的3B代码

系统此时出现“创建代码”对话框，可查看自动生成的3B代码，命名文件并选择相应的存储位置，单击“确定”按钮，加工代码生成完毕，如图6-26所示。

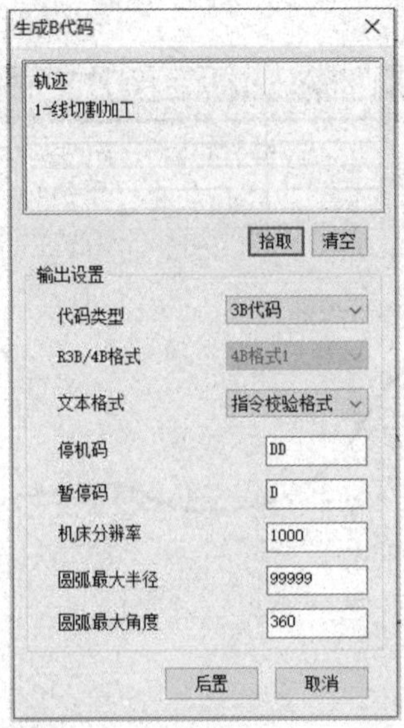

图6-25　选择加工轨迹及代码类型

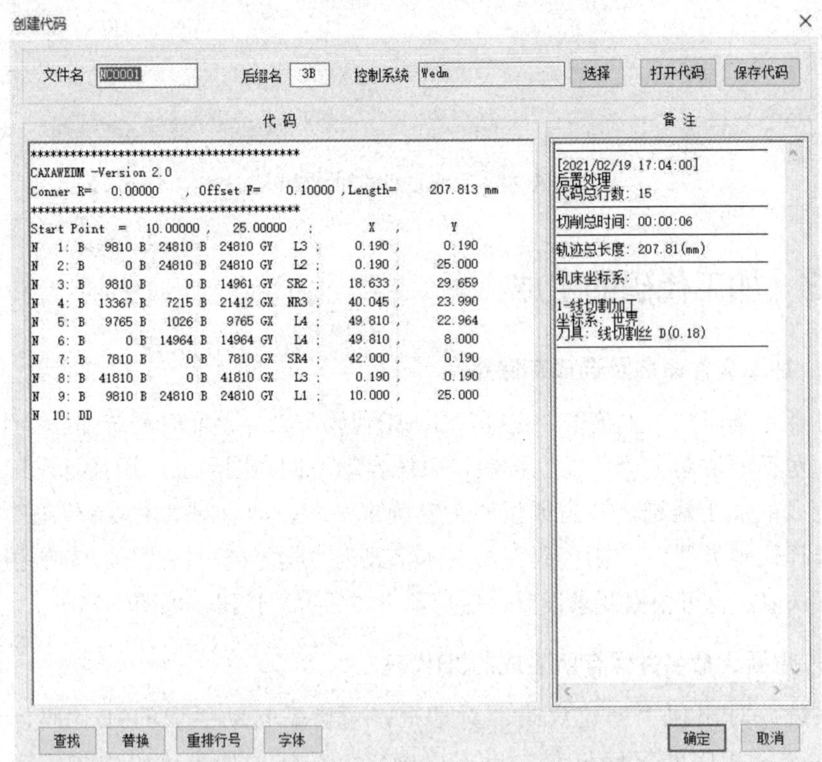

图6-26　生成的加工代码

6.6 数控高速走丝电火花线切割加工实训

通过分析工件的加工要求与工艺特点，确定工件在高速走丝电火花线切割机床上的装夹方式、电极丝进给方式以及运动轨迹，通过手工编程或者自动编程的方法编制工件的加工程序，接下来就是工件的切割工作即加工运行。本节主要介绍加工运行中加工程序的准备与检查、加工参数的选择、加工中常见的问题及处理方法、加工完成后的相关操作等。

6.6.1 加工程序的准备与检查

数控高速走丝电火花线切割是通过加工程序来控制机床进行加工的，在加工之前必须编制好加工程序。前面已经介绍了手工编程与自动编程的方法，只需将编制好的加工程序通过存储设备复制到机床硬盘（机外编程）或者直接从机床的硬盘中调入（用机床自带的自动编程软件编程）当前控制系统中。调入的加工程序一般需经过适当的修改后才能成为最终加工程序，这些修改包括设置偏移方向及偏移量、锥度加工的设置等。

一般地，在执行加工命令之前，需对调入的加工程序进行检查。检查的目的有以下三个方面：一是检查所编制的程序是否有错误指令；二是检查所编制的程序能否符合工件的加工要求；三是检查在实际运行中工件坯料的安装位置是否在机床有效加工范围内等。检查的方法一般有两种：一种是屏幕模拟，也称为加工预演，即屏幕显示图形的加工过程，系统不输出任何控制信号；另一种是实际模拟，也称为仿真运行，即在不安装电极丝、不开高频、不走丝、不开工作液泵、不发脉冲的情况下，根据程序实际的行走轨迹模拟运行。这种运行方式常用来判断装夹工件的位置是否合理，是否撞限位等。此时，机床不带任何负载，进给速度较快，在很短的时间里就能完成整个加工过程的模拟。

6.6.2 电加工参数的选择

电加工参数的选择实际上是对机床的脉冲电源进行加工参数的配置，脉冲电源的电参数选择是否得当，对加工工件的表面粗糙度、精度及切割速度等工艺指标起着决定性的作用。电参数与加工工件技术工艺指标的关系是：脉冲宽度增加、脉冲间隔减小、脉冲电压幅值增大（电源电压升高）、峰值电流增大（功率晶体管增多）都会使切割速度提高，但表面质量和精度则会下降；反之，则可减小表面粗糙度值和提高加工精度。随着峰值电流的增大，脉冲间隔减少、频率提高、脉冲宽度增大、电极丝损耗增大。

一般情况下，数控高速走丝电火花线切割机床在加工时，脉冲电源的单个脉冲放电能量较小。单个脉冲放电能量的大小除受工件表面粗糙度要求等工艺指标的限制外，还受电极丝允许承载放电电流的限制。要获得小的表面粗糙度值，每次放电的能量不能太大。表面粗糙度要求不高时，单个脉冲放电能量可以取大些，以便得到较高的切割速度。

电火花线切割机床的生产厂家一般都会随机床系统提供一份电加工参数，供操作者参考，在实际工作中，更多的是由操作者根据自己的经验以及机床电源的实际情况，选择合适的加工参数。

（1）要求切割速度高时　当脉冲电源的空载电压高、短路电流大、脉冲宽度大时，则切割速度高。但切割速度和表面粗糙度的要求是互相矛盾的两个指标，所以，必须在满足表面粗糙度的前提下才能追求较高的切割速度。

（2）要求表面质量好时　要使单个脉冲能量小，也就是说，脉冲宽度小、脉冲间隔适当、峰值电压低、峰值电流小。

（3）要求切割薄工件时　如工件厚度为20～60mm，表面粗糙度Ra值为1.6～3.2μm，脉冲电源的电参数可在如下范围内选区：

脉冲宽度：4～20μs。

脉冲间隔：60～80μs。

功率晶体管数：3～6只。

加工电流：0.8～2A。

切割速度：15～40mm^2/min。

随着参数的改变，表面粗糙度值将改变。

（4）要求切割厚工件时

1）脉冲宽度（ON）和脉冲间隔（OFF）的选择，一般在1:10以上。例如ON=25，OFF=250。

2）功率晶体管数（IP）的选择，开始加工时，管数（IP）要小，一般为4～6只，电流为2～2.5A，待电极丝与工件完全放电后，管数（IP）可以增加到7～9只，电流可达3～3.5A。加工完后到退刀线时，管数又改为4～6只，以免因电流过大而引起断丝。

3）伺服电压（SV）、进给速度（SP）的选择：一般情况下，伺服电压（SV）为0～2，进给速度（SP）为1～3。开始加工，若跟踪不稳定，可将SP设定为1。管数增加时，可将SP适当增加，以提高加工效率。

4）乳化液的选择：一般配比为1:10（或根据乳化液使用说明）。用DX-1型乳化液切割时，表面粗糙度相对较差，但不容易断丝；用DX-4型乳化液切割时，表面粗糙度好，但电极丝损耗较大，相对而言较易断丝。

6.6.3 加工中常见的问题及处理方法

1. 加工中电极丝断丝的原因与处理方法

在电火花线切割加工中，断丝是最常见的问题之一。断丝的原因有以下几个方面：高频参数选择不当，峰值电流过大产生断丝；导轮松动或破碎，轴承损坏等导致电极丝在运丝系统中运转不畅而产生断丝；导电块损耗过大，电极丝切入导电块内部引起夹丝而产生断丝；加工中由于工件应力释放，导致夹丝而产生断丝等。

断丝后需处理的问题包括三个方面：①及时查找造成断丝的原因并消除；②储丝筒上剩余丝的处理，如果断丝点在储丝筒接近两端位置，则将剩余少的那部分从储丝筒上移除，并按照正确的安装电极丝的方式重新绕丝，启用机床的断点加工功能继续加工；③穿丝的问题，如果工件上断丝的位置加工的缝隙不是很小，可以原地进行穿丝，如果原地穿丝不易实现，则可以用机床移动的方式将工作台移动到加工起始点进行穿丝，注意退回加工起点时一定要用“快速定位”功能，不要用手控盒移回零位，然后再进行原轨迹加工，或者根据实际情况选择反向切割对接。

2. 加工中短路产生的原因与处理方法

在电火花线切割加工中，由于短路的出现而使加工不能正常进行也是经常出现的情况。在这种情况下，机床一般都有“短路回退”功能自行解决短路问题，但是有些情况下，“短路回退”功能解决不了由于工件应力变形夹丝产生的短路等问题，而使得长时间的回退引起停机，加工不能继续进行。引起短路的原因有：电蚀产物不能及时排出加工区域、工作液污染严重、工件变形夹丝、工件材料内部杂质等。

解决由于短路引起的不能继续进行加工的方法有以下几个方面：一方面，使用煤油或者洗涤剂等冲洗短路部位，排出电蚀产物；如果工作液太脏，及时更换工作液。另一方面，如果由于工件变形夹丝而引起的短路，可以在加工的过程中，在已加工的缝隙中塞入合适的薄片，已防止切割缝隙变小而夹丝。

3. 机床找中心时出现问题的原因与处理方法

在工作中，找中心的功能是经常被用到的。在找中心过程中经常出现："找中心"不准确，误差太大；"找中心"不能完成或将电极丝拉断等问题，使得加工起始点的定位不准确。产生这些问题的原因是：由于电极丝上、孔内有脏物、毛刺等，或者由于脏物太多，机床在接触感知时，没有完全离开就已经记录了接触次数，计算机认为次数已到而停止移动。或由于与电极丝接触的导轮、导电块太脏，对中信号受到干扰，发出的信号错误，或不能接收信号，都会导致无法实现找中心，或一直移动不能停机而将电极丝拉断。

为了避免找中心时出现问题，在使用"找中心"功能时要注意：

1）在"找中心"前要找正电极丝，保证电极丝与工件内孔母线平行。

2）保证工件内孔无毛刺、脏物，若工件内孔太粗糙也会影响找中心功能和准确性。

3）电极丝上无脏物，导电块要擦洗干净，保证与机床本体的绝缘。

4）保证电极丝有足够的张力，不能太松。

5）检查上、下支承导轮支承是否可靠，导轮有无松动、轴向窜动等。

6）"找中心"的移动速度要适当，不能发生"闷车""丢步"等不正常现象。

另外，机床要经常擦拭，保持清洁。

6.6.4　加工完成后的相关操作

1. 清理

加工完成后，要及时对机床进行清理。清理工作包括：拆除用过的工装并擦拭干净，按指定地点存放；清理、擦干工作台面，擦拭机床外表面；工作液的清理。

电火花线切割工作液的清理尤为重要，线切割机床工作时因其工作特性，产生的电蚀物和工作液会有一部分粘附在机床运丝系统的导轮、导电块上和机床工作台内，应注意及时将导轮、导电块和工作台内电蚀物清除，尤其是导轮和导电块应保持清洁，否则加工时会引起电极丝的振动，如果电蚀物沉积过多，还会造成电极丝与机床短接，不能正常切割。加工一段时间后，会有电蚀物沉积在工作液箱内，应注意每次更换工作液时，需清洗工作液箱的内腔，方

法如下：先拆去工作液箱下侧的堵头（注意不要弄丢上边的密封垫，否则影响其防漏效果），放掉已经脏了的工作液，然后将一定浓度的清洗剂（餐具清洁用），用干净棉丝浸泡后擦洗工作液箱内腔及各过滤网，用清水冲洗一遍，然后就可拧紧堵头，注入干净的工作液。

2. 关机

数控高速走丝电火花线切割机床的关机方式一般有两种，硬关机和软关机。所谓硬关机即直接按下关机按钮或者按下急停按钮，直接切断机床电源，这种方法一般在加工中出现异常情况或者危险情况下使用。软关机是通过控制系统实现的关机，在操作面板中按照屏幕提示，进行相关的操作进入关机状态，经确认后，系统自动关机。

第7章

数控高速走丝电火花线切割加工实例

7.1 环形片零件的数控高速走丝电火花线切割加工

7.1.1 环形片零件简介

数控电火花线切割机床因其适合于模具加工、复杂工件加工、贵重金属的下料以及新产品的试制等，得到了广泛的应用。特别是在新产品试制的过程中，一些关键零件需通过模具制造而获得，而模具加工本身周期长且成本高，如果试制中需要经过多次修改，将增加试制成本、延长试制时间、延误产品上市时机。而采用电火花线切割机床直接切割加工零件，可以缩短试制周期、降低试制成本。

如在研制或试制某种电机产品时，电机的硅钢片定子或转子铁心的加工就属于上述情况。如图7-1所示为某型号电机定子铁心，铁心材料为硅钢，厚度一般为0.2～0.5mm，常规加工方式为冲压加工，这种形式的工件一般称为环形片零件。在试制阶段可以采用线切割加工方式进行加工。一般地，薄片零件在高速走丝线切割加工时存在抖动、变形等问题，使得加工中容易断丝，加工后工件的精度和表面质量也不能满足要求，所以，这类零件需采用一些特殊的线切割工艺方法进行加工。这里，以电机定子铁心环形片零件为例，介绍这类工件的电火花线切割加工方法。

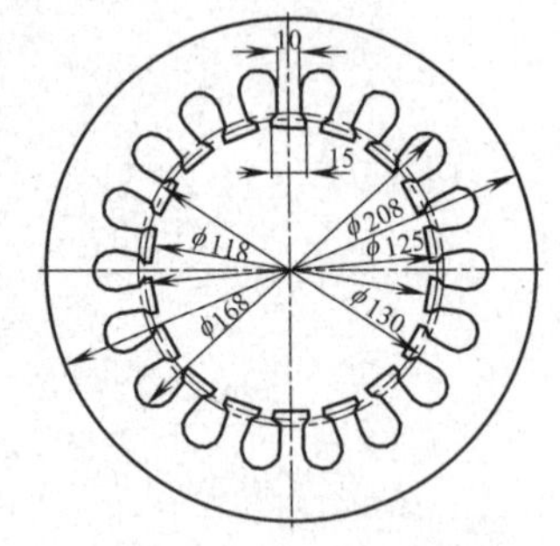

图7-1 电机定子铁心

7.1.2 环形片零件线切割加工工艺分析

由图7-1可以看出，环形片零件一般由内、外两个部分图形构成，且有较高

的同心度要求，在加工内外形状的时候，应事先加工好穿丝孔，起始点位置需要满足一定的精度要求。另外，应首先加工内部形状，以免先加工好的外形给装夹带来不便。

由于薄片零件在高速走丝线切割加工时易产生变形、断丝等问题，在装夹工件的时候，一定要保证装夹的强度和稳定性，可以考虑将多个坯料重叠，用合适的方式将它们固定在一起，即可以增加强度，保证加工质量，也可以一次加工多个工件，提高加工效率。根据加工经验，一般情况下，应用高速电火花线切割加工工件的厚度为40～60mm时，能取得较高的加工速度和较好的加工表面质量。

在内部或外部形状即将加工完成的时候，注意最后一段曲线切割完成之前，应暂停加工，采用合适的措施避免切割的落料直接落下，砸伤丝架或者引起断丝。另外，在加工过程中需采取适当措施，避免因工件变形引起夹丝、断丝和短路等状况的出现。

一般环形片零件的内部或外部形状较复杂，各曲线连接点精度要求高，手工编程难以达到所需精度，编程工作量大，应采用合适的自动编程软件进行编程。

7.1.3 环形片零件线切割加工准备

1. 工件准备

根据以上分析，按照工件加工要求剪裁数片平直硅钢片坯料用钢板夹紧，下面夹板的两侧应比铁心坯料长30～50mm，以便装夹。夹板的上下平面一般需经过磨削加工，以保证装夹可靠。夹紧的位置根据环形片形状而定，既要可靠装夹，又不能影响切割加工。由于硅钢片之间有绝缘层，在准备工件的时候应使得硅钢片孔与夹紧螺栓接触良好，或者在夹紧的硅钢片侧面用锡焊焊一根铜丝，以保证加工时导电良好。然后，根据加工穿丝孔的位置要求，划线加工出穿丝孔，并清理毛刺及污物。准备好的工件坯料如图7-2所示。

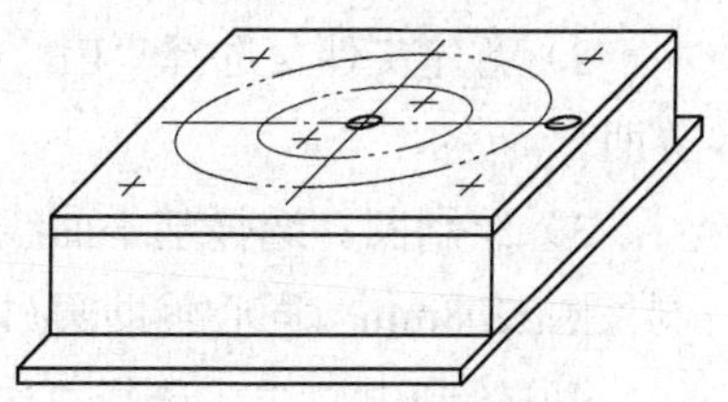

图7-2 准备好的工件坯料

2. 工件装夹

将准备好的工件坯料以桥式支承方式装夹，如图7-3所示。由于工件为环形（不存在内外图形方位要求），所以机床坐标系与编程坐标系的一致性要求不高，工件安装在工作台面的中间位置用一对压板压紧，采用划线法对工件进行找正，找正后，再用压板压紧工件。

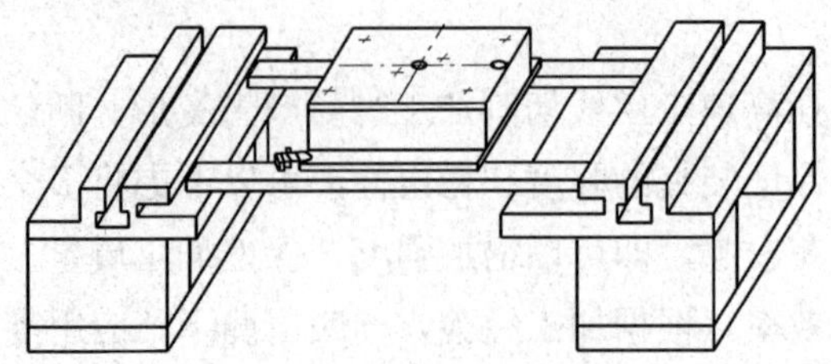

图7-3　工件坯料的安装

3. 安装电极丝

按照前面介绍的方法安装电极丝，因为先加工内部的图形，电极丝应从工件坯料中心的穿丝孔进行安装，检查电极丝是否在导轮槽中，与导电块接触是否良好，松紧度（电极丝张力）是否合适。应该注意的是，在安装电极丝前先要找正电极丝的垂直度。

7.1.4　环形片零件加工程序的编制

对于简单的加工图形，可以采用手工编程方法进行加工程序的编制，但对于像环形片这类复杂图形的加工程序，最好采用自动编程的方法进行编制。这里应用CAXA CAM线切割2019自动编程系统进行编程。

1. 绘制图形

1）打开CAXA CAM线切割2019自动编程系统。

2）新建文件，选择“EB”，单击“确定”按钮，系统进入线切割加工绘图界面。

3）绘制圆。选择基本曲线，选择“圆”命令，圆心输入“0，0”，分别绘制外圆ϕ208mm，同心辅助圆ϕ168mm、ϕ130mm、ϕ125mm、ϕ118mm。

4）绘制中心线。选择“中心线”命令，选择ϕ208mm圆弧，屏幕出现圆的中心线，如图7-4所示。

5）选择“直线”命令，绘制直线段，采用“两点线”，输入第一点“0，0”，第二点“-5，0”，按回车键。然后在“立即菜单”中依次选择“连续”“正交”“点方式”，移动光标向Y轴正方向，超过ϕ168mm后，单击确定。

6）选择“直线”命令，绘制直线段，采用“两点线”方式，第一点在屏幕选

择ϕ118mm圆弧与中心线Y轴正方向的交点，单击确定，然后在“立即菜单”中依次选择“连续”“正交”“长度方式”并输入长度“7.5”，按回车键，移动光标向X轴负方向，单击确定。移动光标向Y轴正方向，超过ϕ125mm后，单击确定。

7）选择“直线”命令，绘制直线段，采用“两点线”方式，第一点在屏幕上选择刚才的直线段与ϕ125mm的交点，第二点选择距离Y轴为5mm的直线段与ϕ130mm的交点，单击确定。注意，这里在“立即菜单”中选择“非正交”方式。至此，绘制的基本图形线段如图7-5所示。

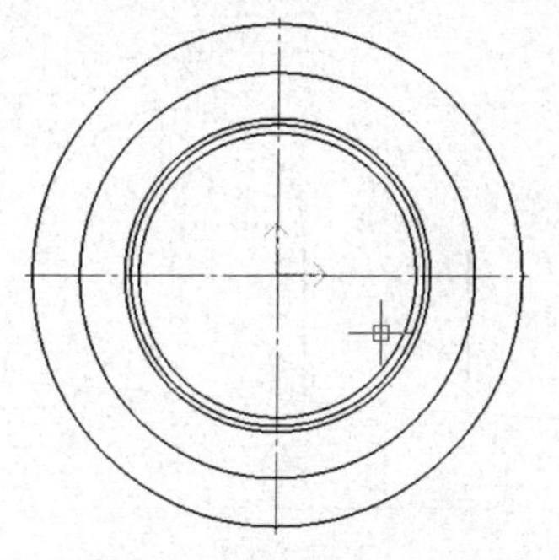

图7-4 绘制圆及中心线

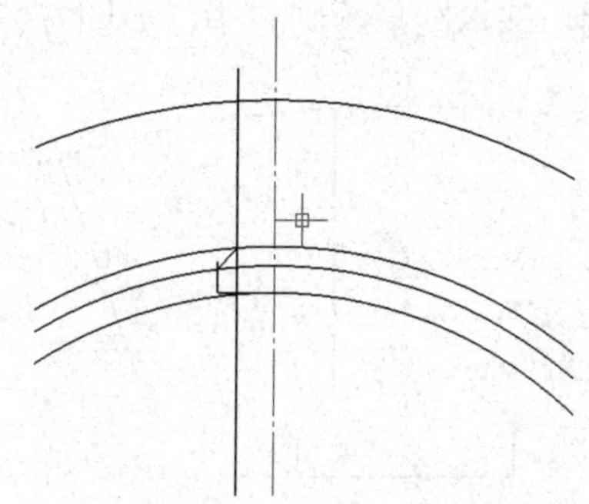

图7-5 绘制的基本图形线段

8）为了作图清晰，擦除ϕ130mm、ϕ125mm、ϕ118mm辅助圆和在X轴上的5mm线段。

9）选择“曲线编辑”命令，修剪多余的线段，如图7-6所示。

10）选择“曲线编辑”→“镜像”命令，按照状态栏提示，拾取添加所有的直线段，右击选择结束，按照提示选择Y轴为镜像轴线，镜像完成，如图7-7所示。

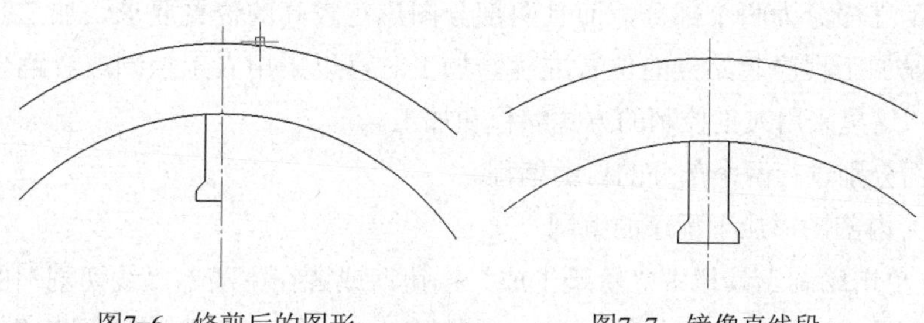

图7-6 修剪后的图形　　图7-7 镜像直线段

11）选择“旋转”命令，按照状态栏提示，旋转欲旋转的元素，这里单击Y轴左侧距离Y轴5mm的直线段，右击选择结束，按照提示输入基点“0，0”，按回车键，然后按照提示，输入旋转角度“-360/18”，按回车键确定。

12）绘制连接圆弧。选择基本曲线，选择“圆弧”命令，在立即菜单中选择“三点圆弧”，分别选择三点与两端直线段及ϕ168mm圆相切。选择的方法是，按空格键启动工具点菜单选项，选择“相切”，或者直接按<T>键，也是选择相切的快捷方式。此时连接圆弧绘制完毕，如图7-8所示。

13）删除ϕ168mm辅助圆，选择“曲线编辑”→“裁剪”命令，修剪掉多余的线段。选择“选择”命令，将前面旋转的直线段转回。方法是，根据提示选择旋转目标，基点选择“0，0”，旋转角度输入“360/18”，按回车键确定。

14）选择“过渡”命令，将各个线段交点处用半径为R1mm的圆弧进行裁剪。至此，基本图形绘制完毕，如图7-9所示。

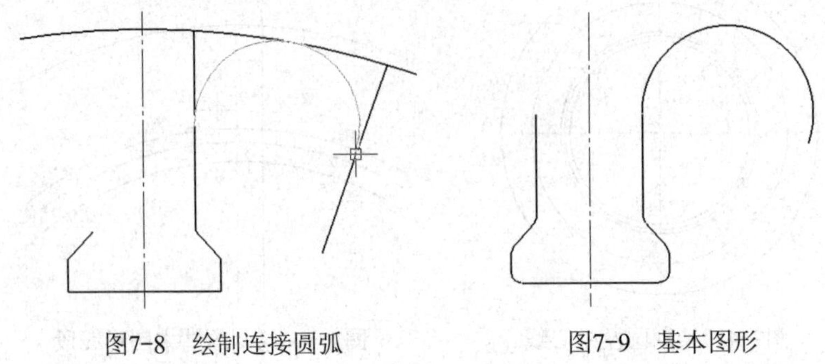

图7-8　绘制连接圆弧　　　　图7-9　基本图形

15）选择“阵列”命令，按照提示将所绘制基本图形全部拾取添加，右击结束选择，在立即菜单中依次选择“圆形阵列”“旋转”“均布”，输入份数“18”，中心点输入“0，0”，按回车键，工件图形绘制完毕。

2. 自动编程

本工件的加工分为两个部分，即内部图形的加工和外部图形的加工，也就是说加工程序分为两个部分，而且两部分图形有较高的位置要求，加工时必须保证两段加工程序起始点的位置准确。加工时可以采用人工控制或者跳步模方式实现，这里采用人工控制的方式编程和加工。

下面分别进行两个部分的自动编程。

（1）内部图形加工程序的编制

1）单击绘制工具栏中“轨迹生成”按钮，或者在主菜单“线切割”的下拉菜单中选择“轨迹生成”命令，弹出“线切割加工（创建）”对话框，“切入方式”中，选择“指定切入点”；“加工参数”中，“轮廓精度”文本框中输入“0.02”，“切割次数”文本框中输入“1”，由于是一次垂直加工，“支撑宽度”默认“0”，“锥度角度”文本框中输入“0”；“拐角过渡方式”中，选择“尖角”；“样条拟合方式”中，选择“圆弧”；“补偿实现方式”中，选择

“轨迹生成时自动实现补偿”，如图7-10所示。

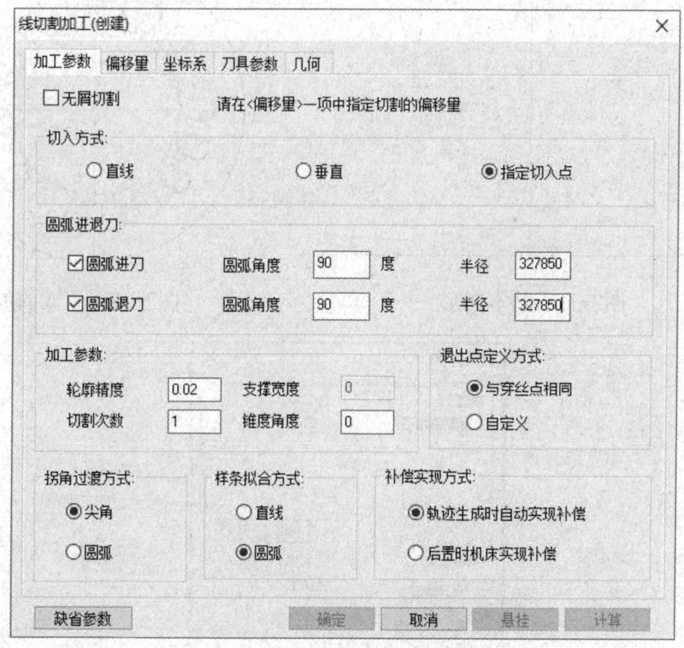

图7-10　轨迹生成加工参数选择

2）选择偏移量、坐标系（默认世界坐标系）、刀具参数进行相应参数设置，也可应用默认设置。最后打开“几何”选项卡，选取轮廓曲线，加工方向选顺时针，选择穿丝点和切入点，单击相应的要素会进入图形界面。轮廓曲线通过单击选择，补偿方向选择向内的方向，穿丝点输入“0，0”，如图7-11所示。完成设置后单击“确定”按钮，此时，自动编程系统将加工轮廓显示在绘图区，如图7-12所示。

3）在主菜单“线切割”的下拉菜单中选择“生成B代码”命令，此时系统出现“生成B代码”对话框，单击“拾取”按钮，系统自动返回画图界面，单击选取此前生成的加工轨迹，右击或按回车键确定，即自动返回“生成B代码”对话框，选择代码类型为“3B代码”，文本格式为“指令校验格式”，其他相关信息用默认值，也可根据要求设置，然后单击“后置”按钮，如图7-13所示。系统此时出现“创建代码”对话框，可查看自动生成的3B代码，命名文件并选择相应存储位置，单击“确定”按钮，内部图形加工程序编制完毕。

（2）外部图形加工程序的编制　外部图形加工程序的编制过程与内部图形加工程序的编程过程完全一样，这里不再详细说明，读者可自行练习。

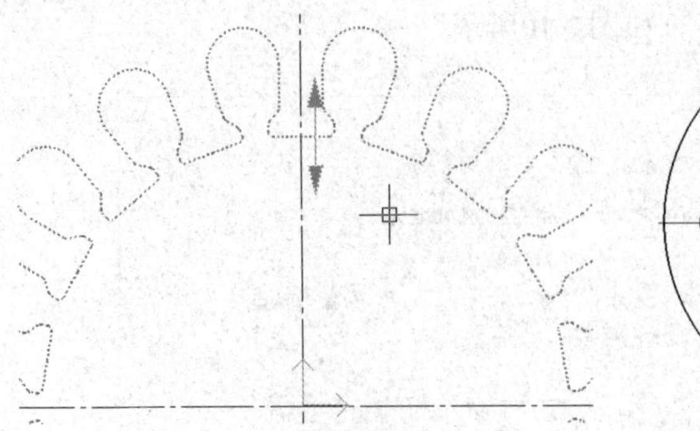

图7-11 基本图形

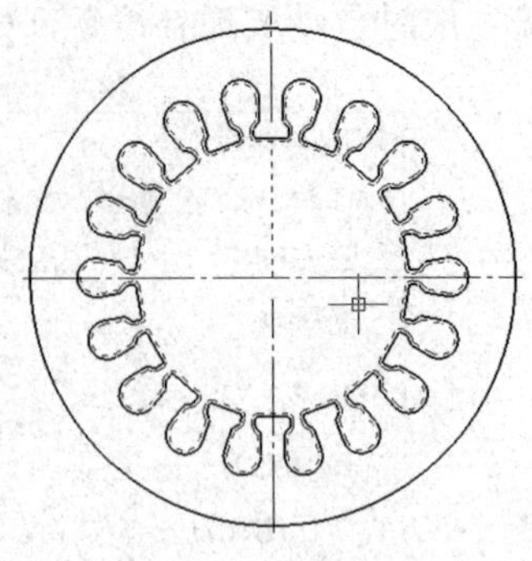

图7-12 生成的加工轨迹

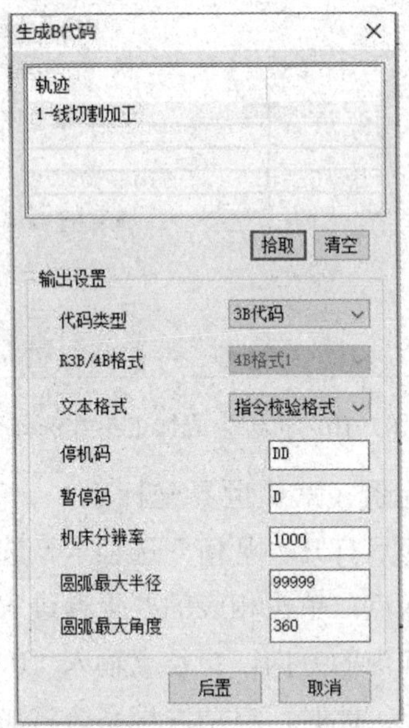

图7-13 “生成B代码”对话框

7.1.5 环形片零件数控高速走丝电火花线切割加工操作

1. 加工程序的准备与检查

将编制好的加工程序通过存储设备复制到机床硬盘，并从机床的硬盘中调入当前控制系统中。应用机床控制系统中的“加工预演”或者“校验画图”等功能对所调用的加工程序进行检查，如果有必要，在不安装电极丝、不开脉冲电源、不开储丝筒的动作和不打开工作液泵的条件下，可进行“模拟运行”，以检查工件的安装位置是否合适，加工是否超过机床的极限。

2. 确定加工起始点的位置

使用机床“接触感知”功能，用自动“找中心”方法，确定电极丝的起始位置。由于与坯料的相对位置要求不高，也可以采用“目测法”确定电极丝的起始位置。

3. 设定脉冲电源的电加工参数

根据机床电源的特点，设定脉冲电源加工参数。不同厂家、不同型号的脉冲电源加工参数的选择有所不同，这里设定的加工参数仅供参考。

脉冲宽度T_{on}=12μs，脉冲间隔T_{off}=48μs，功率晶体管数I_p=3只。

4. 切割加工

（1）内部图形的加工　打开高频脉冲电源启动开关，将断丝保护等置于开启状态。先开运丝，再打开工作液泵，检查正常无误时，启动运行程序，加工开始，加工过程状态控制图如图7-14所示。注意，不同型号的机床启动切割加工可能略有不同，请参阅所操作机床的《使用说明书》。

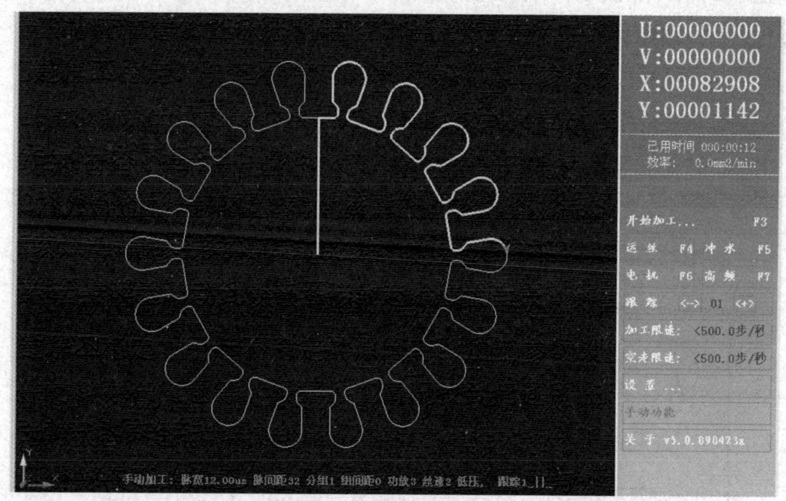

图7-14　环片形零件加工过程状态控制图

加工时应注意加工状态的监控，当控制面板上的电流表摆动不定时，说明加工过程不稳定。引起不稳定的原因有：加工参数设置不当、工作液供应不足、工件材料存在问题等。根据加工情况找到问题所在，进行适当调整，使加工在稳定的状态下进行。

（2）外部图形的加工　由于该工件的内部图形与外部图形有较高的位置要求，所以，当内部图形加工完成之后，将电极丝抽出，并用机床移动的方式，将机床工作台准确地移动到外部图形的起始位置上去，并重新安装电极丝，调整好各个部位并进行加工。由于是同一个工件坯料，加工条件没有发生变化，因此加工参数不需重新设定。只需注意，在最后一段曲线切割完成之前，应暂停加工运行，采用合适的措施做好已切割部分的固定，避免切割的落料直接落下，砸坏丝架或者引起断丝。

7.2 跳步模零件的数控高速走丝电火花线切割加工

7.2.1 了解跳步模

按照工步组合形式和动作特点，冲压模具可以分为单冲模、连续模与复合模三类。连续模也称为级进模或顺序模，俗称“跳步模”。此类模具有两个或两个以上工位，使原料经过两个或两个以上工位的连续冲压而冲制出成品或半成品制件。在跳步模的凹模板上，有两个或两个以上的、形状和位置关系精度要求很高的通孔，如图7-15所示，高速走丝电火花线切割机床适合加工此类工件。

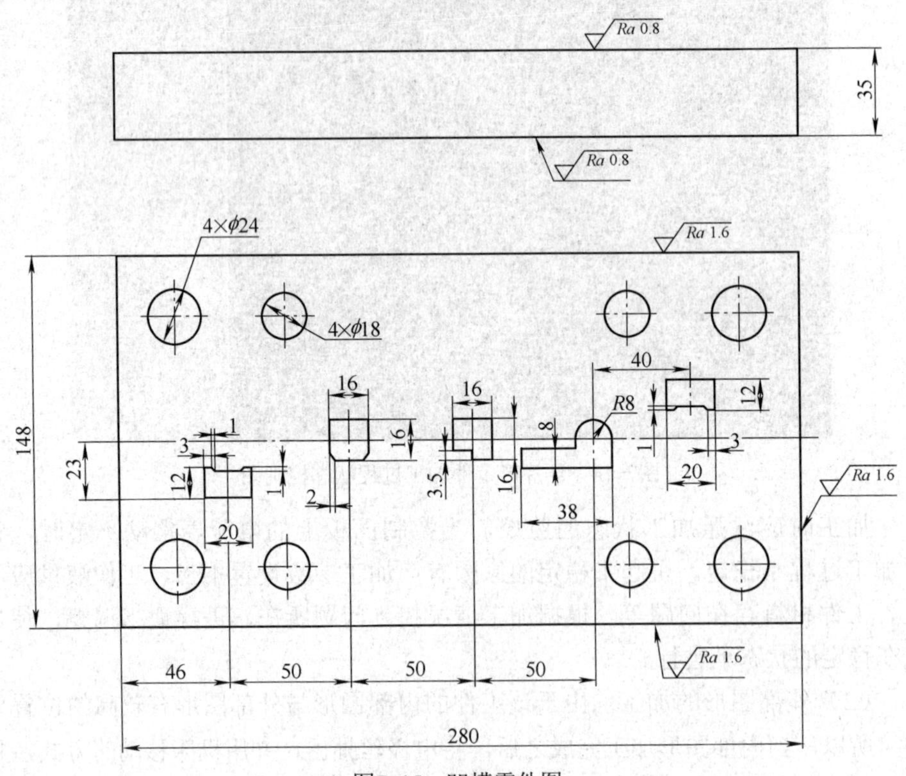

图7-15　凹模零件图

在跳步模凹模工件加工过程中，需要注意以下几个方面问题：各孔尺寸形状精度的保证、各孔之间的位置以及孔与其他要素之间的位置精度的保证、孔与上下平面垂直度的保证等。这里以图7-15所示的跳步模凹模为例，介绍数控高速走丝电火花线切割机床跳步加工方法。

7.2.2　跳步模零件的加工工艺分析

（1）结构特点　图7-15所示为跳步模凹模板，零件的长度为280mm，宽度为148mm，厚度为35mm，该工件成形部分由5个不规则的型腔孔和4个ϕ24mm导向孔构成，各个型孔之间有严格的位置要求，另有4个ϕ18mm安装定位孔。

（2）工件坯料形式选择　根据工件的使用要求和结构特点，确定坯料的供应形式为锻造件，锻造后应进行退火处理，以消除锻造应力，改善加工性能。

（3）材料与热处理分析　工件材料选择Cr12MoV，该种材料的可锻造性、淬火性能良好，热处理变形小，是制造冲压模具的典型材料。

（4）坯料制造工艺方案　根据工件的结构特点与使用要求，在制造坯料时可以采用以下工艺方案：下料→锻造→退火→铣削外形→粗磨各面→钳（划线、4个ϕ18mm孔钻好、其余型腔钻好穿丝孔ϕ4mm、去飞边和毛刺）→热处理（淬火、回火）→精磨（磨上下面和基准面）→线切割坯料。注意，在精磨的时候一定要保证上下平面的平行度，保证两个定位基准面的垂直度，以及其与上下平面的垂直度，为线切割加工找正时提供基准。

（5）线切割工艺分析　由于5个不规则的型腔孔和4个ϕ24mm导向孔尺寸精度与位置精度要求较高，必须要保证其位置关系以及与上下两平面的垂直度。因此穿丝孔位置关系必须准确，以免影响后续加工；安装工件的时候，必须保证工件坯料的定位基准面与机床的X轴和Y轴有准确的关系；在加工之前应对电极丝的垂直度进行找正；在型孔即将加工完成的时候，注意最后一段曲线切割完成之前，应采用合适的措施避免切割的落料直接落下，引起断丝（由于型腔孔尺寸不大，可以用强力磁铁吸住已加工部分）；在加工过程中应采取适当措施，避免工件变形引起夹丝、断丝和短路等状况的出现。

7.2.3　跳步模零件线切割加工准备

1. 工件准备

根据以上加工工艺分析，工件坯料经过锻造、去应力退火、坯料的粗加工（铣削、磨削、划线钻孔）、热处理、坯料的精加工（精磨）后，由钳工进行最后的研磨，注意，在操作的过程中，不得损伤加工定位基准。另外，要将各穿丝孔内的氧化皮等渣滓清除干净，以免在线切割加工过程中由于氧化皮的绝缘使电极丝找正以及切割加工不能正常进行。

2. 工件装夹

安装工件坯料之前，应将电极丝抽掉，以方便安装和工件的找正。将加工好的坯料以桥式支承方式装夹到数控高速走丝电火花线切割机床的工作台上，工件安装在工作台面的中间位置，以免在加工过程中，加工的范围超过机床的极限位置，或者切割到工作台。由于拟加工型腔孔的精度与位置要求很高，对安装及找正的要求也就高。采用拉表法进行找正，找正需要在两个定位基准面以及工件的上平面等三个方向进行。用磁力表座将千分表固定在丝架或其他相对于工作台不动的位置上，并保证固定可靠。使表的测头与工件需找正的表面接触，往复移动工作台，按表的指示值调整工件的位置，直到工件被调整到准确的位置，满足加工要求为止。然后，用压板压紧工件。工件坯料的安装如图7-16所示。

3. 安装电极丝

按照前面介绍的方法安装电极丝，型腔各孔加工的顺序为1→2→3→4→5→6→7→8→9，如图7-17所示，电极丝应从工件坯料型腔1的穿丝孔进行安装。安装电极丝的时候，需检查电极丝是否在导轮槽中，与导电块接触是否良好，松紧度（电极丝张力）是否合适。应该注意的是，在安装电极丝前先要找正电极丝的垂直度。

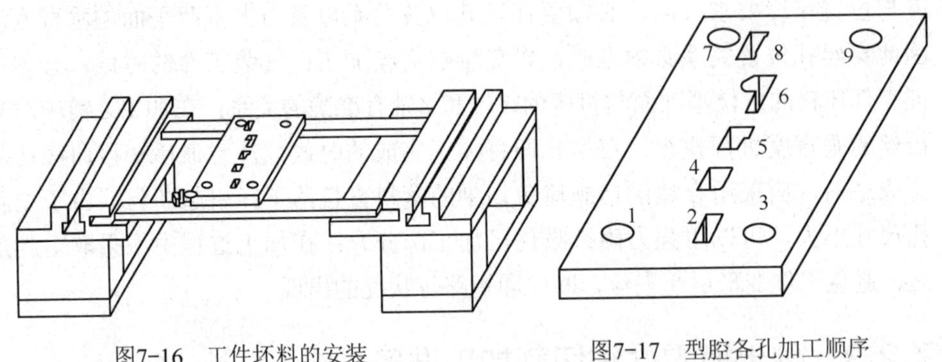

图7-16　工件坯料的安装　　图7-17　型腔各孔加工顺序

7.2.4　跳步模零件线切割加工程序的编制

分析图7-15可知，拟加工的各个型腔图形都不复杂，只是各个型腔图形相

对位置关系需准确。加工程序编制的时候可以采用手工编程编制各图形的加工程序，在加工的时候，需要逐次调用加工程序，并且需要采用机床移动的方式移动机床工作台到指定的加工位置并穿丝，比较麻烦，而且容易出错。采用自动编程的“跳步加工”方式编制加工程序，能够保证跳步加工过程中的各图形位置关系，并且能够保证程序正确，提高效率。

1. 绘制图形

由于图形构成简单，这里以其中图7-17中6号型腔为例，介绍其加工程序的编制。

这里设定编程坐标系在工件坯料左下角两直线的交点，各型腔图形的位置关系可以通过零件图来确定。

1）打开CAXA CAM线切割2019自动编程系统。

2）新建文件，选择“EB”，单击“确定”，系统进入线切割加工绘图界面。

3）绘制圆形。选择“基本曲线”→“圆”命令，圆心坐标输入“196，74”，绘制ϕ16mm圆，按回车键确认。

4）绘制直线。选择“直线”命令，在立即菜单中依次选择“两点线”“连续”“正交”“点方式”，依次输入“188，70”“166，70”“166，62”“204，62”，按回车键确认，如图7-18所示。

5）绘制两切线。选择“直线”命令，在立即菜单中依次选择“两点线”“连续”“正交”“点方式”，智能选择与圆相切的线段的端点，利用屏幕的格局点菜单选择“相切”方式，完成基本图形的绘制。

6）图形编辑。选择“曲线编辑”命令，修剪掉多余的线段，型腔6图形绘制完毕，如图7-19所示。

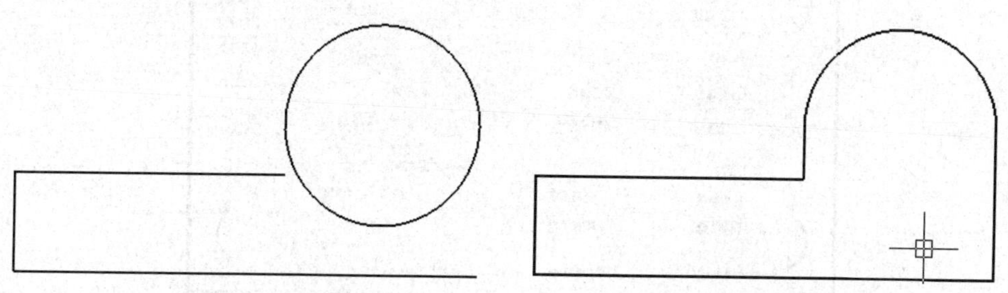

图7-18　圆及直线段的绘制　　图7-19　绘制完成的型腔6图形

将拟加工的所有图形按照要求的相对应关系全部画好，绘制方法如上面所述，这里不再一一赘述，完成的工件加工图如图7-20所示。

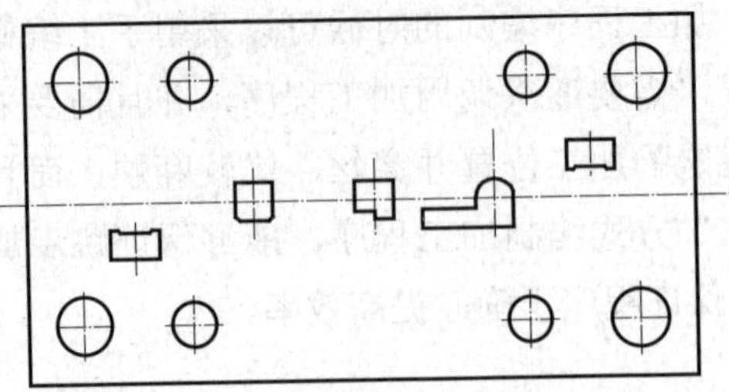

图7-20　绘制完成的完整型腔图形

2. 自动编程

本工件的加工为跳步加工，各部分图形有较高的位置要求，加工时必须保证各图形加工程序起始点的相对位置准确。加工程序编制时应首先生成各个图形的加工轨迹，然后应用CAXA CAM线切割2019自动编程系统的“轨迹跳步”功能生成工件的跳步加工程序。

（1）图形加工轨迹的生成　由于拟加工的型腔多，各图形的加工轨迹生成的方法相似，这里还是以型腔6为例，说明加工轨迹的生成方法。

1）单击绘制工具栏中“轨迹操作”按钮，或者选择主菜单“线切割”下拉菜单中的“轨迹生成”命令，弹出“线切割加工（创建）”对话框，如图7-21所示。在对话框中依次选择“垂直”切入方式，在轮廓精度文本框中输入“0.02”，“补偿实现方式”选择“轨迹生成时自动实现补偿”，“样条拟合方式”选择“圆弧”。

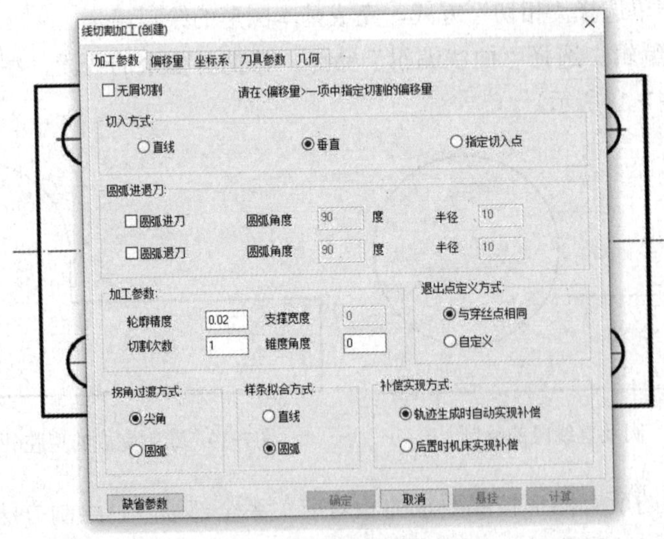

图7-21　轨迹生成参数选择

2）单击“确定”按钮，按照状态栏提示拾取加工加工轮廓，选择加工方向，这里选择顺时针方向。由于是型腔加工，补偿方向选择向内的方向，穿丝点位置输入“196，74”，退出点选择与穿丝点重合（按回车键确认），如图7-22所示。此时，自动编程系统将加工轮廓显示在绘图区，如图7-23所示。

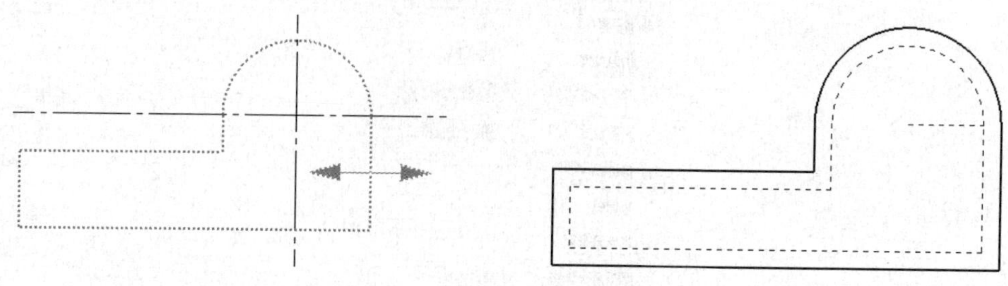

图7-22　轨迹生成方向选择　　　图7-23　生成的加工轨迹

按照上述方法，依次生成9个图形的加工轨迹。

（2）跳步加工程序的编制

1）选择主菜单“线切割”下拉菜单中的“轨迹跳步”命令，此时状态栏提示“拾取加工轨迹”，按照提示，依次选取已生成的加工轨迹，即从图形1依次选择9个加工图形，选取完成后，右击确定，或者按回车键确定，跳步加工轨迹生成结束，如图7-24所示。

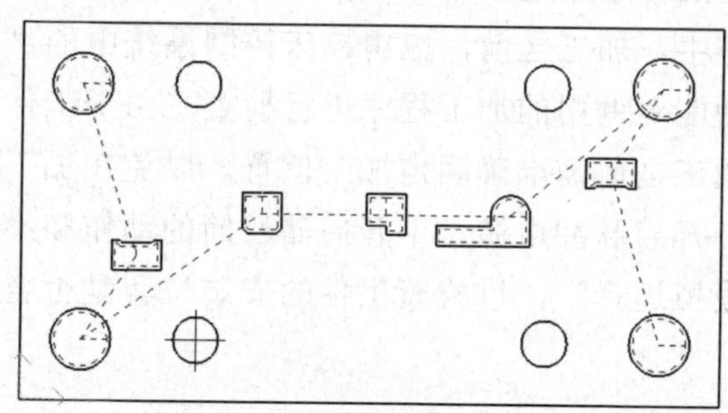

图7-24　生成的跳步加工轨迹

2）选择主菜单“线切割”下拉菜单中的“生成B代码”命令，弹出“生成B代码”对话框，如图7-25所示，单击“拾取”按钮后用光标选择图中所生成的加工轨迹，右击结束选择后，再在对话框中选择“3B代码”及“指令校验格式”，单击“后置”按钮后，弹出“创建代码”对话框，其中显示所自动生成的代码，命名文件并选择存储路径后即可保存代码，图形加工程序编制完毕。

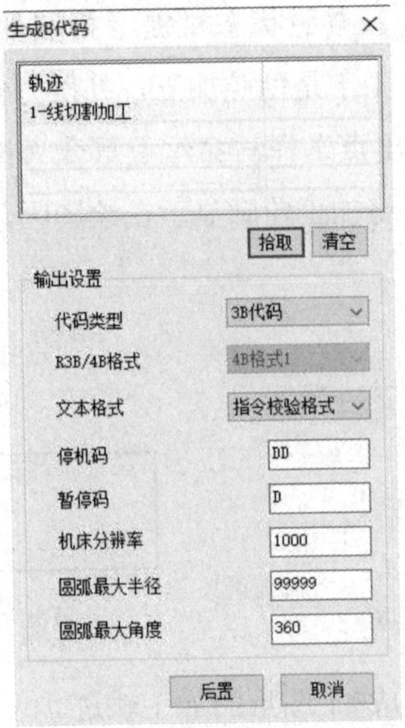

图7-25　“生成B代码”对话框

7.2.5　跳步模零件数控高速走丝电火花线切割加工操作

1. 加工程序的准备与检查

将编制好的加工程序通过存储设备复制到机床硬盘，并从机床的硬盘中调入当前控制系统中，加工之前，应用机床控制系统中的“加工预演”或者“校验画图”等功能对调用的加工程序进行检查。由于工件线切割加工过程较复杂，在正式加工之前需准确确定加工位置，以免在加工中出现问题。在不安装电极丝、不开启脉冲电源、不开启储丝筒的动作和不打开工作液泵的条件下，进行“模拟运行”，以检查工件的安装位置是否合适，加工是否超过机床的极限。

2. 确定加工起始点的位置

在本工件的加工中，先加工图形1，因此，图形1的起始加工点位置的准确定位非常重要。先前的工件准备工作中已经将工件的位置找正好，将丝架的电极丝安装位置移动到工件上图形1穿丝孔相应的位置，安装电极丝，使用机床“接触感知”功能，用自动“找中心”方法，确定电极丝的起始位置。

3. 设定脉冲电源的电加工参数

根据机床电源的特点、拟加工工件的材料特征以及工件的厚度，设定脉冲

电源加工参数，这里设定的加工参数仅供参考。

脉冲宽度$T_{on}=8\mu s$，脉冲间隔$T_{off}=42\mu s$，功率晶体管数$I_p=3$只。

4. 切割加工

打开高频脉冲电源启动开关，将断丝保护等置于开启状态。先开运丝，再打开工作液泵，检查正常无误后，启动运行程序，加工开始。当第一个图形加工完成后，根据加工程序的指令，机床将暂时停止加工，此时应拆下电极丝，按回车键，机床将快速移动到下一个图形切割的穿丝孔的位置。将电极丝从该穿丝孔穿过，重新固定在储丝筒上，调整好储丝筒换向位置，以及各防护装置，按回车键，机床开始第二个图形的切割加工。按照同样的方法依次加工各个图形，直至工件线切割加工工序结束。

7.3　齿轮零件的数控高速走丝电火花线切割加工

7.3.1　齿轮零件的线切割加工

齿轮传动是机械传动中最重要的一类传动方式，由于齿轮传动有效率高、结构紧凑、工作可靠以及传动比稳定等特点，因而得到了广泛的应用。齿轮传动的制造精度要求较高，加工时一般需要专用机床、刀具和夹具，加工过程复杂，影响加工精度的因素较多，影响关系复杂多样。另外，对于非标准模数齿轮、特种材料齿轮、非圆齿轮（图7-26）等的加工，除需要专用机床外，刀具需特别定制。这样，不但增加了制造成本，还增加了制造周期，尤其是当需要制造的齿轮数量很少时，刀具、夹具的制造将使成本大大增加。应用数控电火花线切割加工该类齿轮是很好的解决方案，一方面线切割加工齿轮无须使用专门刀具，而使用线状电极丝即可完成加工；另一方面，无须专用夹具装夹，可以大大减少齿轮的制造费用。这里以某齿轮零件加工为例，介绍齿轮工件的数控高速电火花线切割加工。

图7-26　非圆齿轮

7.3.2 齿轮零件线切割加工工艺分析

拟加工齿轮为外齿轮，参数为：模数$m=3.25$mm，齿数$z=42$，压力角$\alpha=20°$，齿厚为45mm。齿轮精度要求为7级精度，齿轮材料为40Cr。齿轮零件图如图7-27所示。

（1）结构特点　由图7-27可以看出，齿轮为腹板式结构，齿顶圆为ϕ143mm，内孔为ϕ30mm，采用单键，键槽宽度为10mm，这里齿形、内孔及键槽采用数控高速电火花线切割进行加工。

（2）工件坯料形式选择　根据工件的使用要求，确定坯料的供应形式为锻造件。锻造的齿轮毛坯使材料纤维不被切断，金属流线的走向合理，可以有效地提高齿坯的强度等力学性能。锻造后应进行退火处理，以消除锻造应力，改善加工性能。

（3）坯料制造工艺方案　一般地，将电火花线切割加工作为最后一道工序，所以，在线切割加工之前齿轮两个断面及腹板等部分应事先加工好，这里拟定采用以下工艺方案：下料→锻造→退火→铣削外形→粗磨各面→钳（划车加工腹板找正线、线切割齿形穿丝孔线、钻好外穿丝孔）→车削加工腹板（内孔加工到ϕ20mm）→热处理（调质）→精磨（磨上下基准面）→坯料成品。注意，在精磨时一定要保证上下平面的平行度，为线切割加工找正时提供基准。

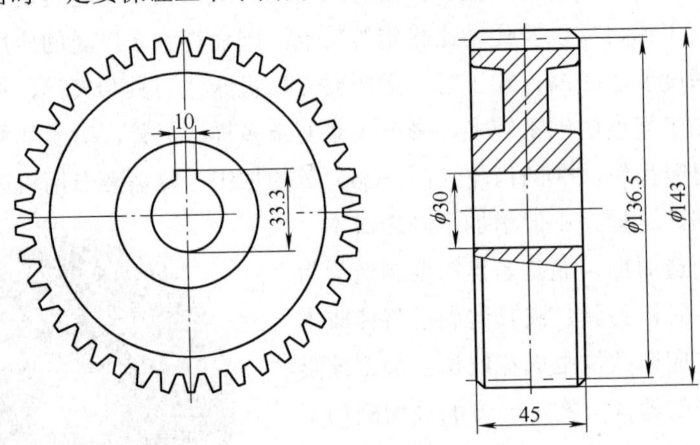

图7-27　齿轮零件图

（4）线切割加工工艺方案　该齿轮零件的线切割加工包括内孔、键槽以及齿形的加工，重要的是要保证内孔与齿形（齿圈）的同心度要求，以及它们与端面的垂直度要求。为了保证内孔与齿形的同心度要求，应采用跳步加工方式。在加工之前，必须对电极丝进行找正。齿形加工过程中，应避免应力变形

引起夹丝、断丝，从而影响加工的正常进行。在加工过程中，可采用在已加工的切缝部位塞入合适的薄片阻止变形的发生，还可以起到避免加工完成时，工件坠落引起断丝和损伤工件和机床的发生。另外，在编制加工程序的时候，要注意内孔与齿形加工程序的偏移补偿方向，保证加工精度的要求。

7.3.3　齿轮零件线切割加工准备

1. 工件准备

根据以上加工工艺分析，工件坯料经过锻造、去应力退火、坯料的粗加工热处理、坯料的精加工（精磨）等工艺过程。在操作的过程中，不得损伤加工定位基准。另外，要将穿丝孔内的氧化皮等渣滓清除干净，以免在线切割加工过程中由于氧化皮的绝缘使电极丝找正以及切割加工不能正常进行。准备好的齿轮坯料如图7-28所示。

2. 工件装夹

如上例，安装工件坯料之前，应将电极丝抽掉，以方便安装和工件的找正。将加工好的工件坯料以桥式支承方式装夹，由于工件为齿轮，内孔与齿形的方向无特殊要求，机床坐标系与编程坐标系的一致性要求也不高。工件安装在工作台面的中间位置用一对压板压紧，可采用划线法对工件进行找正，找正后用压板压紧工件，如图7-29所示。

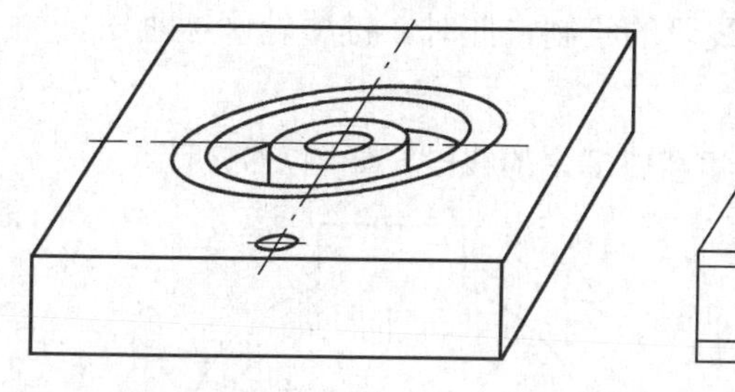

图7-28　齿轮坯料

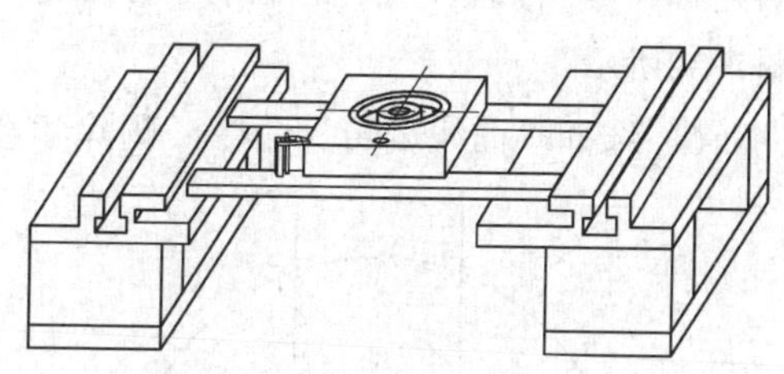

图7-29　齿轮坯料的安装

3. 安装电极丝

按照前面介绍的方法安装电极丝，线切割加工的顺序为先加工内孔及键槽，再加工外齿形。电极丝应从工件坯料中心的穿丝孔进行穿丝安装，待内孔和键槽加工完成后，将电极丝抽出，将机床移动到齿形加工穿丝孔的位置。安装电极丝的时候，需检查电极丝是否在导轮槽中，与导电块接触是否良好，松紧度（电极丝张力）是否合适。

7.3.4　齿轮零件线切割加工程序的编制

分析图7-27可知，每个齿形都由若干圆弧及直线段构成，绘制起来较复杂。CAXA CAM线切割2019自动编程系统提供了“高级曲线”绘制功能，其中就有齿轮的绘制，方便实用。对于整个零件的加工程序的编制，可以采用自动编程的“跳步加工”方式来完成，这样能够保证跳步加工过程中的内孔、键槽以及齿形的位置关系。

1. 绘制图形

1）打开CAXA CAM线切割2019自动编程系统。

2）单击“新建”按钮，新建文件，系统进入线切割加工绘图界面。

3）绘制圆形。选择“基本曲线”→“圆”命令，圆心输入“0，0”，绘制内孔ϕ30mm圆。

4）绘制中心线。选择“中心线”命令，选择ϕ30mm圆弧，屏幕出现圆的中心线。

5）选择“直线”命令，绘制直线段，采用“两点线”，输入第一点“0，0”，第二点“-5，0”，按回车键。然后在“立即菜单”中依次选择“连续”“正交”“长度方式”，单击“长度”选项，输入“18.3”按回车键，向右移动光标，在立即菜单中的“长度”选择中输入“10”按回车键，然后向下移动光标，单击确认。然后右击结束直线段的绘制，此时，键槽轮廓被画出，如图7-30所示。

6）选择“曲线编辑”命令，删除和修剪多余的线段，如图7-31所示。

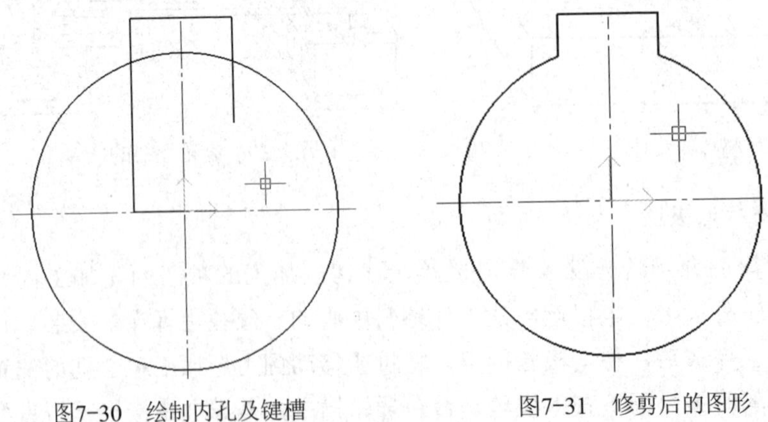

图7-30　绘制内孔及键槽　　　图7-31　修剪后的图形

7）绘制齿轮。选择“齿轮”命令，此时，系统将弹出“渐开线齿轮齿形参数”对话框，其中包括“基本参数”“参数一”和“参数二”等选项。在“基本参数”中，依次输入齿数“42”、模数“3.25”、压力角“20”、变位系数“0”，并选中“外齿轮”单选按钮。然后设置“参数一”选项，输入齿顶高系数“1”、齿顶隙系数“0.25”，如图7-32所示。单击“下一步”按钮进入“渐开线齿轮齿形预显”对话框，在“有效齿数”文本框中输入“42”，在“精度”文本框中输入“0.01”，其余参数不变，如图7-33所示。然后单击“完成”按钮，此时屏幕出现粉红色齿形图形，按照状态栏的提示，输入“0，0”，按回车键，齿轮齿形绘制完成，如图7-34所示。

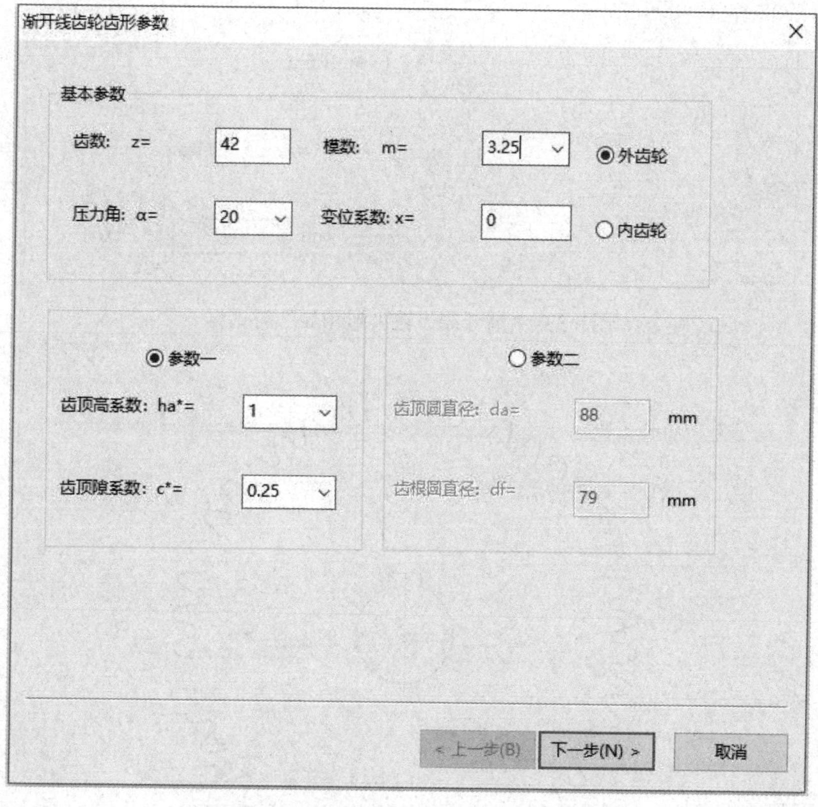

图7-32 “渐开线齿轮齿形参数”对话框

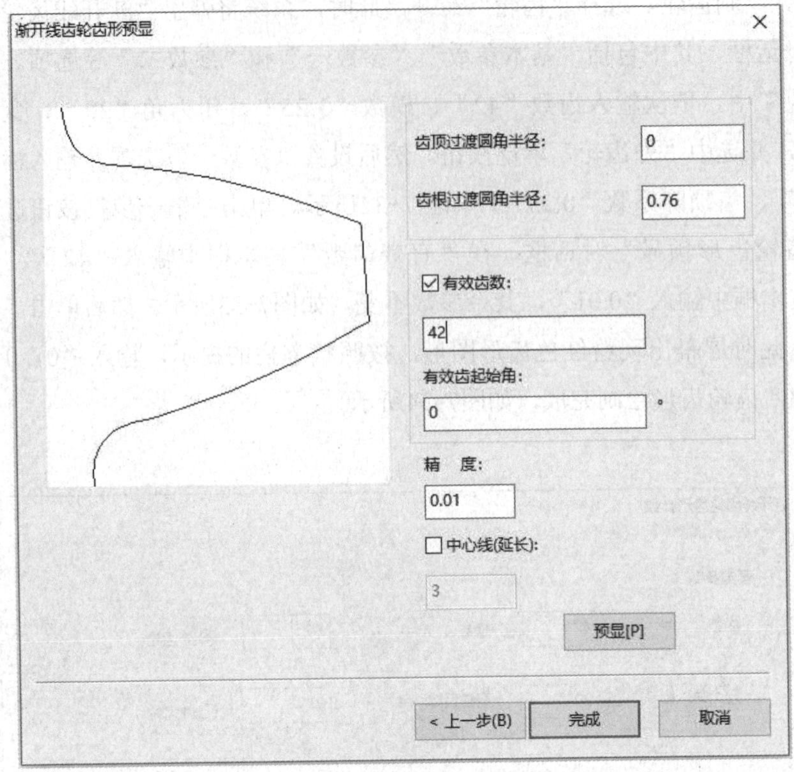

图7-33　“渐开线齿轮齿形预显”对话框

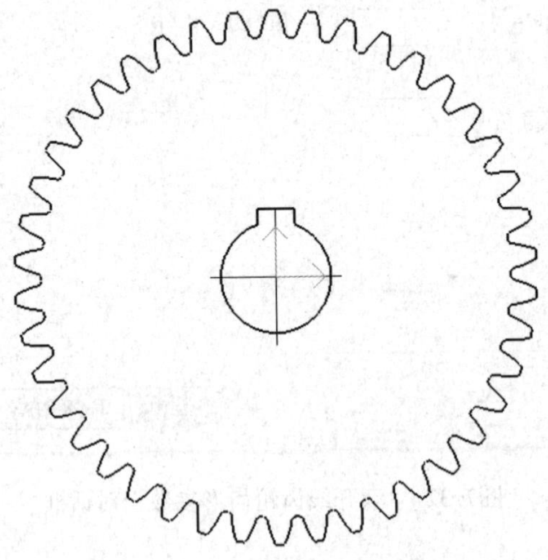

图7-34　绘制完成的工件图形

2. 自动编程

本工件的加工为跳步加工，编制加工程序时应首先生成各个图形的加工轨迹，然后应用CAXA CAM线切割2019自动编程系统的“轨迹跳步”功能生成工件的跳步加工程序。

（1）图形加工轨迹的生成　首先生成内孔及键槽的加工轨迹。

1）单击绘制工具栏中“轨迹操作”按钮，或者选择主菜单“线切割”下拉菜单中的“轨迹生成”命令，弹出“线切割加工（创建）”对话框，在对话框中依次选择“垂直”切入方式，在轮廓精度文本框中输入“0.02”，“补偿实现方式”选择“轨迹生成时自动实现补偿”，“样条拟合方式”选择“圆弧”，如图7-35所示。

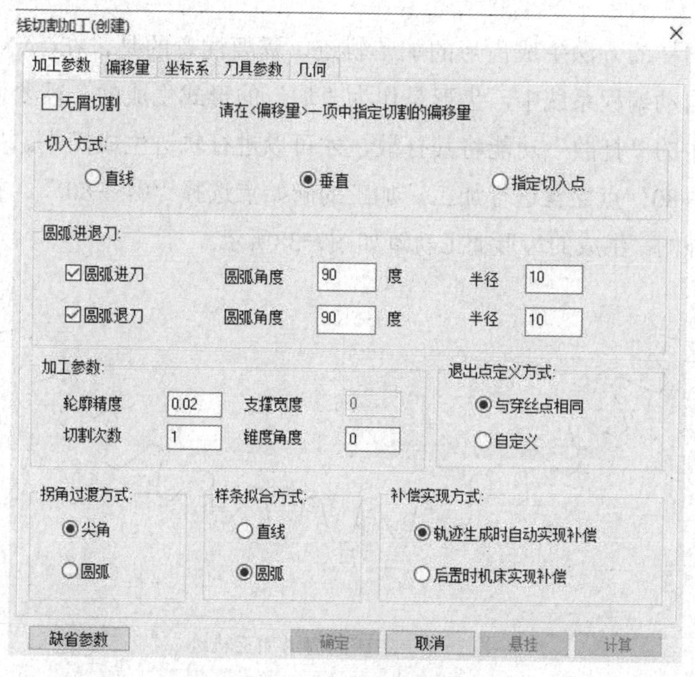

图7-35　轨迹生成参数选择

2）单击“确定”按钮，按照状态栏提示拾取加工加工轮廓，选择加工方向，这里选择顺时针方向。由于是型腔加工，补偿方向选择向内的方向，穿丝点位置输入“0，0”，退出点选择与穿丝点重合（按回车键确认），如图7-36所示。此时，自动编程系统将加工轮廓显示在绘图区，如图7-37所示。

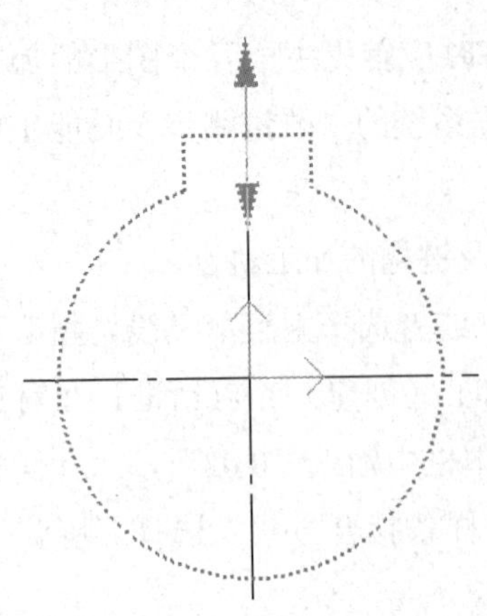

图7-36　轨迹生成方向选择

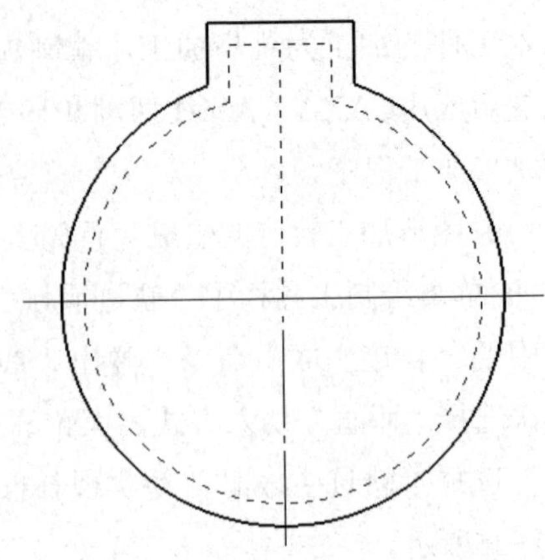

图7-37　生成的加工轨迹

按照同样的方法生成齿形的加工轨迹，需要注意的是，在CAXA CAM线切割2019自动编程系统中，齿形是作为“块”的形式生成的，需要使用“块操作”命令中的“打散”功能将其打散，才可以进行轨迹生成操作。另外，由于是在“0，-80”点穿丝进行加工，加工的起始点选择“0，-80”，补偿方向选择向图形外侧。生成的齿形加工轨迹如图7-38所示。

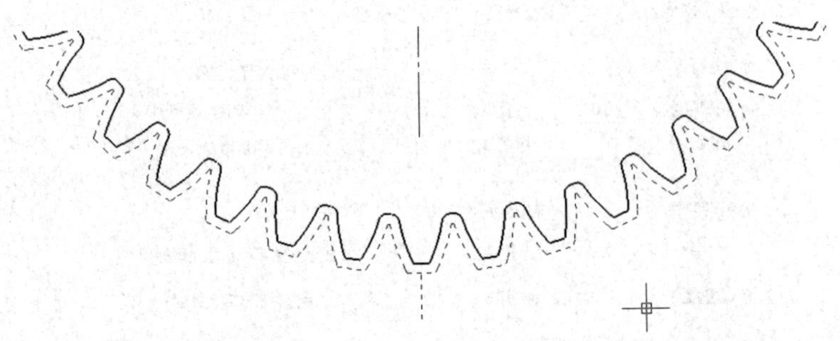

图7-38　生成的齿形加工轨迹

（2）齿轮零件加工程序的编制

1）选择主菜单“线切割”下拉菜单中的“轨迹跳步”命令，此时状态栏提示“拾取加工轨迹”，按照提示，依次选取已生成的内孔及齿形加工轨迹，选取完成后，右击确定，或者按回车键确定，跳步加工轨迹生成结束，如图7-39所示。

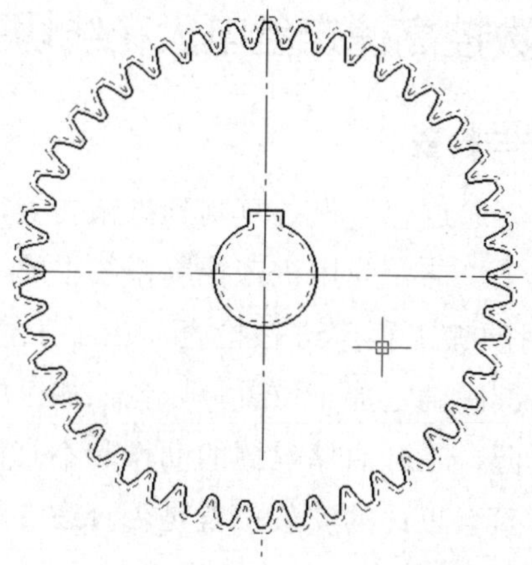

图7-39 生成的跳步加工轨迹

2）选择主菜单“线切割”下拉菜单中的“生成B代码”命令，弹出“生成B代码”对话框，单击“拾取”按钮后用光标选择图中所生成的加工轨迹，右击结束选择后，再在对话框中选择“3B代码”及“指令校验格式”，单击“后置”按钮后，弹出“创建代码”对话框，如图7-40所示。其中显示所自动生成的代码，命名文件并选择存储路径后即可保存代码，图形加工程序编制完毕。

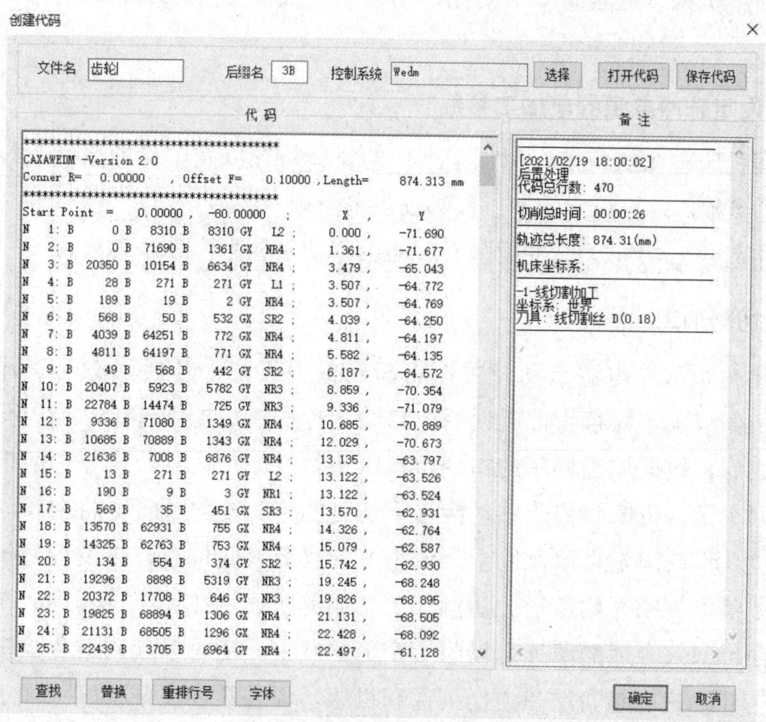

图7-40 “创建代码”对话框

7.3.5　齿轮零件数控高速走丝电火花线切割加工操作

1. 加工程序的准备与检查

将编制好的加工程序通过存储设备复制到机床硬盘，并从机床的硬盘中调入当前控制系统中，加工之前，应用机床控制系统中的“加工预演”或者“校验画图”等功能对调用的加工程序进行检查。由于工件线切割加工过程较复杂，在正式加工之前需准确确定加工位置，以免在加工中出现问题。在不安装电极丝、不开启脉冲电源、不开启储丝筒的动作和不打开工作液泵的条件下，进行“模拟运行”，以检查工件的安装位置是否合适，加工是否超过机床的极限等。

2. 确定加工起始点的位置

在本工件的加工中，先加工内孔与键槽，因此，内孔加工的起始加工点位置的准确定位非常重要。先前的工件准备工作中已经将工件的位置找正好，将丝架的电极丝安装位置移动到工件上内孔加工的穿丝孔相应的位置上，安装电极丝，使用机床“接触感知”功能，用自动“找中心”方法，确定电极丝的起始位置。

3. 设定脉冲电源的电加工参数

根据机床电源的特点、拟加工工件的材料特征以及工件的厚度，设定脉冲电源加工参数，这里设定的加工参数仅供参考。

脉冲宽度$T_{on}=8\mu s$，脉冲间隔$T_{off}=42\mu s$，功率晶体管数$I_p=3$只。

4. 切割加工

打开高频脉冲电源启动开关，将断丝保护等置于开启状态。先开运丝，再打开工作液泵，检查正常无误后，启动运行程序，加工开始。当内孔与键槽加工完成后，根据加工程序的指令，机床将暂时停止运行，操作中应拆下电极丝，按回车键，机床将快速移动到齿形切割的穿丝孔的位置。将电极丝从该穿丝孔穿过，重新固定在储丝筒上，调整好储丝筒换向位置，以及各防护装置，再按回车键，机床开始齿形的切割加工。如前所述，在加工过程中，在已加工的切缝部位塞入合适的薄片可以阻止变形的发生，还可以起到避免加工完成的时候，工件坠落引起断丝和损伤工件和机床。齿轮零件在某机床上加工过程状态控制图如图7-41所示。

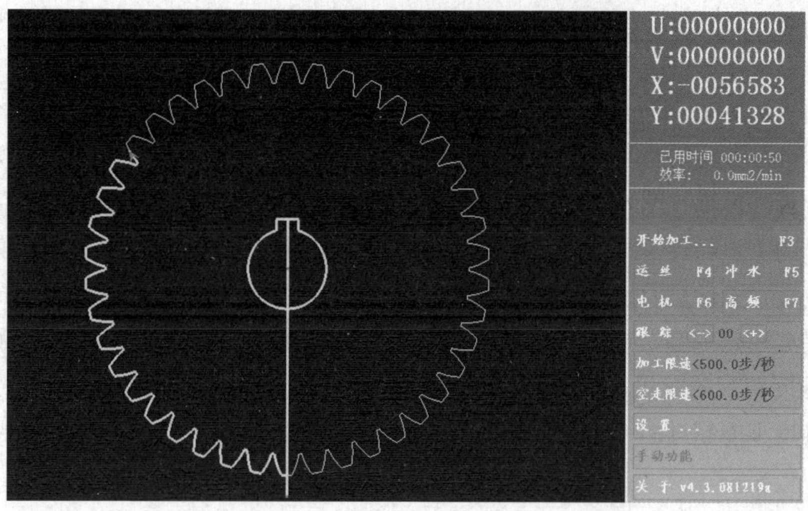

图7-41　齿轮零件在某机床上加工过程状态控制图

7.4　带锥度零件的数控高速走丝电火花线切割加工

7.4.1　带锥度零件的线切割加工原理

在零件加工过程中，经常遇到带锥度面、刃口或者上下异形（如天方地圆）等结构的加工，传统的加工方法很难精确、高质量地完成加工，而数控电火花线切割加工机床能很好地完成此类零件的加工。带锥度切割加工的高速走丝电火花线切割机床，可用于锥度零件的切削加工。

锥度的切割加工是基于*XY*平面和*UV*平面联动来完成的。*XY*平面是指大拖板带动工件做平动的平面，*UV*平面是上线架端点*A'*绕下线架端点*A*做倾斜运动的平面，如图7-42所示，以下导轮中心点*A*为原点、*A'*为动点，电极丝*AA'*做半径为R_1的倾斜旋转运动，可以得到一个倒圆锥体，它在*h*高度平面（即下导轮中心到支承平台）产生一个半径为*L*的圆周轨迹，与此同时，电极丝做以*L*为半径、方向与R_1圆相反的圆周运动（平动）。

如果要得到一个以基面中心*O*为原点，半锥角为α，上大下小，小端半径为*R*的倒圆锥体，只要*XY*平面做半径为*R*+*L*的平动圆周运动，*AA'*做倾斜圆周运动，把倾斜运动和平动叠加，就能获得这个倒圆锥体。在*UV*平面上有半径为$R+L+R_1$的圆周运动，这里*L*是用以抵消做锥度倾斜运动而在*h*基面高度上产生的偏移量，因而方向与这个偏移量相反。用户只要设定H、h、α三个量，正确地编制切割程序，由计算机实现联动切割，就可以准确地完成锥度结构的切割加工。

由上述分析可知，要切割出结构尺寸合格的锥度工件，重要的是加工程序的正确，以使XY轴与UV轴能准确地联动。国内的机床一般都默认以工作台为基准进行编程，根据对图7-42的分析，必须对丝架上下支点间的跨距及其基面的距离做准确的测定和设定。由于大多数的线切割机床的下丝架是固定的，所以只要测定和设定好上丝架的尺寸，锥度的切割就能在程序的控制下准确地完成。

需要注意的是，多数快走丝线切割机床最大允许切割的锥度为6°，所以在进行锥度切割的时候，尤其是上下异形结构工件的切割时，结构的各个部分形成的锥度不能超过6°，否则，由于结构的限制不可能切割出符合要求的结构。

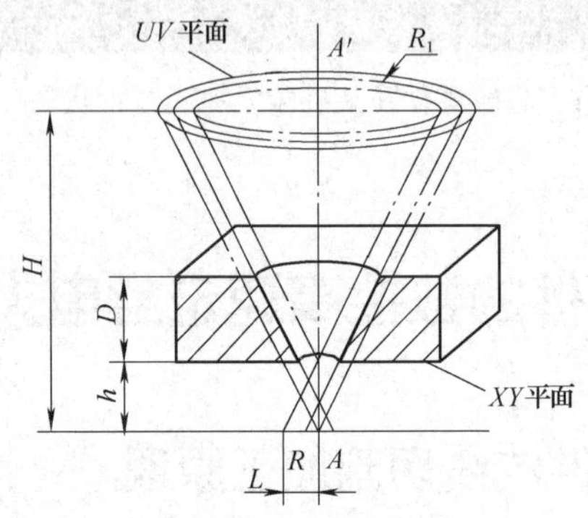

图7-42　锥度切割示意图

7.4.2　带锥度零件切割的加工工艺分析

拟加工一个锥度为2.5°、底面尺寸如图7-43所示的带锥度零件，要求上小下大，工件的厚度为40mm。由图中形状分析可知，在本工件进行线切割加工时，切割方向为顺时针时，电极丝倾斜的方向是向右的；切割方向为逆时针时，电极丝倾斜的方向是向左的，在进行程序编制时，一定要注意程序代码的选择。一般地，国内线切割机床锥度切割程序代码为：G51为锥度左偏，G52为锥度右偏，G50为锥度偏移结束。程序段必须是G01直线插补程序段，分别在进刀线和退刀线中完成。程序面为待加工工件的下表面，与工作台面重合。锥度加工的建立是从建立锥度加工直线插补程序段的起始点开始偏摆电极丝，到该程序段的终点时电极丝偏摆到指定的

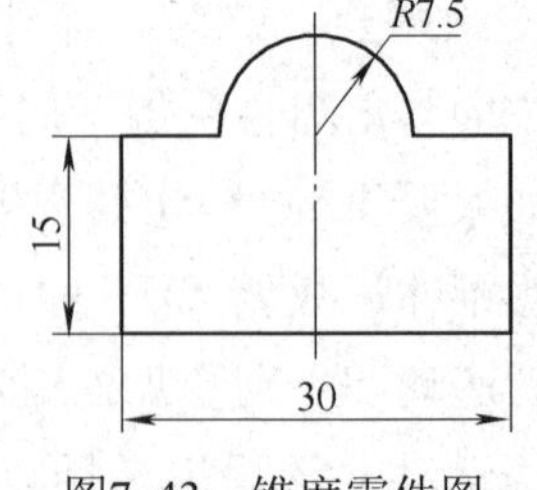

图7-43　锥度零件图

锥度值。锥度加工的退出是从退出锥度加工直线插补程序段的起始点开始偏摆电极丝，到该程序段的终点时电极丝摆回0°值（垂直状态）。

应该注意的是，对于上大下小带锥度工件的加工，由于在加工将要结束时，工件脱离坯料，容易使工件压紧电极丝，导致短路或者夹断电极丝等现象的发生；对于上小下大的带锥度工件的加工，在加工将要结束时，工件脱离坯料，易砸断电极丝或砸伤下丝架，应采用适当的措施，如使用磁铁将工件与坯料体吸住，或者暂停机床，在切缝间隙中加入适当厚度的金属薄片，夹紧工件和坯料。另外，由于锥度切割时排屑困难，在加工时应适当加大放电间隔时间，加大切削液的流量，以使切屑顺利地排出加工区。

7.4.3　带锥度零件切割加工准备

1. 工件装夹

将准备好的工件坯料以桥式支承方式装夹，由于工件为独立体，机床坐标系与编程坐标系的一致性要求不高，工件安装在工作台面的中间位置用一对压板压紧，采用划线法对工件进行找正，找正后，再用压板压紧工件，如图7-44所示。需要注意的是，必须使工件坯料的底面准确地与工作台面贴合紧密，保证其底面与工作台面在同一高度上，以便于确定编程高度。

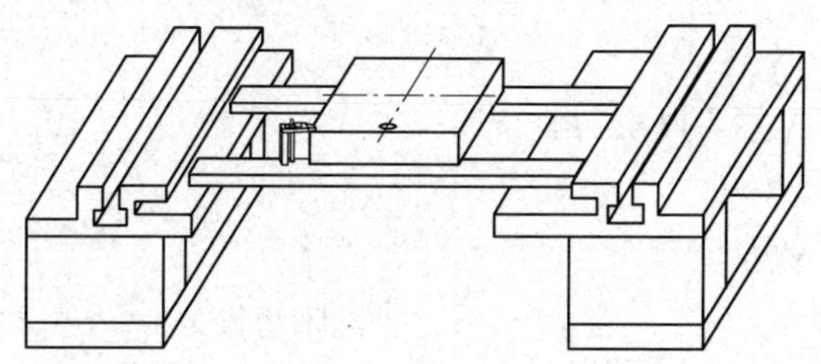

图7-44　工件装夹示意图

2. 安装电极丝

照前面介绍的方法安装电极丝，电极丝应从工件坯料的穿丝孔进行安装，检查电极丝是否在导轮槽中，与导电块接触是否良好，松紧度（电极丝张力）是否合适。应该注意的是，在安装电极丝前先要找正电极丝的垂直度。安装好电极丝后根据经验，调整好上导轮与工件坯料上表面间的距离，此距离不可太大，以免引起电极丝的抖动；也不可太小，太小则易引起上丝架与装夹零件之间的干涉，也易引起工作液喷射时的飞溅现象。

3. 加工程序的编制

由于本工件结构简单，此处使用手工编程来编制加工程序。确定加工起始点为工件中间向下20mm的位置，图7-45所示为工件加工示意图。加工程序如下：

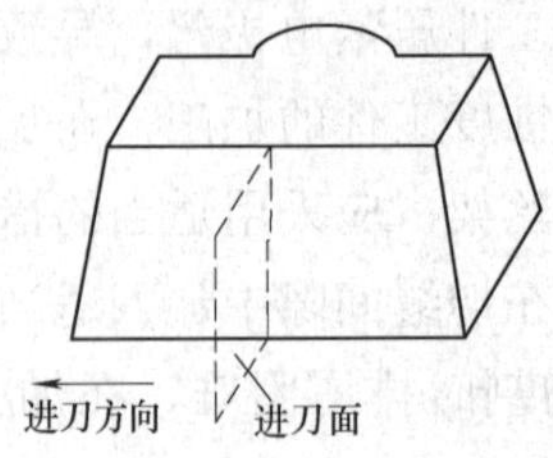

图7-45　工件加工示意图

```
G90  G92  X0  Y0              （起点坐标设置）
H001=100                      （上导轮距离工作台高度）
H002=40                       （工件高度）
H003=60                       （下导轮距离工作台高度）
G41  D120                     （电极丝左补偿，补偿量为120μm）
G52  A2.5                     （锥度向右，2.5°）
G01  X0  Y20                  （进刀线）
G01  X-15  Y20
G01  X-15  Y35
G01  X-7.5  Y35
G02  X7.5  Y35  I7.5  J0
G01  X15  Y35
G01  X15  Y20
M00                           （机床暂停）
G01  X0  Y20
G40                           （取消补偿）
G50                           （取消锥度）
G01  X2  Y20                  （退刀线）
M02                           （程序结束）
```

注意，程序中的H001数值，在加工之前必须改成调整后的实际数据。

4. 程序校验

在机床操作面板界面中，调入加工程序，应用机床控制系统中的“加工预演”或者“校验画图”等功能对所调用的加工程序进行检查，若有必要，在不安装电极

丝、不开脉冲电源、不打开储丝筒的动作和不打开工作液泵的条件下，可进行“模拟运行”，以检查工件的安装位置是否合适，加工是否超过机床的极限。

7.4.4 带锥度零件切割加工

打开高频脉冲电源启动开关，将断丝保护等置于开启状态。先开运丝，再打开工作液泵，检查正常无误后，启动运行程序，加工开始。当加工最后一个直线段之前，根据加工程序的指令，机床将暂时停止加工。此时，可以采用磁铁或者在切缝中加入金属薄片，以免工件落下时砸断电极丝。此项工作完成后，再按键盘上的回车键，机床开始完成后续的切割加工。

7.5 超程零件的数控高速走丝电火花线切割加工

7.5.1 超程零件的线切割加工

在实际生产过程中，会经常遇到零件的加工尺寸超过现有机床的有效工作行程，一般称此种情况为超程零件的加工。对于超程零件的加工，可以采用制作专用工装、多次装夹等方法进行加工，不同的加工方式有不同的解决办法。

图7-46所示为专用拨叉，拨叉的总长为425mm，总宽为210mm，按照工艺要求，该工件需在线切割机床上加工。企业现有快走丝线切割机床型号为DK7732，该机床的工作行程为400mm×320mm。显然，如果该拨叉要在此机床上加工，工件的加工长度超出机床的横向行程，属于超程零件加工，经过分析，这里采用多次装夹的加工方式对该拨叉进行加工。

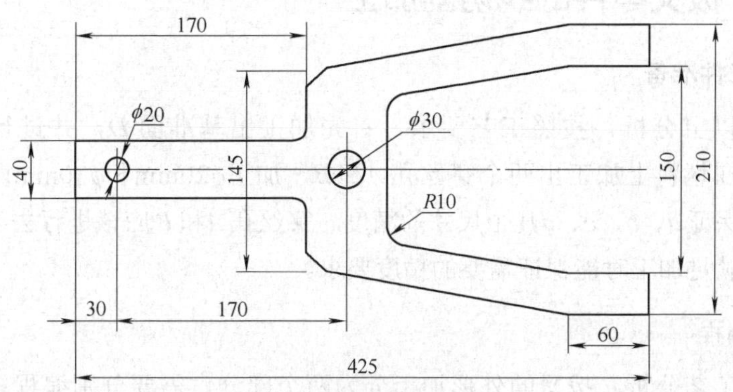

图7-46 拨叉零件图

7.5.2　零件的线切割加工工艺分析

由图7-46可以看出，该拨叉外形较简单，总长为425mm，总宽为210mm，ϕ20mm和ϕ30mm两孔之间距离为关键尺寸，必须一次装夹来完成加工；拨叉内尺寸150mm为关键尺寸，并且对中心线有对称度要求，加工中必须保证这三个部分的尺寸精度。

由于横向加工尺寸超程，加工时通过横移工件坯料来补充横向行程，应该保证横移过程中的横向定位精度。为此，在准备坯料时加工出一个定位基准面*D*（见图7-47）。切割分为两次装夹来完成：

1）加工两个孔和图7-47中粗实线部分，注意，*A*为加工外形的起始点，在本部分编程时，结束线要超出实体线5mm。

2）加工外形的双点画线部分，*B*为加工起始点，结束线也要超出实体5mm。

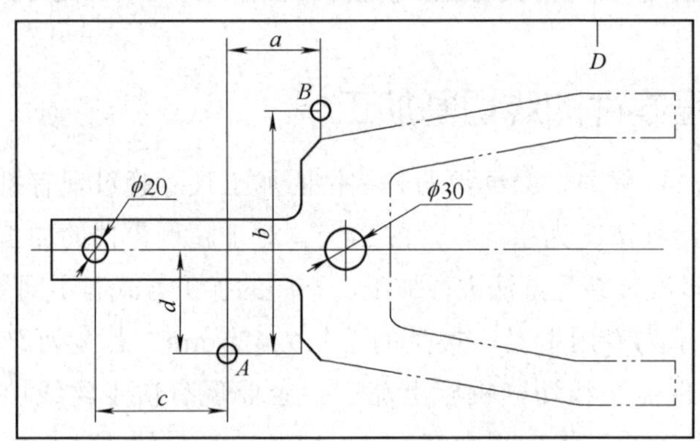

图7-47　超程拨叉加工示意图

7.5.3　拨叉零件的线切割加工

1. 工件准备

根据以上分析，按照工艺要求，首先加工出基准面*D*，并进行去毛刺处理；然后在坯料上加工出两个穿丝孔*A*和*B*，加工ϕ20mm和ϕ30mm两孔的工艺孔，注意保证*a*、*b*、*c*、*d*几个尺寸的精度。穿丝孔*A*和*B*应该进行去毛刺和研磨处理，以满足加工时能保证需要的精度要求。

2. 编程

按照工艺分析，拨叉的外形加工分为两个部分，需要分别编程。编程时，两段程序分别以*A*和*B*两点为起始点，需注意程序的坐标系的设定。另外，注意

两程序段结束线要超过要求实体尺寸5mm。本零件外形比较简单，可以采用手工编程的方法进行编程，也可以用自动编程软件进行编程，这里省略。

3. 工件的装夹和加工

1）将工件坯料安装在工作台上，用千分表找正基准面D，将电极丝穿到ϕ30mm预留的穿丝工艺孔中，用机床自动找中心功能定位，加工出ϕ30mm孔；然后将电极丝抽出，将工作台向左移动170mm，进行穿丝，加工ϕ20mm孔。注意，在移动的过程中不要使用手动移动，采用机床快速定位的方法，以保证移动精度。ϕ20mm孔加工完成后，将电极丝抽出，将机床快速定位到穿丝孔A，以保证c、d尺寸，进行穿丝，加工左边实线外形部分。加工后将电极丝抽出。

2）将工件坯料松开，横向向左移动坯料约100mm（根据要加工的尺寸超出量自行掌握），轻轻夹紧坯料，用千分表进行找正，夹紧工件坯料，再次进行找正，以保证加工精度。

3）将机床工作台移动到穿丝孔B的位置上，穿丝，用机床自动找中心功能进行工件定位。加工工件外形双点画线的部分。

7.6 成形车刀的数控高速走丝电火花线切割加工

7.6.1 成形车刀线切割加工简介

成形车刀是批量加工中小型回转体成形表面的专用刀具，具有加工精度稳定、生产效率高、刀具寿命长、使用方便等特点，在自动机床和自动线生产中得到了广泛的应用。但是，成形车刀的设计和制造要比普通车刀复杂得多。一般地，成形车刀的刃形比较复杂，外形尺寸较小，精度要求又较高，目前，成形车刀的制造主要采用光学曲线磨床进行磨削加工。而应用这种方法设备投资大、操作复杂、劳动强度大、加工效率低，并且砂轮形状修正很困难，无法满足较高的精度要求，不能加工窄缝等。应用线切割机床对成形车刀进行加工可以克服光学曲线磨床加工的缺点，并且可以直接加工出刀具的后角，是一种有效的加工方法。

图7-48所示为某批量加工件的局部尺寸图，需要制作成形车刀来完成加工要求。该成形车刀的制造要求精度较高，光学曲线磨床或者手工磨制很困难，应用线切割加工是较好的选择，而且可以应用线切割锥度切割将车刀的后角直

接加工出来。

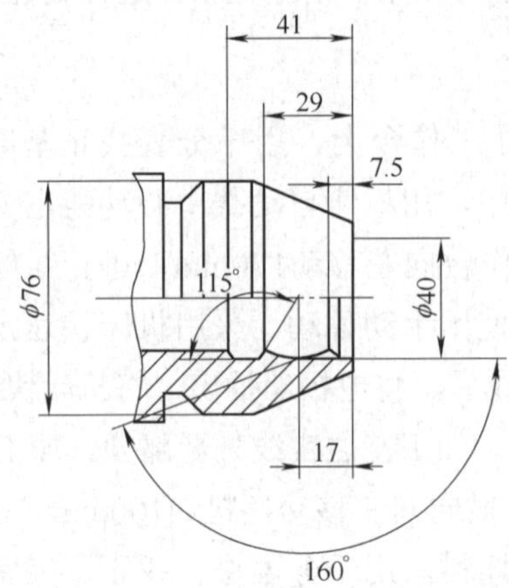

图7-48　批量工件局部尺寸图

7.6.2　成形车刀线切割加工工艺分析

由图7-48可以分析出，该零件细节要求较高，包括角度的要求、尺寸要求以及圆角要求等。另外，根据设计要求，该刀具的后角要求为3.5°，在线切割加工该刀具时，除了准确地按照设计尺寸要求进行编程之外，还要求在线切割加工时加补偿和锥度切割。所以，要按照选择的电极丝直径确定补偿量，按照规划的切割路径确定锥度偏移方向。

7.6.3　成形车刀线切割加工

1. 编程

按照成形车刀的设计要求，采用自动编程软件进行程序的编制。根据机床参数，在程序后置处理时将补偿量、锥度偏移功能加上去。

2. 工件的装夹和加工

根据编制的加工程序，将坯料安装在工作台上，调整好上导轮的位置，避免加工干涉，并测量好上导轮到工作台的距离，将测量好的尺寸填写到程序中。

将机床移动到设计的加工起始点，找正工件，设置好加工参数，进行加工。图7-49所示为加工后的成形车刀切削部分局部示意图，虚线为后角锥度投影线。

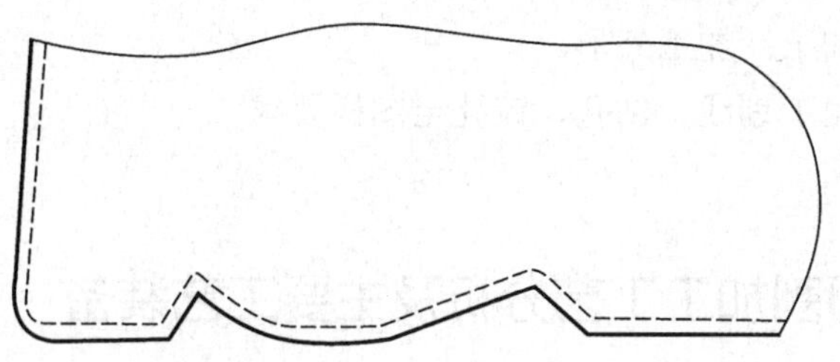

图7-49　成形车刀切削部分局部示意图

7.7　轴座的数控高速走丝电火花线切割加工

7.7.1　零件图及加工工艺路线

轴座零件图如图7-50所示，其材料为45钢，经过调质处理。该零件的主要尺寸：长度为45mm，宽度为15mm；ϕ10mm孔的外形圆弧为R8mm；ϕ10mm孔的中心线与安装基面的距离为9mm；零件上2个ϕ9mm孔的中心距为30.5mm，线切割加工外形，其外形尺寸公差为自由公差；ϕ10mm孔的表面粗糙度Ra为1.6μm，其余被加工表面粗糙度Ra均为3.2μm。

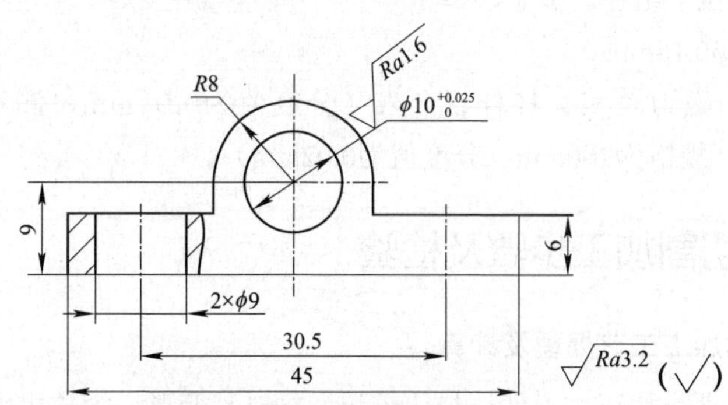

图7-50　轴座零件图

根据零件形状和尺寸精度可选用以下加工工艺。

1）下料：用圆棒料在锯床上下料。

2）锻造：将坯料锻造成长条形坯料。

3）热处理：调质处理至28～32HRC。

4）刨床加工：刨削坯料四面，留磨削余量。

5）磨床加工：磨削四面。

6）线切割加工：加工外形。

7）钳工：钳工划线、钻孔、铰孔至图样要求。

8）检验。

7.7.2　线切割加工工艺分析及主要工艺装备

由图7-50可知，零件外形是由直线和圆弧构成的，尺寸精度要求不高，其形状适合用线切割加工。而线切割加工属于电加工，加工效率低，但用其他方式加工，加工圆弧比较困难，因而在这里采用线切割和机械加工相结合的方式加工零件外形。工件在坯料上的排布与装夹方式如图7-51所示。

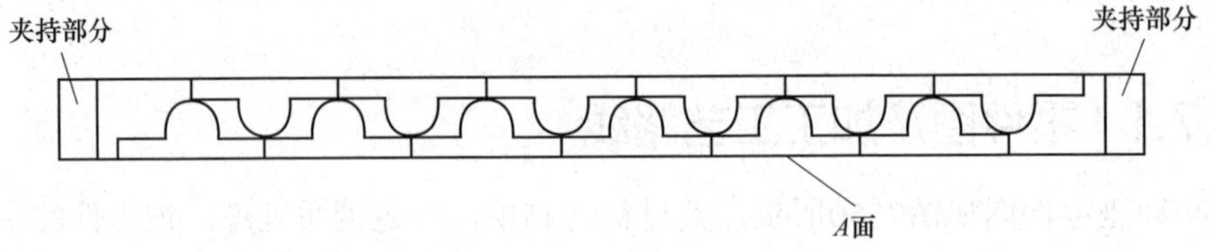

图7-51　零件排布与装夹

主要工艺装备包括：

1）夹具：采用两端支承装夹方式。

2）辅具：压板组件、扳手、锤子。

3）钼丝：ϕ0.18mm。

4）量具：磁力表座、杠杆百分表（分度值为0.01mm，测量范围为0～5mm）、卡尺（规格为200mm，分度值为0.02mm）。

7.7.3　线切割加工步骤及检验

1. 线切割加工工艺处理及计算

1）工件装夹与找正。工件坯料比较长，材料易变形，为防止由于装夹而产生工件变形、加工中出现废品等现象，应采用两端支承方式装夹工件，工件的装夹如图7-51所示。用百分表拉直坯料的*A*面，在全长范围内，百分表的指针摆动不应大于0.05mm。

2）选择钼丝起始位置和切入点。此工序为切割工件外形，无须钻穿丝孔，直接在坯料的外部切入，如图7-52所示。

3）确定切割路线。由于采用两端装夹，线切割先加工一侧工件，加工完毕再加工另一侧工件。图7-52所示为靠近坯料*A*面某个工件的切割路线，箭头所指

方向为切割路线方向。

4）确定偏移量。选择ϕ0.18mm的钼丝，单面放电间隙为0.01mm，钼丝中心偏移量f=[（0.18/2）+0.01]mm= 0.1mm。

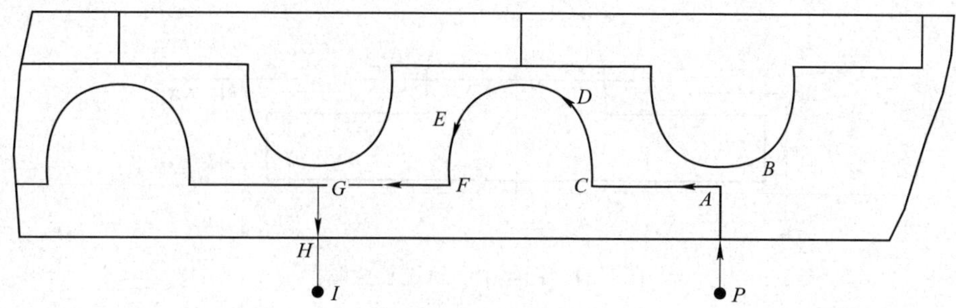

图7-52 切割路线

5）计算平均尺寸。零件外形尺寸公差为自由公差，线切割加工尺寸可参考图7-50中的尺寸，其他尺寸如图7-53所示。为了实现连续加工，加工完毕后，电极丝处的位置应为下一个工件的起始位置，因而点P的位置应考虑钼丝半径和放电间隙。

6）确定坐标系。为了以后计算点的坐标方便，直接选圆弧的圆心为原点建立坐标系，如图7-53所示。

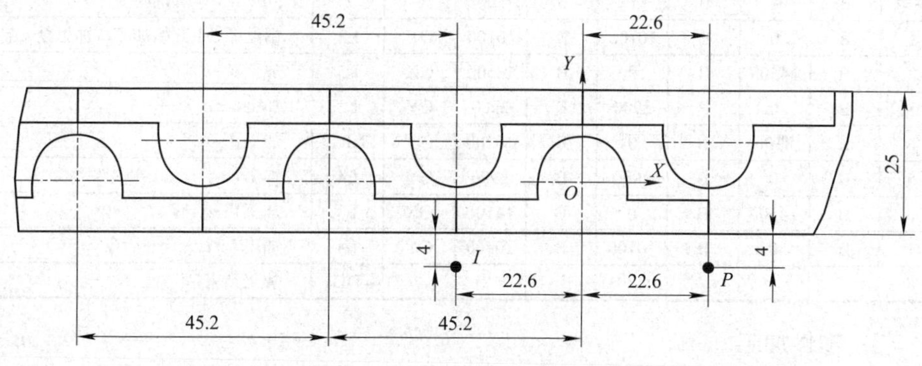

图7-53 平均尺寸与坐标系

2. 编制加工程序

1）计算钼丝中心轨迹及各交点的坐标。钼丝中心轨迹见图7-54中的双点画线，相对于零件平均尺寸偏移一垂直距离。通过几何计算或CAD查询得到各交点的坐标，各交点坐标见表7-1。

2）编写加工程序单。采用3B语言编程，程序单见表7-2。

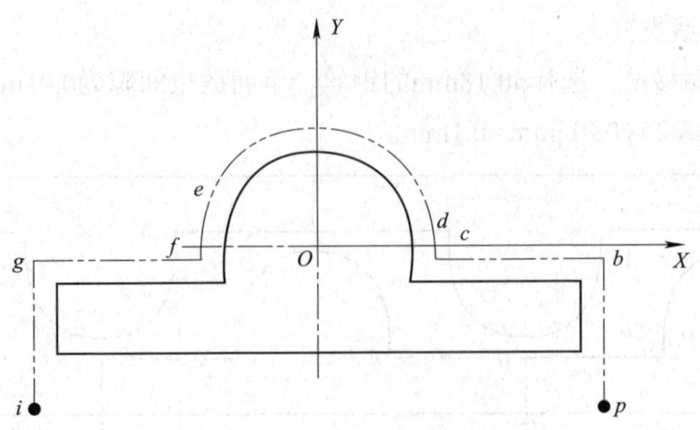

图7-54　钼丝中心轨迹示意图

表7-1　钼丝中心轨迹各交点坐标

交点	*X*	*Y*	交点	*X*	*Y*
P	22.6	−13	*f*	−8.1	−2.9
b	22.6	−2.9	*g*	−22.6	−2.9
c	8.1	−2.9	*i*	−22.6	−13
d	8.1	0	*O*	0	0
e	−8.1	0			

表7-2　加工程序单

序号	B	X	B	Y	B	J	G	Z	说明
1	B	0	B	10100	B	10100	GY	L2	钼丝在*P*点开始加工，加工至*b*点
2	B	14500	B	0	B	14500	GX	L3	加工*b*→*c*
3	B	0	B	2900	B	2900	GY	L2	加工*c*→*d*
4	B	8100	B	0	B	16200	GY	NR1	加工*d*→*e*
5	B	0	B	2900	B	2900	GY	L4	加工*e*→*f*
6	B	14500	B	0	B	14500	GX	L3	加工*f*→*g*
7	B	0	B	10100	B	10100	GY	L4	加工*f*→*i*
8								DD	加工结束

3. 零件加工

1）钼丝起始点的确定。在*X*方向上，把调整好垂直度的钼丝调整至适当位置，保证在坯料上加工出最多工件；在*Y*方向上，钼丝与坯料*A*面火花放电，当火花均匀时，记下*Y*坐标，手摇线切割手轮，向*Y*方向移动钼丝3.9mm，*X*、*Y*方向手轮对零，此时钼丝处在起始点的位置上。

2）选择电参数。电压：70V；脉冲宽度：12～20μs；脉冲间隔：4～6μs；电流：1.5A。

3）工作液的选择。选择油基型乳化液，型号为DX-2型。

4. 检验

工件上只有孔径尺寸ϕ（10+0.025）mm精度较高。这一尺寸的检验可使用量程为10～18mm的内径千分表进行检测，此内径千分表须在计量室进行校对调零后方可使用。工件上的其他尺寸均为未注公差尺寸，可用游标卡尺根据需检测的各尺寸的特点进行直接或间接测量。

7.8 叶轮的数控高速走丝电火花线切割加工

7.8.1 零件图

叶轮零件图如图7-55所示，其材料为9CrSi，热处理至50～54HRC。该零件的直径为135mm，厚度为80mm，内孔直径为45mm。需要线切割加工8个凹槽，其凹槽宽度尺寸要求为（7±0.02）mm，8个凹槽在圆周上均匀分布，凹槽之间的角度尺寸均为45°。凹槽表面粗糙度*Ra*均为1.6μm。零件外圆和两端端面的表面粗糙度*Ra*为0.8μm，其余被加工表面的表面粗糙度*Ra*均为3.2μm。

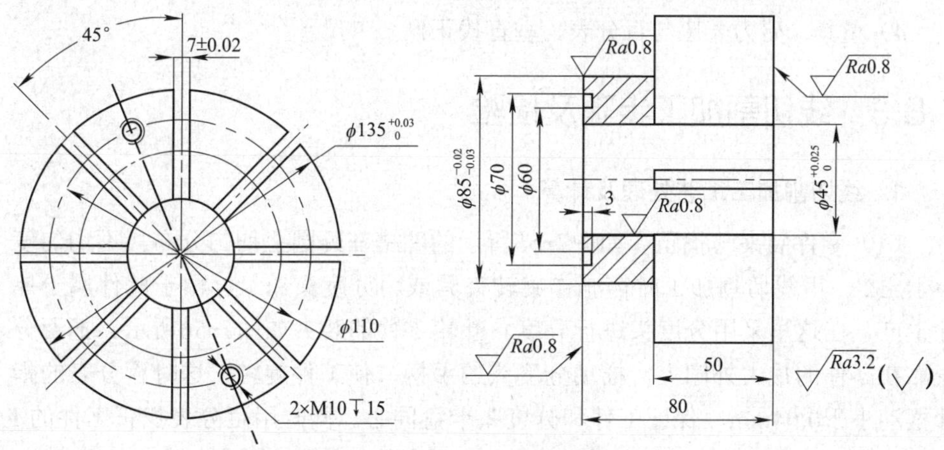

图7-55　叶轮零件图

7.8.2 加工工艺路线及主要工艺装备

1. 加工工艺路线

1）下料：用圆棒料在锯床上下料。

2）锻造：将棒料锻造成较大的圆形毛坯。

3）退火：经过锻造的毛坯必须进行退火，以消除锻造后的内应力，并改善其加工性能。

4）车床加工：车外圆、端面和镗孔，外圆、内孔和端面留有加工余量，尺寸ϕ60mm和ϕ70mm加工至图样要求。

5）划线：划出2个M10mm螺纹孔的位置。

6）钻孔和攻螺纹：钻螺纹底孔，攻螺纹。

7）热处理：热处理至50～54HRC。

8）磨床加工：磨削外圆、内孔和端面，内孔和外圆尺寸ϕ135mm留加工余量，单面留0.3～0.5mm，其他加工至图样要求。

9）线切割加工：线切割加工8个凹槽。

10）精磨、钳工抛光、检验：精磨外圆尺寸ϕ135mm和内孔尺寸ϕ45mm至图样要求。

2. 主要工艺装备

1）夹具：分度头FW125或FW100。

2）辅具：压板组件、锤子、扳手。

3）钼丝：钼丝直径为0.18mm。

4）量具：磁力表座与百分表、垂直找正器、卡尺。

7.8.3 线切割加工步骤及检验

1. 线切割加工工艺处理及计算

（1）零件装夹与找正　如图7-55所示的凹槽在外圆上均匀分布，不均匀度小于±2'，用线切割加工时需制作旋转夹具或用分度头加工。由于此件属于单件生产，在这里采用分度头进行分度。叶轮零件的装夹如图7-56所示。把百分表靠在零件的最大外圆上，摇动分度头的手柄，使工件旋转，这时百分表的指针摆动小于0.04mm，保证工件和分度头卡盘同心。同时用百分表找正工件的A面，通过调整分度头的位置保证百分表在A面上的摆动量小于0.02mm。

（2）选择钼丝起始位置和切入点　零件凹槽为开口形，所以线切割加工时，可以在零件的外部切入，切入点的位置为点P，如图7-57所示。

（3）确定切割路线　该零件精度要求高，特别是分度精度，而且凹槽较深，其工件材料已经过热处理，在线切割加工时容易产生变形。为了保证工件质量，采用两次切割：第一次切割的目的是释放工件的内应力；第二次切割成形，并保证精度。两次切割路线如图7-57所示。

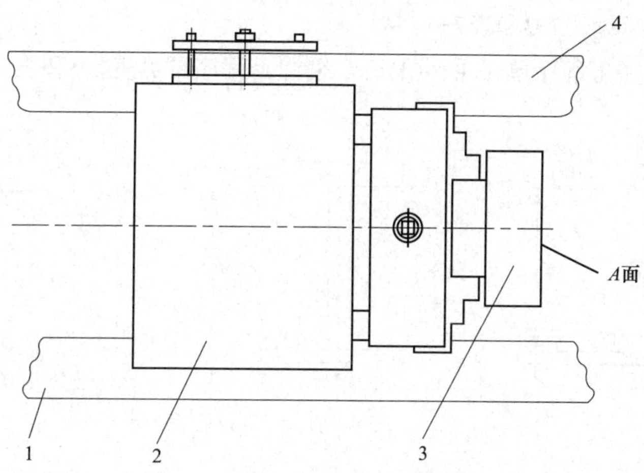

图7-56 叶轮零件的装夹

1、4—工作台支承板 2—分度头 3—工件

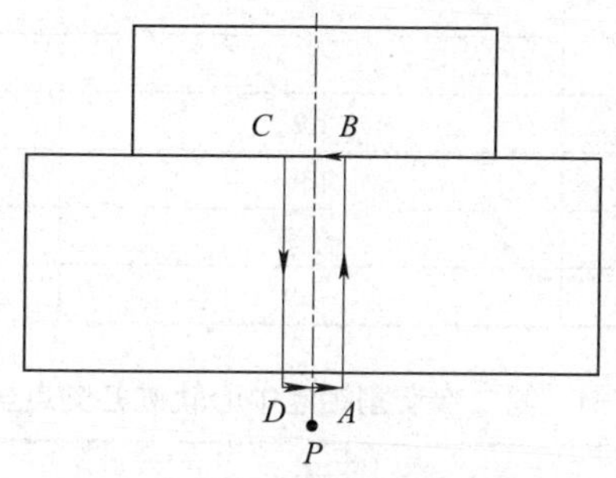

图7-57 切割路线

（4）计算平均尺寸 平均尺寸如图7-58所示。图7-58a、b所示分别为第一次和第二次切割尺寸。工件切割厚度大，线切割加工速度低，加工过程中产生二次放电现象，而且槽表面有表面粗糙度要求，需留有抛光余量，在第二次切割时，槽宽取6.98mm。

（5）确定坐标系 为了计算点的坐标方便，以凹槽中心线和工件端面交点的位置为原点建立坐标系，如图7-58所示。

（6）确定偏移量 选择钼丝直径为0.18mm，单面放电间隙为0.01mm，钼丝中心偏移量f=[（0.18/2）+0.01]mm=0.1mm。

2. 编制加工程序

（1）计算钼丝中心轨迹及各交点的坐标 钼丝中心轨迹如图7-59中的双点画线，相对于零件平均尺寸偏移一垂直距离。通过几何计算得到各交点的坐标，各交点坐标见表7-3和表7-4。

（2）编写加工程序单　采用3B语言编程，程序单见表7-5和表7-6。

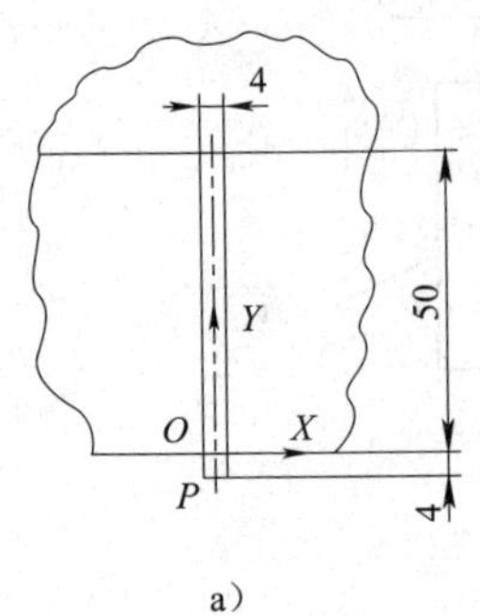

a）

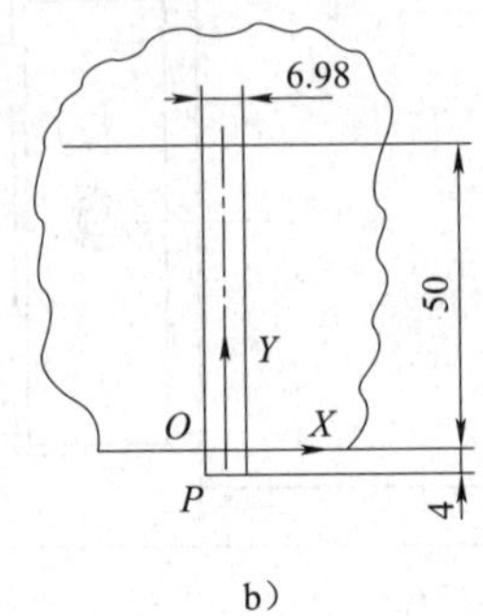

b）

图7-58　平均尺寸

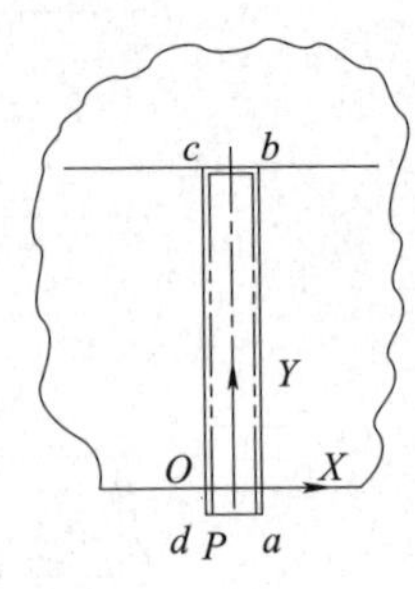

图7-59　钼丝中心轨迹

表7-3　第一次切割钼丝中心轨迹各交点坐标

交点	X	Y
P	0	−4
a	1.9	−4
b	1.9	49.9
c	−1.9	49.9
d	−1.9	−4

表7-4　第二次切割钼丝中心轨迹各交点坐标

交点	X	Y
P	0	−4
a	3.39	−4
b	3.39	49.9
c	−3.39	49.9
d	−3.39	−4

表7-5　第一次切割加工程序单

序号	B	X	B	Y	B	J	G	Z	说明
1	B	1900	B	0	B	1900	GX	L1	钼丝在P点开始加工，加工至a点
2	B	0	B	53900	B	53900	GY	L2	加工a→b
3	B	3800	B	0	B	3800	GX	L3	加工b→c
4	B	0	B	53900	B	53900	GY	L4	加工c→d
5	B	1900	B	0	B	1900	GX	L1	加工d→P
6								DD	加工结束

注：摇动分度头手柄，旋转工件45°，重复执行程序段1～6，切割第二个凹槽，其他凹槽切割与此相同。

表7-6 第二次切割加工程序单

序号	B	X	B	Y	B	J	G	Z	说明
1	B	3390	B	0	B	3390	GX	L1	钼丝在P点开始加工，加工至a点
2	B	0	B	53900	B	53900	GY	L2	加工$a \to b$
3	B	6780	B	0	B	6780	GX	L3	加工$b \to c$
4	B	0	B	53900	B	53900	GY	L4	加工$c \to d$
5	B	3390	B	0	B	3390	GX	L1	加工$d \to P$
6								DD	加工结束

注：摇动分度头手柄，旋转工件45°，重复执行程序段1～6，切割第二个凹槽，其他凹槽切割与此相同。

3. 零件加工

（1）钼丝垂直度的调整　在X方向上，用机床厂家提供的垂直器找正；在Y方向上，以工件的A面为基准，采用火花放电的方式调整钼丝的垂直度，使钼丝平行于工件的A面。

（2）钼丝起始位置的确定　在X方向上，借助机床上的照明灯和放大镜通过目测，使钼丝在$+X$和$-X$方向与工件的ϕ135mm外圆刚好接触，求出外圆ϕ135mm的中心位置，并把钼丝停在此位置上。摇动分度头的手柄，旋转工件，通过目测，使钼丝和两个螺钉孔的中心线重合，再次旋转工件，角度为22.5°，锁住分度头。钼丝与工件A面火花放电，当火花均匀时，向$-Y$方向移动钼丝，距离L=4mm－f=3.9mm。此时，钼丝停在切割起始位置上。当第一次切割完第一个凹槽时，需测量凹槽两侧壁距工件外圆的尺寸，求出两尺寸之间的误差，对钼丝的起始位置加以修正。

（3）选择电参数　电压：80～85V；脉冲宽度：28～40μs；脉冲间隔：6～8μs；电流：2.8～3.2A。

（4）工作液的选择　选择DX-2油基型乳化液，与水配比约为1:15。

（5）工件加工　用表7-5中的程序切割4次凹槽，完毕后，再用表7-6中的程序重新切割。在加工过程中，注意分度头的操作。消除分度头中的蜗轮、蜗杆之间的间隙，分度头中齿轮之间有间隙，摇动分度头时，注意方向的一致性。

4. 检验

（1）尺寸误差的检验　工件上8个均布的窄槽宽度尺寸7mm±0.02mm精度要求较高且槽的深度尺寸较大（为50mm），检验时应使用量程为6～10mm的内径千分表进行测量或使用3级量块组合出检验所需要的上极限尺寸7.02mm和下极限尺寸6.98mm对工件槽宽尺寸进行合格性塞入检验。当尺寸为6.98mm的量块组可塞入窄槽而尺寸为6.98mm和7.02mm的量块组不能塞入窄槽或有一定力感时，工件窄槽宽度尺寸合格。

（2）工件上8个均布窄槽中心平面之间所夹角度45°±2'的检验　这个角度公差小、精度要求较高，可使用直径为45mm的标准心轴穿过工件ϕ45mm的孔，使工件在心轴上可靠定位，再将标准心轴连同工件一同安装在光学分度头的顶尖上，用光学分度头拨杆和心轴卡子拨动心轴连同工件一同回转。先将工件上某一窄槽转至水平位置，为保证它的转位精度，可将一个带表座的杠杆千分表放置在光学分度头工作台上，千分表测头与这个转至水平位置的窄槽侧壁要可靠接触（要有一定压缩量），然后在工作台上轻轻移动杠杆千分表，使其测头在此窄槽侧壁上滑动，同时观察千分表示值并依据此示值调整光学分度头，使工件的窄槽侧壁平行于工作台，要求其平行度误差不超过0.005mm（杠杆千分表示值越小越好）。调好后记下光学分度头的示值，然后在这个示值的基础上转动光学分度头分度手柄，使工件随分度头精确转过45°，这时工件上与上一槽相邻的窄槽应转至水平位置，再将上述杠杆千分表测头调整至与此槽侧壁接触并产生一定压缩量，再次小心移动杠杆千分表，使千分表测头在此槽侧壁上轻轻滑动，观察千分表示值，当在槽壁的全长上千分表示值不大于0.02mm时，则此槽与上一槽的角度误差满足精度要求。依此法可将所有窄槽之间所夹角度的合格性检验完毕，需注意的是：为保证测量的精度，要注意光学分度头转动方向的一致性。

第 8 章

数控高速走丝电火花线切割加工技能提高

8.1 数控高速走丝电火花线切割加工断丝原因及解决办法

在高速走丝电火花线切割加工过程中，断丝是最为常见的一种状况。试验表明，断丝与电参数的选择、脉冲电源的质量、机床运丝机构的精度、电极丝的质量、切削液的选择以及加工操作的合理性等因素有直接的关系。断丝情况的发生，不仅会影响加工效率，而且会在工件上产生断丝痕迹，影响加工质量。

8.1.1 与电参数选择及脉冲电源相关的断丝

电参数选择不当是引起断丝的一个重要原因。一般来说，断丝的概率随着放电能量的增加而加大。这是因为加工中的脉冲能量靠电极丝来传递，如果电极丝载流量太大时，本身的电阻发热会使它固有的抗拉强度降低很多，所以很容易造成断丝。试验表明，钼丝载流量达到150A/mm^{2}时，其抗拉强度将被降低到原有强度的1/3～1/4，这个值被认为是钼丝载流工作切割的极限，以此算来，ϕ0.12mm钼丝的电流极限为1.74A，ϕ0.15mm钼丝的电流极限为2.65A，ϕ0.18mm钼丝的电流极限为3.82A。如果再加大电流，钼丝将被烧毁。

实际上，脉冲能量的大小取决于电参数的设置，其中包括脉冲宽度、脉冲间隔、峰值电流等。单个脉冲放电的能量取决于脉冲宽度所占的比例，脉冲宽度越宽，加工能量越大，切割效率越高。脉冲间隔增大，加工稳定但切割速度下降。减小脉冲间隔，可提高切割速度，但对排屑不利。需要注意的是，峰值电流和空载电压都不宜过高，否则容易产生集中放电和“拉弧”等现象。由于电弧放电是造成电极丝腐蚀损坏的主要因素，只要电弧放电集中于电极丝的某一段，就会引起断丝，所以选用电参数的脉冲宽度要合适。脉冲宽度不能太小，否则容易产生短路，也不利于冷却和电蚀物的排出。当切割厚度较大的工件时，应尽量选用大脉宽、大电流，这样会使放电间隙增大，从而增强排屑效果，提高切割的稳定性，减少断丝现象的发生。

一般来说，脉冲电源的故障会直接造成加工中发生断丝。如加工电流很大、火花放电异常时会导致断丝。这种故障多数是脉冲电源的输出已变为直流输出所致，解决的办法是从脉冲电源的输出级向多谐振荡器逐级检查波形，更换损坏的元件，使输出为合乎要求的脉冲波形；如在加工过程中火花放电突然变为蓝色的弧光放电，电流超过限值，将电极丝烧断，用示波器测量输入端和振荡部分都无波形输出，可判断故障出在振荡部分，检修后高频电源恢复正常；如电流在限值以上，用示波器测量高频电源输出端，其波形幅值减小，并有负波，而脉冲宽度符合要求，测量推动级波形其频率、脉冲宽度及幅值均符合要求，判断故障在功率放大部分，检查功率晶体管，测得其中一只功率晶体管的极间内部击穿，使末级电流直接加到电极丝与工件之间，引起电弧烧断电极丝，更换该晶体管，恢复正常。

8.1.2　与运丝机构相关的断丝

如果机床运丝机构的精度变差，会增加电极丝的抖动，破坏火花放电的正常间隙，易造成大电流集中放电，从而增加断丝的概率。这种现象通常发生在机床使用时间较长、加工工件较厚、运丝机构不易清理的情况下。

线切割机床的运丝机构主要是由储丝筒、线架和导轮组成。当运丝机构的精度下降时，会引起储丝筒的径向跳动和轴向窜动。储丝筒的径向跳动会使电极丝的张力减小，造成丝松，严重时会使电极丝从导轮槽中脱出拉断。储丝筒的轴向窜动会使排丝不均匀，产生叠丝等现象。储丝筒的轴和轴承等零件常因磨损而产生间隙，也容易引起电极丝抖动而断丝。储丝筒换向时，如果没有切断高频电源，会导致电极丝在短时间内温度过高而烧断。

在加工过程中，要保持储丝筒、导轮等零部件转动灵活，否则在往返运动时会引起运丝机构振动而断丝。储丝筒后端的限位挡块应调整好，避免因储丝筒冲出限位行程而断丝。

挡丝装置中挡块与快速运动的钼丝接触、摩擦，易产生沟槽并造成夹丝拉断，因此也应及时更换。

导轮轴承的磨损将直接影响电极丝的运动精度。另外，当导轮的V形槽、导电

块磨损后产生的沟槽，也会使电极丝的摩擦力过大，产生夹丝等现象，易将电极丝拉断。因此在机床使用中，应定期检查运丝机构的精度，及时更换易磨损件。

8.1.3 与电极丝本身相关的断丝

电极丝的选择包括电极丝材料以及电极丝直径的选择。电火花线切割加工所用的电极丝材料应具有良好的导电性、抗拉强度大、耐电腐蚀性能好等要求。电极丝不得有弯折和打结现象。电极丝材料通常有钼丝、钨丝、钨钼丝、黄铜丝、铜钨丝等，其中以钼丝和黄铜丝用得最多。采用钨丝加工，可获得较高的加工速度，但放电后电极丝变脆，易断丝，应用较少，所以一般在走丝速度较慢、小的电参数时使用。钼丝虽然熔点和抗拉强度相对较低，但韧性好，在频繁的急冷急热的变化中，丝质不易变脆而断丝，因此尽管有些性能不如钨丝好，仍是目前使用最为广泛的一种电极丝。钨钼丝加工效果比前两种都好，使用寿命和加工速度都比钼丝高，但价格昂贵。铜丝的加工速度高，加工过程稳定，但抗拉强度差，损耗也大，一般在低速走丝线切割加工中使用较多。所以电极丝材料的选择应根据加工情况而定，否则会引起断丝等现象。

对于高速走丝线切割加工，电极丝直径一般选择$\phi0.06$～$\phi0.25$mm，常用的为$\phi0.12$～$\phi0.18$mm。需获得精细的形状和很小的圆角半径时，则可选择$\phi0.04$mm的电极丝。电极丝选择得当，会大大减少断丝的发生，还可以提高线切割加工效率。另外，电极丝在加工中反复使用，损耗使它由粗变细，这时在加工中也容易发生断丝。一般来说，在测量丝径比新丝径减少0.03～0.05mm时，应及时更换新丝。

通常，新电极丝表面有一层黑色氧化物，如果加工时切割速度快，则工件表面呈粗黑色；如果这时电源能量太大，则易断丝。因此对于新电极丝，加工电流需适当减小，当电极丝表面的氧化层蚀除掉，电极丝的表面基本发白后，可恢复使用正常电参数。当机床较长时间未用，待使用时，发现钼丝已断，这是由于温差使材料热胀冷缩，再加上钼丝自身的张力作用而绷断。若机床长时间不使用，应手动将储丝筒摇至电极丝的一个末端并松开电极丝。

电极丝在切割过程中，其张力大小要适当。如果电极丝安装太松，则抖动厉害，不仅会造成断丝，而且由于电极丝的抖动直接影响工件的加工精度。但电极丝也不能安装得太紧，如果安装太紧，则电极丝内应力增大，也会造成断丝。因此电极丝在切割过程中，其松紧程度要适当，对于新安装的电极丝，应先紧丝再加工。紧丝时，用力不要太大。电极丝在加工一段时间后，由于自身的拉伸而变松。当伸长量较大时，会加剧电极丝振动或出现电极丝在储丝筒上重叠等状况，使走丝不稳而引起断丝。工作中，应经常检查电极丝的松紧程度，如果存在松弛现象，要及时拉紧。

电极丝要按规定的走向绕在储丝筒上，同时固定两端。绕丝时，一般储丝筒两端各留10mm，中间绕满不重叠，宽度不少于储丝筒长度的一半，以免电动机换向频繁而使机件加速损坏，且影响工件的表面质量，也防止电极丝频繁参与切割而断丝。数控高速走丝电火花线切割加工机床一般设计有恒张力机构，可以不需要人工进行紧丝，但应根据所选电极丝的直径选择正确的配重块重量，以保证加工中电极丝合适的张力。

电极丝的走丝速度的设置要适中，若走丝速度过高，电极丝抖动严重，则会破坏加工的稳定性，易造成断丝；走丝速度也不能过低，否则加工时产生的电蚀产物不易排出，导致断丝。

8.1.4　与工件相关的断丝

未经锻压、淬火、回火处理的材料，钢材中所含碳化物颗粒大，并且聚集成团，而分布又不均匀，存在较大的内应力。如果工件的内应力没有得到消除，在切割时，有的工件会开裂，把电极丝碰断，有的会使间隙变形、切缝变窄而卡断电极丝。为减少因工件材料引起的断丝，在电火花线切割加工前最好采用低温回火消除工件内应力。应选择锻造性能好、淬透性好、热处理变形小的材料，钢材中所含碳化物分布均匀，从而使加工稳定性增强。例如以电火花线切割加工为主要工艺的冷冲模具，尽量选用CrWMn、Cr12Mo、GCr15等合金工具钢，并要正确选择热加工方法和严格执行热处理规范。

锻压或熔炼的材料，工件中可能含有不导电的杂质。这些杂质不具有良好的导电性，导致加工中不断发生短路或断路，最终拉断电极丝。解决这种情况的办法是，可编制一段每前进0.05～0.1mm便后退0.5～1mm的程序，在加工中反复使用；并加大切削液流量，一般可冲刷掉杂质，恢复正常切割。

切割较厚的铝合金材料时，导电块磨损较大，会使电极丝的摩擦力过大，易将电极丝拉断，应注意及时更换导电块。

加工薄工件（3mm以下）时，如果上、下导轮之间的距离过大，电极丝易抖动，较容易断丝。解决的办法是适当调节上、下导轮之间的距离，也可在上、下导轮之间采用辅料加厚的方法，加大厚度可增加阻尼，也可防止电极丝抖动。

加工厚工件或者加工的工件有一定重量时，在加工快要结束时，可用磁铁吸住将要下落的工件，防止砸断电极丝；也可以使用胶粘接工件和坯料，或者

其他的工艺方法，避免工件直接下落，砸断电极丝或砸伤工件和机床。

工件在使用平面磨床磨削后应退磁。若不退磁，电火花线切割加工中产生的电腐蚀颗粒易吸附在割缝中。尤其是工件较厚时，如果不退磁，易造成切割进给不均匀，造成短路、断丝。

8.1.5　与工作液相关的断丝

工作液在使用较长时间后，会变得脏污，其综合性能变差是引起断丝的主要原因之一。如前所述，根据加工经验，对于新换的工作液，如果每天工作8h，使用两天后效果最好，继续使用8～10天则易断丝，须更换新的工作液。

对要求切割速度高或大厚度工件，其工作液的配比浓度可适当小一些，体积浓度为5%～8%，这样加工较稳定，不易断丝。用纯净水配置的工作液比自来水配置的工作液在加工中更稳定，不易断丝。

8.1.6　与操作相关的断丝

在数控电火花线切割加工上丝、穿丝操作中，要避免电极丝局部打折。打折位置的抗拉强度和承受热能负荷的能力下降，易发生断丝。为了避免电极丝打折，在上丝、穿丝操作时应仔细认真、规范操作。

在使用自动找中心功能时，如果工艺孔壁有油污、毛刺或某些不导电的物质，当电极丝移动到孔壁时未火花放电，使数控系统检测不到信号，不能自动换向，会导致拉断电极丝，因此加工前一定要将工艺孔清理干净。

某些情况下需要手动切割（手动控制进给），此时应观察电流表，调整控制旋钮，使电流表的指针尽量平稳，使进给速度与电蚀除速度相适应。电流表指针变化的频率不得超过正常切割时的变化速率，否则极易断丝。

8.2　数控高速走丝电火花线切割短路问题的原因及解决办法

8.2.1　短路的状况与后果

短路是指电极丝与工件相接，却不能产生放电通道的现象。在正常放电过程中，电极丝与工件并没有真正接触，有一定的距离，而这个距离就是放电通道。当短路发生后，不能形成放电通道，将不能正常进行放电加工。

8.2.2　加工前短路

加工前短路往往是由于工件起割的区域工件与工具电极短接导致的，切割前切记要保持加工面的干净，如图8-1所示。另外，如果导轮和导电块有污物堆积，也会引起短路，此时应用毛刷或棉纱蘸乙醇或煤油清洗干净。

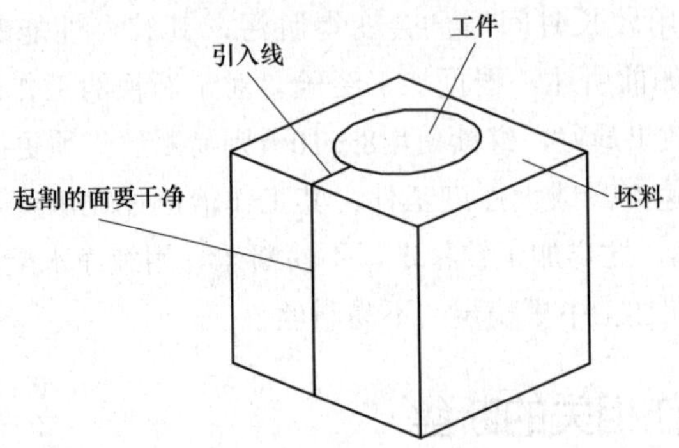

图8-1　工件起割面不干净引起短路

8.2.3　加工结束时短路

加工结束时短路往往是工件落下前变形或位置变化引起的，如图8-2所示。此时，应用磁铁吸住要掉下的材料，使钼丝与工件之间有微小的间隙；也可改小加工条件，继续加工。如果还是短路，可用不导电的物体推动钼丝在切割的缝隙间跳动，让切割的缝隙变宽，形成一个正常的放电通道。

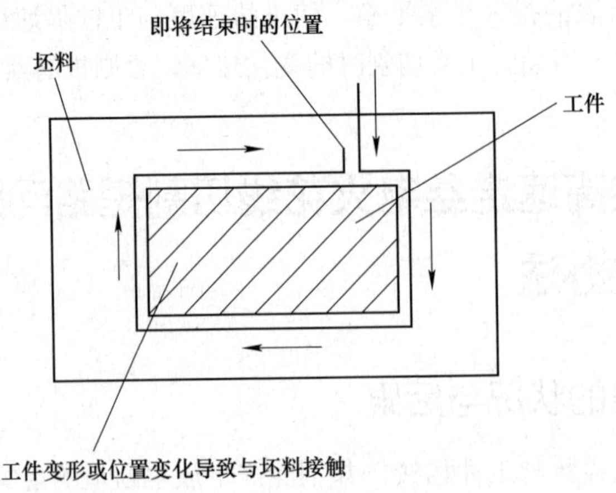

图8-2　工件变形引起短路

8.2.4　加工中短路

加工中短路最常见的就是废料掉下，卡在工件与上、下机头之间，如图8-3所示。此种短路也最为危险。如果不能急时取出废料，会损伤上、下机头或工件。另外，如果工作液过脏，也会引起短路。因为一些蚀除掉的物质夹在切割的缝隙之间，形成短路。此时，就需要更换工作液。更换工作液时应该先停机；加入水或工作液时，请注意安全，不要把水洒入电动机内。

还有一种情况是进给速度过快引起的短路。如果伺服进给的速度大于电火花切割速度很多，电极丝就会发生倾斜，紧贴在工件的表面，形成短路。可以通过示波器来观察加工中的状态。如果示波器变成一个不动的直线，一般表明已经发生短路，这时就要减慢加工的进给速度。

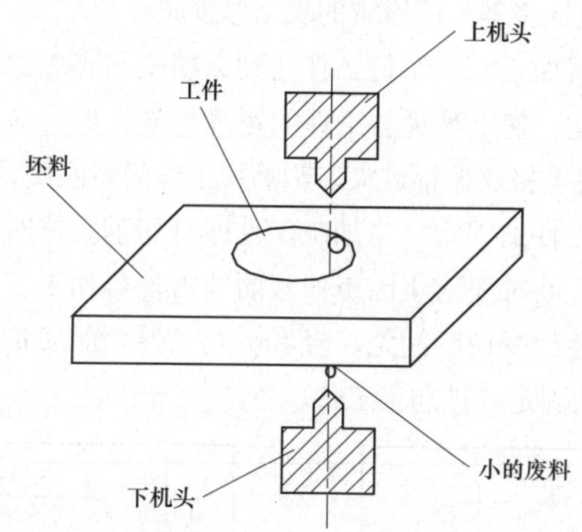

图8-3　废料卡在工件与上、下机头之间引起短路

8.3　数控高速走丝电火花线切割加工不良问题的解决办法

8.3.1　尺寸精度不良

1. 机床的原因

（1）合理安排切割路线　该措施的指导思想是尽量避免破坏工件材料原有的内部应力平衡，防止工件材料在切割过程中因在夹具等的作用下，由于切割

路线安排不合理而产生显著变形，致使切割表面质量下降。例如，工件与其夹持部分的分离应安排在最后，使加工中刚性较好，如图8-4所示。

（2）正确选择切割参数　对于不同的粗、精加工工艺过程，其丝速和丝张力应以厂家提供的参数为基础，根据加工实际做适当调整。为了保证加工工件具有更高的精度和表面质量，可以适当调高线切割机的丝张力，虽然制造线切割机床的厂家提供了适应不同切割条件的相关参数，但由于工件的材料、所需要的加工精度以及其他因素的影响，不能完全照搬厂家介绍或推荐的切割条件，而应以这些条件为基础，根据实际需要做相应的调整。例如，若要加工厚度为27mm的工件，则在加工条件表中找不到相当的情况，这种情况下，可以根据厚度在20～30mm间的切割条件做出调整，主要办法是：加工工件的厚度接近哪一个标准厚度，就选择其为应设定的加工厚度。

（3）采用近距离加工　为了使工件达到高精度和高表面质量，根据工件厚度及时调整丝架高度，使上喷嘴与工件的距离尽量靠近，这样就可以避免因上喷嘴离工件较远而使电极丝振幅过大，影响加工件的表面质量。

（4）注意加工工件的固定　当加工工件即将切割完毕时，其与母体材料的连接强度势必下降，此时要防止因工作液的冲击使得加工工件发生偏斜。因为一旦发生偏斜，就会改变切割间隙，轻者影响工件表面质量，重者使工件切坏报废，所以要想办法固定好被加工工件。

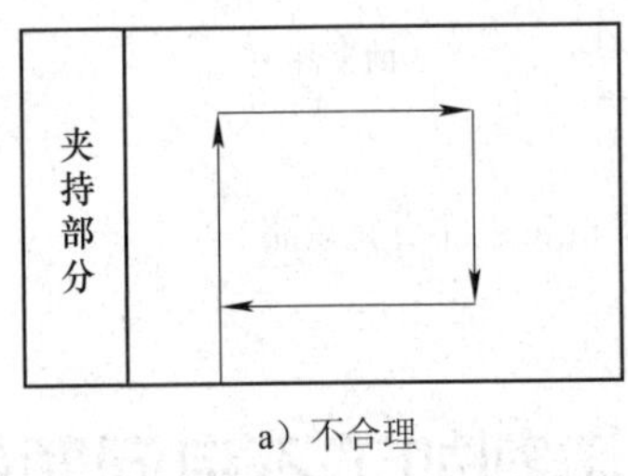

a）不合理

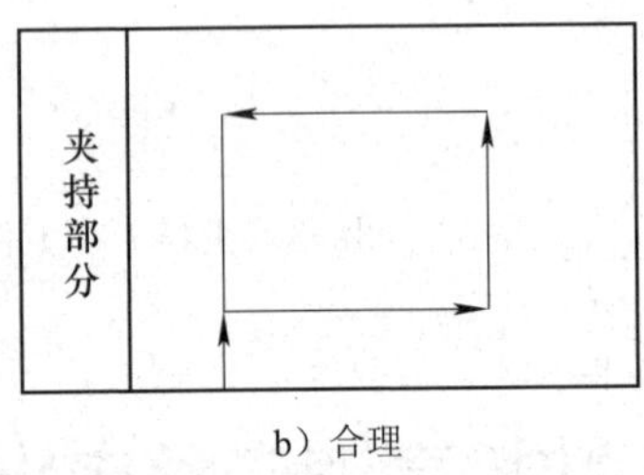

b）合理

图8-4　合理安排切割路线

2. 工件材料的原因

1）由于工件材料不同，熔点、汽化点、热导率等都不一样，因而即使按同样方式加工，所获得的工件表面质量也不相同，因此必须根据实际需要的表面质量对工件材料做相应的选择。例如要达到高精度，就必须选择硬质合金类材料，而不应该选不锈钢或未淬火的高碳钢等，否则很难达到所需要求。

2）由于工件材料内部残余应力对加工的影响较大，在对热处理后的材料进

行加工时，由于大面积去除金属和切断加工会使材料内部残余应力的相对平衡受到破坏，从而可能影响零件的加工精度和表面质量。为了避免这些情况，应选择锻造性好、淬透性好、热处理变形小的材料。

3）加工过程中应将各项参数调到最佳状态，以减少断丝现象。如果发生断丝势必会回到起始点，重新上丝再次进行加工，会造成加工工件表面质量和加工精度下降。在加工过程中还应注意倾听机床发出的声音，正常加工的声音应为很光滑的“哧哧”声。同时，正常加工时，机床的电流表、电压表的指针应是振幅很小、处于较稳定的状态，此时进给速度均匀而且平稳。

3. 电极丝的原因

1）在加工前，必须检查电极丝，电极丝的张力对加工工件的表面质量也有很大的影响，加工表面质量要求高的工件，应在不断丝的前提下尽可能提高电极丝的张力。

2）线切割机床一般采用由乳化油和水配制而成的工作液。火花放电必须在具有一定绝缘性能的液体介质中进行，工作液的绝缘性能可使击穿后的放电通道压缩，从而局限在较小的通道半径内火花放电，形成瞬时和局部高温来熔化并汽化金属，放电结束后又迅速恢复放电间隙成为绝缘状态。若绝缘性能太低，则工作液成了导电体，从而不能形成火花放电；若绝缘性能太高，则放电间隙小，排屑难，切割速度降低。加工前要根据不同的工艺条件选择不同型号的工作液，另外必须检查与工作液有关的条件，检查工作液的液量及脏污程度，保证工作液的绝缘性能、洗涤性能、冷却性能达到要求。

3）必须检查导电块的磨损情况。高速走丝线切割机一般在加工了50～80h后就须考虑改变导电块的切割位置或者更换导电块。导电块有脏污时需用洗涤液清洗。

4）检查导轮的转动情况。导轮若转动不好则应立即更换，还必须仔细检查上、下喷嘴的损伤和脏污程度，用清洗液清除脏物，有损伤时需及时更换。还应经常检查储丝筒内电极丝的情况，丝损耗过大就会影响加工精度及表面质量，需及时更换。此外，导电块、导轮和上、下喷嘴的不良状况也会引起电极丝的振动，这时即使加工表面能进行良好的放电，但因电极丝振动，加工表面也很容易产生波峰或条纹，最终引起工件表面粗糙度变差。

5）保持稳定的电源电压。电源电压不稳定会造成电极与工件两端不稳定，从而引起击穿放电过程不稳定最终影响工件的表面质量。

8.3.2　表面精度不良

电火花线切割是利用瞬间放电能量的热效应，使工件材料熔化、汽化达到尺寸要求的加工方法。切割时的热效应和电解作用，通常使加工表面产生一定厚度的变质层，如表层硬度降低、出现显微裂纹等，致使线切割加工的模具易发生早期磨损，直接影响模具冲裁间隙的保持，以及模具刃口容易崩刃，缩短了模具的使用寿命。

对于碳钢工件来说，工件表面的熔化层（变质层由熔化凝固层与热影响层组成）在金相照片上呈现白色，称为白层。它与基体金属完全不同，是一种树枝状的淬火铸造组织，与内层的结合也不甚牢固。它主要由马氏体、大量晶粒极细的残留奥氏体和某些碳化物组成。

表面精度不良表现为加工速度产生波动，引起表面粗糙度不良，加工面出现纵向加工痕迹。表面精度不良会大大减少工件的美观与使用，严重时还会产生工件报废。

1. 机床的原因

高速走丝线切割机一般采用乳化油与水配制而成的工作液。火花放电必须在具有一定绝缘性能的液体介质中进行，如果绝缘性能太低，则工作液成了导电体，而不能形成火花放电；如果绝缘性能太高，则难以形成放电通道，切割速度降低。加工前要根据不同的工艺条件选择不同型号的乳化液。必须检查与工作液有关的条件，检查工作液的液量及脏污程度，保证工作液的绝缘性能、洗涤性能和冷却性能达到要求。

2. 工件的原因

1）工件材料的金相组织及元素成分。由于电火花的放电作用，使工件材料表面层的金相组织发生了明显的变化，形成不连续的、厚度不均匀的变质层。它与工件材料、电极丝材料、脉冲电源和工作液等参数有关。经金相组织分析，变质层中残留了大量奥氏体。在使用钼丝电极丝和含碳工作液时，经光谱分析和电子探针检测，在变质层内，钼和碳元素的含量大幅度增加；而使用铜丝电极丝和去离子水的工作液时，发现变质层内铜元素含量增加，而无渗碳现象。

2）变质层的厚度。通常变质层的厚度随脉冲能量的增大而变厚。因电火花放电过程的随机性，在相同的加工条件下，变质层的厚度往往是不均匀的。从有关试件所测得的变质层厚度的数据表明，线切割电规准对变质层厚度有明显的影响。

3）显微硬度明显下降，并出现显微裂纹。由于变质层金相组织和元素含量的变化，使工件表面的显微硬度明显下降。例如，在去离子水中进行电火花线切割加工后，工件表面硬度值由线切割前的970HV下降到线切割加工后的670HV，通常在距表面十几微米的深度内出现了线切割的软化层。同时，表面变质层一般存在拉应力，会出现显微裂纹。尤其是切割硬质合金时，在常规的电规准参数条件下，更容易出现裂纹，并存在空洞，危害极大。

为防止模具表面产生显微裂纹，应对钢材热加工（铸、锻）、热处理，直到制成模具的各个环节都要充分关注和重视，并采取相应的措施。

① 在线切割加工前进行热处理，以避免材料过热、渗碳、脱碳等现象。

② 线切割时应优化电规准：a. 采用高峰值、窄脉冲电参数，使工件材料以气相抛出，汽化热大大高于熔化热，以带走大部分热量，避免工件表面过热；b. 有效地进行逐个脉冲检测，控制好集中放电脉冲串的长度，也可解决局部过热问题，消除显微裂纹的产生；c. 脉冲能量对显微裂纹的影响极其明显，能量越大，显微裂纹则越宽越深，脉冲能量很小时，例如采用精加工电规准，表面粗糙度Ra<1.25μm，一般不易出现显微裂纹。

③ 工作液中的电蚀产物（如液渣等）常会导致集中放电，形成显微裂纹。此外，在电火花线切割加工中，为了预防裂纹和变形，加工条件也应慎重选择，尤其对于那些大型、厚壁、形状复杂、厚度不均匀的模具零件，宜采用多次切割法，这是减少和去除表面缺陷非常有效的方法。选择平坦、易精加工或对工件性能影响不大的部位设置为线切割的起始点，这也很重要。对于有些要求高的模具，可采用多种有效措施，在线切割加工后把表面变质层抛除、研磨掉，以提高零件的表面质量。

优化线切割加工的工艺方案，选择合理的工艺参数，以防止模具表面发生过热的现象，减少和避免变质层的形成，消除表面显微裂纹，对于提高模具制造质量和延长模具使用寿命均是十分有效的。

3. 电极丝的原因

电极丝也会影响到表面精度。质量好的电极丝，线切割速度快，不易断丝，产生的热量能瞬时消除。另外，电极丝的抖动也会在工件的表面产生条纹。在切割工件时，电极丝张力一定要适宜。张力过紧会拉断电极丝，张力过小会引起电极丝的抖动，造成工件表面精度不良。张力取值可以参考机床厂商提供的说明书，但实际经验还得由读者自己不断积累。

8.3.3 加工速度不良

高速走丝线切割合理调整进给速度的方法：

1）在高速走丝线切割机床中，整个进给控制电路有多个调整环节，其中大都安装在机床控制器内部，出厂时已调整好，一般不应该再修改。另有一个旋转的调节按钮安装在控制台操作面板上，操作工人可以根据工件的材料、厚度及加工的规则等来调节此按钮，以改变进给速度。不要以为进给电路能自动跟踪工件的余量速度并始终维持某一放电间隔（即不会开路不走或者短路闷死），便错误地认为加工时可不必或可随便调节进给量。实际上某一具体加工条件下只存在一个相应的最佳进给量，此时钼丝的进给速度恰好等于工件实际可能的最大蚀除速度。如果设置的进给速度小于工件实际可能的蚀除速度（称为欠跟踪或欠进给），则加工状态偏开路，无形中降低了生产效率；如果设置好的进给速度大于工件实际可能的蚀除速度（称为过跟踪或过进给），则加工状态偏短路，实际进给和切割速度反而也会下降，而且增加了短路、断丝和短路闷死状态的危险。因此合理调节变频进给，使其达到较好的加工状态很重要。

2）用电流表观察的方法调整进给速度。利用电压表和电流表以及用示波器等来观察加工状态，使之处于一种较好的状态，实质上也是一种调节合理的进给速度的方法。现在介绍一种用电流表根据工作电流和短路电流的比值来更快速有效地调节最佳进给速度的方法。

根据长期操作和实践并理论推导证明，用矩形波脉冲电源进行线切割加工时，无论工件材料、厚度、电规准大小，只要调节进给按钮，把加工电流（即电流表上指示的平均电流）调节到大概等于短路电流（即脉冲电源短路时电流表指示的电流）的70%～80%就可以保证最佳工作状态，即此时进给速度最合理，加工最稳定，切割速度最高。

8.3.4 斜度加工不良

电火花线切割加工的主要特征之一是能够进行垂直切割、斜度切割，或者采用两者组合切割。下面介绍如何运用电火花线切割进行高精度锥度加工，解决斜度加工不良的原因与技巧。

1. 机床的原因

机床的原因主要是导向系统的影响。电极丝能否在两个导向器之间保持直线状态主要取决于电极丝的种类。此外，在加工过程中电极丝的稳定性也是重要的因素。在电火花线切割过程中，走丝的稳定与否是一项极其重要的因素，这要求机床制造商具备很高的制造工艺水准。阿奇夏米尔公司生产的机床立足于金刚石封闭型导向器，开发了大圆弧半径导向器，因而成功地解决了这个问题，这种设计可以将电极丝的挠度降到最低。

采用“锥度切割专家系统”的大半径导向器，电极丝在导向器的曲线段上弯曲时不受任何局部作用力影响，因此电极丝处于稳定状态。当采用普通或者直壁导向器时，导向器很小的圆弧半径迫使电极丝急剧弯曲，这就会引起电极丝的振动。当两个导向器之间的电极丝挠曲时，加工一个简单工件也会出现缺陷。为比较加工结果，对工件三处不同部位进行圆度测量，测量使用了高精密仪器Talyrond，可测定实际加工圆与一个理想圆形之间的偏差。当同一型面加工中出现角度变化时，有一个值得注意且非常重要的概念是：电极丝在导向器中的附着点会随着加工角度的变化而发生变动。固定在工作台上的工件为什么会出现ΔZ的原因：当附着点改变时，基准Z随之移动，这样就会引起编程基准平面位置的变动，即使工件实际上并没有移动。

阿奇夏米尔公司的锥度切割专家系统为解决所有的问题，开发了TAPER-EXPERT锥度切割专家系统。TAPER-EXPERT全面解决了高精密锥度加工和良好表面粗糙度的难题。其系统的选件功能可以全面解决“为给定加工角度选择电极丝及其导向器”的问题，同时软件修正措施保证了加工件的几何轮廓具有严格的精度要求。

2. 工件材料的原因

工件材料对斜度加工不良的影响不是很大，但是对于不宜导电的材料，如石墨，在斜度加工时其精度远远低于铜材质或钢材质。工件的变形对切割斜度精度影响很大。如果工件发生变形，严重时会发生短路，切割不出所需的斜度。因此，减小工件变形是保证精密斜度加工的前提条件。

3. 电极丝的原因

首先需要选定合适的电极丝，只要加工斜度超过一定值时，选用具有高挠曲能力的电极丝就相当重要了。这种称为“软丝”的电极丝通常具有（4～5）$\times10^8$Pa的张力强度，而“硬”电极丝的张力强度则可达到9×10^8Pa。与硬丝相比较，软丝的伸长率较大，因而软丝在上、下导向器之间可以保持直线状态。

8.3.5　过切不良

1. 过切的状况与危害

过切指工件加工时超出工件的边缘，在边缘上产生过多的切削加工，产生小孔或缺口。过切常见于工件的拐角部位或短线段及圆弧处。在精密加工中，哪怕是0.03mm的过切也会造成工件报废。过切是线切割加工中最大的故障。

2. 过切的处理

在编制好程序后，要用机床上的轨迹描画功能进行检查。用放大功能将有可能产生过切的地方放大查看。也可以利用软件上的刀路模拟功能进行检查。如果看到有不正常的轨迹线，如超出正常切割范围，就会产生过切。处理过切有两种办法：一种是利用软件进行线条圆弧的处理，以符合线切割图形的要求，常见的就是把小于电极丝半径的圆弧直接删除变为直角加工；另一种是利用机床上的G132功能，进行过切跳过，使用此功能时，当有过切的地方，机床会自动跳过不执行，进行正常的轨迹切割。

8.4　数控高速走丝电火花线切割加工技巧

8.4.1　电火花线切割加工的变形及其预防

在线切割加工过程中，由于工件材料的热处理状态、应力状态、装夹方式、加工路径的安排、工件的结构形状等原因，使得加工后的工件产生尺寸和形状误差，严重的会使工件产生裂纹被废弃。

因为材料本身会有应力，切割肯定是打破了原有应力平衡变形后达成了新的平衡，只是应力有大有小，变形也会大小不一，这如同一根竹片从中间劈开，两半都弯，大半弯得少，小半弯得多。线切割加工是同一道理，只要变形小到最终的精度范围以内，加工也就算完成了。

应力是材料内固有的，随强度和硬度的提高而在加大的，暂时达成平衡的一种弹性力。所以越是淬硬的材料变形越大。这类材料要求淬火前反复锻造，以均匀组织，并把大量的加工余量和大块的废料在淬火前就去掉，即在淬火前

已把暂时维持平衡的那部分应力基本去掉了，淬火后所切掉的是达成应力平衡变形后的那一小部分，这样因线切割造成的变形就会小得多。淬火前没做处理也没去除余量的时候，也就是一个具有强大且完整应力的一块实心料的情况下，应采用合理设计线切割工艺技术来消除应力和去除余量。一般采用粗切、精切的方法，首先计算好留量，设置好夹头，把大部分的余量先去掉，得到一个形状已很接近最终工件且已不具有很大变形能力的新毛坯后再进行精切，如果再附以高低温的时效处理，材料变形就可以得到彻底解决。

上述主要是材料变形，因特殊细长形状的零件也会变形，如钟表秒针冲模的冲头，弹簧卡圈冲模的凹模和冲头。这类因形状而容易变形的零件，只有做好坯料预处理，在淬火工序中使工件得到充分的形变，切割时选择好切割路线和夹头的位置，这样才能得到合格的零件。

材料变形还会有一个突出的现象，就是切割入口处不能闭合，这大多是因为压板施压的位置不合理，没有把出入口处压牢，在切割过程中，入口处已随着形变发生了位移，尽管坐标回到了原位，但入口已经偏离，造成入口处台阶错口，最终得到的是一个废品。要解决此问题，这就依赖对材料变形应有充分认识，切割前采取相应措施，切割时采取相应方法。

一般来说，当一个具有内应力的工件从端面切割时，在工件材料上就会产生与之相应的应变，这就难以获得理想的精度。为了防止这种情况的发生，在工件上用穿孔机打一个工艺孔（起始孔、穿丝孔），直径为1～3mm，从这一点开始加即可，如图8-5所示。

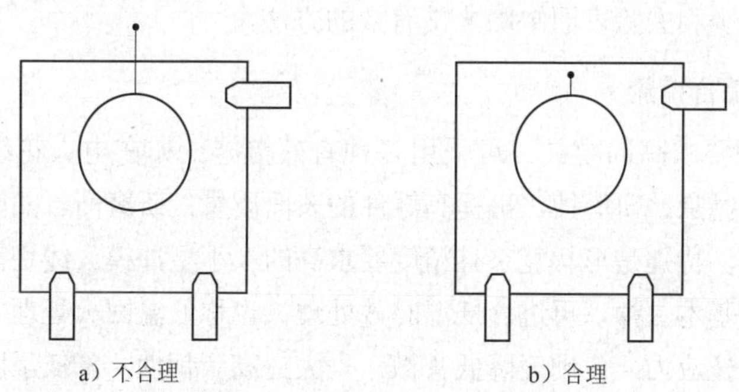

图8-5　合理设置加工起始点

8.4.2　提高电火花线切割加工模具的使用寿命

高速走丝电火花线切割过程使加工面承受了电离、热熔和冷却的过程，所以表面会发生相应的组织变化。通常加工表面产生一定厚度的变质层，对模具表面造成某些负面影响。如模具表面的硬度下降，产生显微裂纹等弊病，致使电火花线切割加工的模具易发生早期磨损，严重影响模具的质量和使用寿命。

为了提高数控高速走丝电火花线切割加工模具的使用寿命，应对模具的各个环节都要充分关注和重视。

1. 优化加工的电规准（电加工参数）

变质层的厚度随脉冲能量的增大而变厚。采用较大的峰值电流、窄的脉冲宽度、较大的脉冲间隔，可以避免工件表面在加工中的过热。另外，脉冲能量的增大对显微裂纹的影响极其明显，能量越大，显微裂纹越宽、越深。脉冲能量很小时，例如采用精加工电规准，表面粗糙度值 $Ra<1.25\mu m$，一般不易出现显微裂纹。

2. 重视工件的热处理工艺

电火花线切割加工前的热处理，要避免材料过热、渗碳、脱碳等现象。

3. 及时更换工作液

工作液中的电蚀产物常会导致集中放电，形成显微裂纹，要及时更换工作液。

4. 采用多次切割法

对于那些大型、厚壁、形状复杂、厚度不均匀的模具零件，宜采用多次切割法，这是减少和去除表面缺陷非常有效的方法。

5. 采取综合措施

对于有些要求高的模具，可采用多种有效措施。如在电火花线切割加工后把表面变质层抛除、研磨掉，可提高零件的表面质量，研磨凸、凹模端面有利于提高冲模寿命，特别是形状复杂且精度要求高的中小型冲模。线切割表面经研磨后，高硬层已基本去掉，再进行低温时效处理（也称低温回火处理），这样可消除淬火层内部拉应力，而硬度降低甚微，大大提高了韧性，降低了脆性，冲模寿命可提高两倍以上。这一方法简单易行，效果十分明显，易于推广。

8.4.3 获得好的表面质量

线切割加工表面的表面粗糙度 Ra 是由两个要素构成的：一是单次放电蚀除凹坑的大小，它的 Ra 通常在0.05～1.5μm之间，这对切割表面的表面粗糙度来说

是次要的；二是因换向造成的凸、凹条纹，它的*Ra*通常在1～50μm之间，大到0.1mm以上也有可能，这是构成线切割表面粗糙度的最重要因素，同时它伴随着换向的黑白条纹，给人视觉影响是很强烈的。

因单次放电造成凹坑大小的控制是较容易的，只须降低单个脉冲的能量。只是单个脉冲能量小到一定程度会造成较厚的工件切不动，甚至是只短路不放电的无火花状态，这类似于电火花加工中的精细规准，造成加工效率极低、排屑能力极差的不稳定加工。何况因放电凹坑造成的*Ra*与换向条纹造成的*Ra*不在同一个量级范围内，所以控制伴随换向条纹的*Ra*是最重要的。导轮、轴承的精度、上下行时张力的恒定性等原因，造成丝上下行时运动轨迹不一致，这种机械因素是造成换向凸、凹条纹的主要原因。

采取如下措施，会在一定程度上改善表面粗糙度：

1）适当降低脉宽和峰值电流，可减小蚀坑的大小。

2）导轮和轴承保持好的精度和运转的平稳性，减少丝抖、丝跳，使电极丝运动轨迹保持一条线，变位量减到最小。

3）电极丝维持适当的张力，且调好导轮和导电块，使电极丝正向与反向运动时，工作区的张力保持恒定不变。

4）电极丝不宜过紧，工作液不宜过新，新工作液对切割效率肯定有益，但切割表面粗糙度不是新工作液时最小。

5）过薄的工件上下两面各添加一块夹板，使换向条纹在夹板范围内被缓冲。

6）工作台运动稳定、准确、随动保真性好、无阻滞爬行。

7）保持稳定偏松（略有滞后）的变频跟踪。

8）适当留量的再次切割或多次切割，在切削量很小（电规准量要小）的情况下把切割面再扫（切割）一遍，对尺寸精度和表面粗糙度都会产生有益的作用，连扫（切割）三次，会把换向条纹基本去掉，只要机床重复定位精度高，适当留量的递进多次加工，会使切割面的表面粗糙度提高1～2个量级，效果与慢走丝相似，且费时并不太多，这是快走丝切割机的优点之一。

9）较厚的工件可适当使用短丝，一次换向进给量小于半个丝径，也可避免换向条纹的形成。

8.4.4 铝材料的高速线切割

数控高速走丝电火花线切割加工铝材料时，会产生大量氧化铝或表面粘有氧化铝的颗粒，这些颗粒表面极硬并具有磨粒性质，容易黏附在电极丝上，导致电极丝在高速往复运动时，电极丝与导电块接触的部位被研磨出深沟来，使导电块磨损特别严重，从而影响加工零件的表面质量、加工的稳定性和加工精度。同时电蚀物颗粒较大，充塞在沟槽处会使加工间隙容易堵塞，电极丝也就容易被卡断。另外，氧化铝颗粒使电极丝与导电块在运动时形成火花放电，使导电块磨损得更快。

针对上面的问题可采用以下三种措施。

1）选择合理的脉冲电加工参数。数控电火花高速走丝线切割加工时，较宽的脉冲宽度容易产生比较大的氧化铝颗粒或表面粘有氧化铝颗粒，脉冲间隔小也会产生较大的颗粒。而电极丝易黏附这些较大的加工颗粒，给加工带来很大的负面影响。通过提高脉冲电流的空载电压幅值，降低脉冲宽度，加大脉冲间隙，可减少颗粒黏附在电极丝上的可能性。

2）选择合理的工作液。目前采用水溶液作为数控快走丝电火花线切割加工的工作液，常规配比是1:10，根据经验，加工铝材料时宜采用3:8的比例。为了保持工作液的清洁，使其正常有效地工作，并延长工作液的使用期，可使用厚的海绵作为过滤物以避免残屑流入水箱，保持工作液的畅通，减少电极丝上加工屑的黏附。对海绵过滤物要进行定期的清洗或更换。工作液的上下喷水量应均匀，以便及时把蚀除物排除。

3）提高操作技巧。可在上丝架后端槽中加一块海绵，高速往返的电极丝经海绵摩擦，可去掉一部分黏附的氧化物颗粒，减少氧化物颗粒对导电块的磨损，同时减少电极丝抖动，确保脉冲电源效率的正常发挥。还要注意经常更换导电块的工作位置。

8.4.5　大厚度、薄壁工件的切割

1. 大厚度工件的切割

大厚度工件的切割是比较困难的，不是丝架能升多高，就能切多厚。受放电加工蚀除条件的制约，工件厚到一定程度，加工就很不稳定，甚至会有电流无放电的短路发生。伴随着拉孤烧伤很快会断丝，在很不稳定的加工中，切割面也会形成条条沟槽，表面质量被严重破坏。切缝里充塞着极黏稠的蚀除物，甚至是近乎粉状的炭黑及蚀除物微粒。

对于钢件，大厚度通常是指200mm以上。至于电导率更高、热导率更高或耐高温的其他材料，大厚度通常小于200mm，如纯铜、硬质合金、纯钨、纯钼等，70mm厚就已经非常难加工了。

（1）大厚度工件切割的主要问题

1）没有足够工作液的进入和交换，间隙内不能排出蚀除物，不能恢复绝缘，也就无法形成放电加工状态。

2）间隙内的充塞物以电阻的形式分流了脉冲电源的能量，使得丝与工件间失去了足够的击穿电压和单个脉冲能量。

3）钼丝自身的载流量所限，不可能有更大的脉冲能量传递到间隙中去。

4）切缝中间部位排出蚀除物的路程太长，衰减了的火花放电，已形不成足够的爆炸力和排污能力。

5）材料原因，大厚度工件存在杂质和内应力的可能性大为增加，切缝的局部异常和形变概率也就增大，失去了切割冲击力，却增大了被短路的可能性。

（2）解决大厚度工件切割的主要问题的措施

1）加大单个脉冲的能量（单个脉冲的电压、电流、脉宽，这三者的乘积就是单个脉冲的能量），加大脉冲间隔，目的是在钼丝载流量的平均值不增大的前提下，形成火花放电的能力和火花的爆炸力被增强。

2）选用介电系数更高、恢复绝缘能力更强、流动性和排污能力更强的工作液。

3）大幅度提高脉冲电压，使放电间隙加大，工作液进入和排出也就比较容易了。

4）预先做好被加工材料的预处理，如以反复锻造的办法均匀组织，清除杂质，以退火和人工时效处理的办法清除材料的内应力，以去除大的余量的办法使材料应力得到充分释放。

5）提高电极丝运行速度，更平稳地运丝，使携工作液和抗短路的能力增强。

6）人为编制折线进给或自动进二退一的进给路线，使间隙被有效扩大。

2. 薄工件的切割

所谓薄工件，一般是指厚度在5mm以下的工件，如样板及机械零配件等。保证这类工件的加工精度是有一定困难的。主要原因是：丝架上、下导轮的最小跨距一般是固定的，约为70mm。当切割薄工件时，在高速走丝的情况下，电极丝失去了加工厚工件时应产生的工作液的阻尼作用，又加上火花放电的影响，因而电极丝很容易产生抖动。另外，切割薄工件的速度快，而步进电动机的速度有一定的技术范围，速度太快时（指超过它承受的最高脉冲频率）会产生失步和丢数现象，这些都会影响工件的加工精度。为克服上述现象，保证薄工件的加工质量，建议采取下列措施：

1）把加工电压调至50V左右。

2）调整脉冲宽度，使之小于10μs。

3）加工电流控制在0.2～0.3A范围内。

4）减小电极丝抖动。如果储丝筒是直流电动机驱动的，则改变电枢电压，降低转速；如果是交流电动机驱动的，则在A、B、C相的任意两相中串接10～25Ω、75W的线绕电阻，以降低相电压，使其换向过渡时间稍微拉长，实现软换向，从而减少抖动。

5）在上、下导轮之间安装宝石夹持器。

6）如果安装夹持器有困难，也可采用辅料加厚的方法，加大夹持厚度，使阻尼增加，从而可防止电极丝抖动。使用这种方法比较简便，而且加工电参数也不需要调整。

另外，薄片类金属零件，可多片叠装在一起切割加工。因薄片易变形，应对叠片妥善装夹。常用的夹紧方式主要有：利用辅助工艺夹板、铆接固定和浸锡固定三种方式。

1）利用辅助工艺夹板。该方式是将工件坯料切成长条料，再裁成一定（所需）尺寸的矩形板料，利用平板压紧。夹紧板的上下平面应经过平磨加工。该方式夹紧方便，可充分利用材料，零件切割面与其上下平面垂直度较好，但增加了线切割的无功加工。

2）铆接固定。该方式利用铆钉将工件坯件组合起来，这样不会出现无功加工，但由于坯料应预制铆钉孔，而增加了辅助工艺加工。

3）浸锡固定。该方式将外形大致相等的材料四面浸锡，使各件焊接组合在一起。该方式装夹方便，适于纯铜、黄铜、银片等材料；缺点是不易保证切割面与上下面保持垂直，坯件不易保证在加工时处于平面状态。

为了避免和减少切割变形，对于切割外形封闭的工件，要在材料边角处钻穿丝孔。

8.5　数控高速走丝电火花线切割加工锥度

8.5.1　锥度加工精度问题

从原理上讲，锥度是可以准确切割的。因为当输入导轮半径，上、下导轮中心距离，下导轮距下平面的距离，工件的高度和锥度角后，由程序中的相似

形公式做数学模型，可以把工件上平面和下平面的尺寸很准确地换算成*XY*轴与*UV*轴的组合运动数值，以微米为当量的步距是可以满足极高的精度要求的。

但在实际切割时，仍有许多直接影响精度的误差存在，如导轮半径、导轮中心距、下导轮到下平面的距离这类的数值，是很难求得一个很准确的数值的，它们的误差值与微米级精度相比大概要差百倍千倍，从而造成程序运行中的假数真算。

精度丢失的另一重要原因是切割锥度时上、下导轮在竖直方向不在同一位置，此时，给电极丝定位的已不是导轮V形槽的根部，V形槽的V形面已干涉了电极丝的初始位置，这是一个含有极其不确定因素的变量，这是一个幅度从几微米到几毫米的变量，而这个量无法在任何运算中加以补偿。故而在大锥度的切割机上，采用了导轮与*UV*轴随动的结构，也有人称之为连杆式结构，从而解决了导轮V形面干涉钼丝的问题。但因复杂的联动系统，不少于三处的活动关节，使导轮承载在一个刚性较差、支点和力臂都较长的活动轴体的端头上。系统的整体稳定性、刚性以及动作的滞后，都成了影响切割精度的重要因素。

尽管锥度切割还存在许多难以克服的问题，它仍是线切割的一个强大功能。锥度功能的使用有一个逐步熟练的过程，针对性的工艺试验和输入参数对加工结果的影响估测是锥度切割的重要经验。试验和经验可以帮助人们切割出精度很高的锥度零件，首件加工可能不够满意，达不到要求，但第二件或第三件完全有把握加工出一个合格的产品。因为改变输入参数中的任何一个，比如上、下导轮的中心距或是锥度角，它可以直接控制上平面的尺寸或下平面的尺寸。以第一件作为参照，对第二件做修正，第三件成功的可能性是很大的。这样的参照、修正和成功经过几次，就可以达到得心应手的程度。最终以现有的机床，以及锥度切割的控制能力，可以达到的精度通常在0.05mm左右，这对锥度零件的生产来说，适用性和满意度已经很高了。

8.5.2 控制方式

1. 利用丝架移动切割带锥度工件

利用丝架移动实现锥度加工的方法如图8-6所示。

1）上（或下）丝架臂单臂平动，即上（或下）丝架臂沿*X*、*Y*方向平移。此法加工的锥度不宜过大，否则导轮易损，工件上有一定的加工圆角，如图8-6a所示。

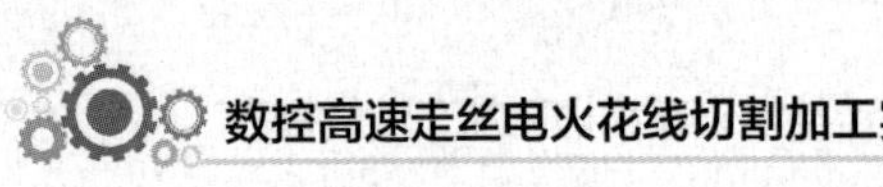

2）上、下丝架臂同时绕一定中心移动。如果模具刃口放在中心“O”上，则加工圆角近似为电极丝半径。此法加工的锥度也不宜太大，如图8-6b所示。

3）上、下丝架臂分别平动和摆动，即上、下丝架臂分别沿导轮径向平动及轴向摆动。此法加工锥度不影响导轮磨损，如图8-6c所示。

利用丝架移动切割带锥度工件的方法一次成形，精确方便，易于掌握，效率较高。

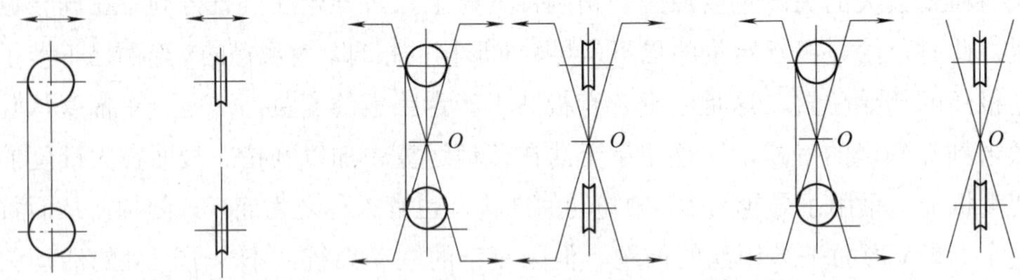

a）上（或下）丝架臂单臂平动　b）上、下丝架臂同时绕一定中心移动　c）上、下丝架臂分别平动和摆动

图8-6　丝架移动方式

2. 平动法

平动法利用一个平动装置，使靠近下导轮处的电极丝做相应的圆周运动，电极丝的运动轨迹形成一个锥面，经过放电把锥面内的工件材料蚀除，以便切割出带锥度的工件。

该方法无功（不是直接形成工件锥面所做的功）放电蚀除量较大，加工速度较低。

3. 靠模补偿两次加工法

对于无切割锥度功能的机床，采用靠模补偿两次加工法也可切割出带锥度的工件。将辅助工件靠模板材经薄片绝缘与凹模工件材料装夹在一起，进行第一次切割，得到直壁型孔。

直壁型孔切割结束后，切割辅助工件靠模与工件间的金属导线，利用偏移功能，使工作台运动轨迹相对第一次加工运动轨迹偏移e值，进行第二次切割。因辅助工件靠模不接电源，与电极丝接触而不放电，故电极丝弯折，把凹模切割成带锥度的工件。

辅助工件靠模一般为2～3mm厚的金属板。工件和金属板之间垫厚为0.5～0.8mm的绝缘片。绝缘片材料可用胶木板、有机玻璃板或塑料薄膜等。此法方便易行，但加工效率低，电极丝运动受金属板的摩擦而影响使用寿命。

8.5.3 切割带锥度工件的控制装置

切割带锥度工件的控制装置有单导轮移动控制装置和双导轮移动控制装置。

1. 单导轮移动控制装置

图8-7所示为同时可做4轴控制的单导轮移动控制装置。在此装置中，根据程序指令，也可实现普通的不带锥度的直线边加工。

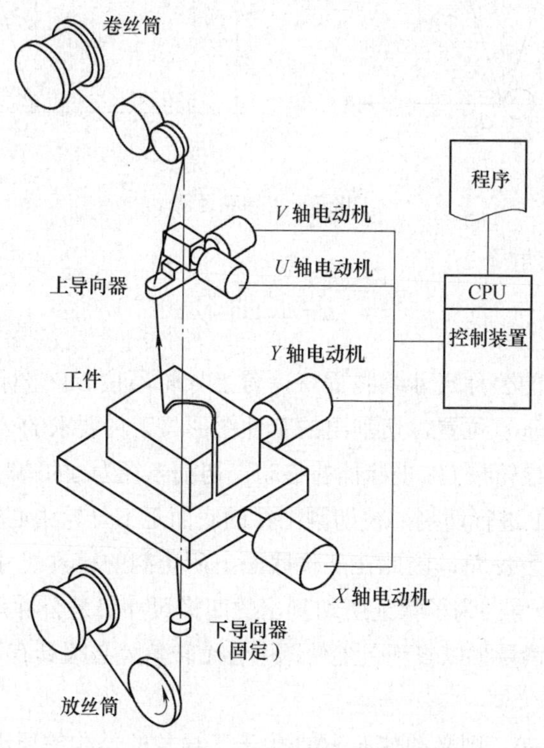

图8-7 单导轮移动控制装置

应用此装置，可以手动方式设定锥度，或用程序指定锥度，使上部导向器自动驱动，即可完成任意锥度的加工。

此外，在锥度加工装置中，应保持上、下导向器跨距一定（上、下电极丝支点间的距离），这对进行高精度的锥度加工更为重要。

在线架的上、下导轮中，下导轮的位置固定不动，只有上导轮能做U、V方向的移动，这样当上导轮在UV水平面内做圆弧插补运动时，上、下导轮之间的电极丝会得到一个倒圆锥形的轨迹，如图8-8所示。

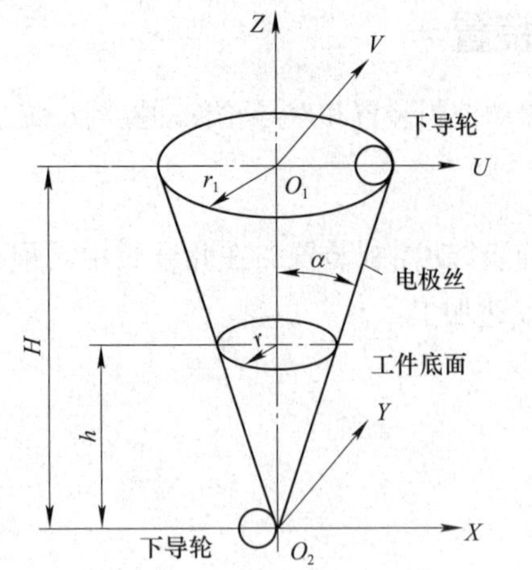

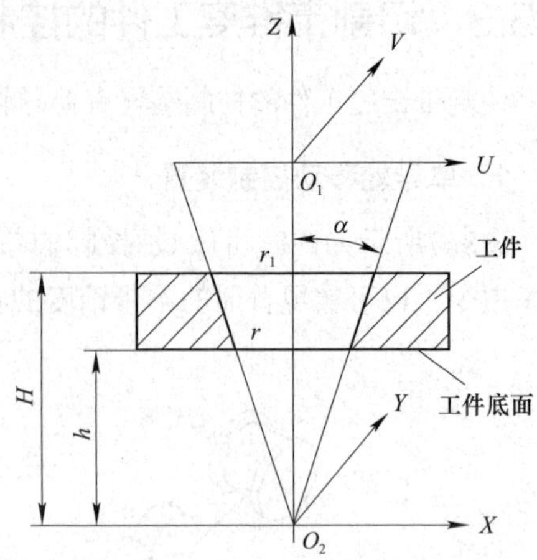

图8-8　上导轮运动

图8-8中，锥角

$$\alpha=\arctan\frac{r_1}{H}$$

如果按工件的公称尺寸编制程序，若上导轮不按UV坐标插补移动，电极丝保持在O_1O_2的垂直位置，切割出的工件图形与工件要求的公称尺寸相同。当切割锥度时，上导轮按UV坐标插补移动，切割半径为r_1的圆时，电极丝在倾斜α角的不同位置上进行切割，被切割工件的底面至下导轮中心平面的距离为h，由于电极丝倾斜了α角，因此在工件底面上所切割的模具尺寸与要求的尺寸相比，单边增大了r值。为了保证所切割出的凹模尺寸仍是公称尺寸，必须用r这个值作为间隙补偿量加以修正，工件图中各个转角处必须具有等于或大于r值的过渡圆角。

如果要求$r\to0$，则必须使$h\to0$，由于下导轮的结构等原因，实际的h值不可能为零。

$$r=h\tan\alpha+r_{丝}+\delta$$

式中　$r_{丝}$——电极丝半径（mm）；

δ——单边放电间隙（mm）。

在实际加工中，应首先测量下导轮中心到工件底面的距离，然后计算r值，并用计算得到的r值作为间隙补偿量加以修正后进行切割加工。

单导轮移动方式的特点是结构简单，只要在线架的上导轮处设置一个U、V坐标的小十字拖板，就能完成带锥度的工件切割。

2. 双导轮移动控制装置

双导轮移动是指上导轮和下导轮都能做UV轴向运动，而且上、下导轮的运动方向相反，即当上导轮走$+U$时下导轮走$-U$，上导轮走$+V$时下导轮走$-V$。两个导轮运动方向相反，目的主要是使倾斜的电极丝中心线与在垂直位置时的电极丝中心线有一个相交的支点O，如图8-9所示。此支点O与上、下导轮中心距离的确定，对机床的工艺性能以及控制系统等有决定性作用，具体方案有：

支点O设在上、下导轮跨距中心。如图8-9所示，上、下导轮之间由杠杆联动，此时杠杆比为1:1，上导轮移动量ΔU_1与下导轮移动量ΔU_2相等，而移动方向相反。当上导轮主动走圆轨迹时，下导轮从动走圆轨迹，此时电极丝的轨迹形成两个共顶点且大小相同的圆锥体，如图8-10所示。

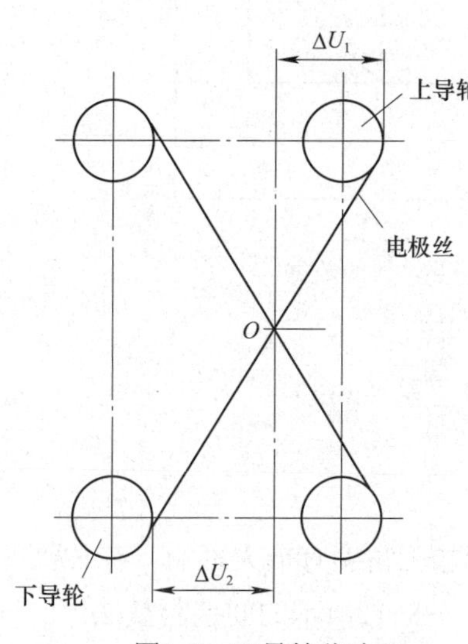

图8-9　双导轮移动

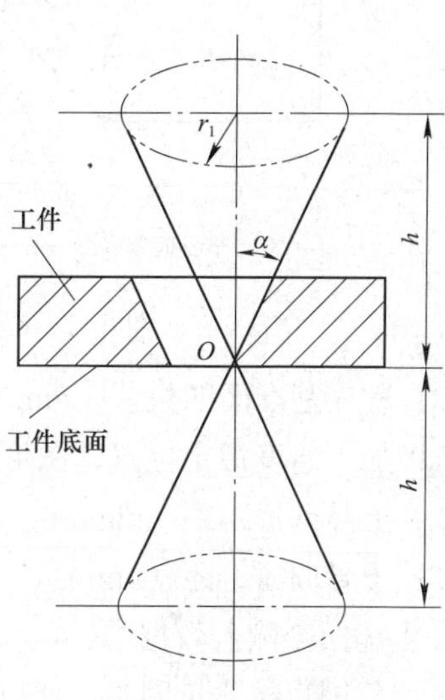

图8-10　加工锥体

图8-10中，锥角

$$\alpha=\arctan\frac{r_1}{h}$$

切割加工工件时，应将工件的刃口表面放置在支点O处，此时间隙补偿量f与工件最小圆角半径R分别为

$$f=r_{丝}+\delta，R=r_{丝}+\delta$$

这种结构的主要缺点是，所切割工件的刃口面必须放在支点O处平面上，不能充分利用上、下丝架之间的空间来安放工件。

8.5.4 锥度加工中应输入的数据

在锥度加工装置中，通常还要把如图8-11所示的四个数值输入控制装置或程序中。在计算上导向器移动量和由于电极丝倾斜而计算工作台的修正移动量时，这四个数值是必须输入的。

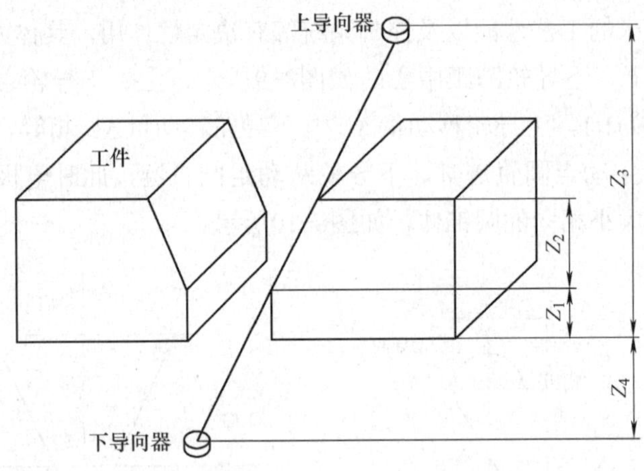

图8-11　锥度加工中需要输入的数据

Z_1：程序基准面的位置（mm）；

Z_2：加工速度指定位置、图形校验指定位置（mm）；

Z_3：上导向器跨距（mm）；

Z_4：下导向器跨距（mm）。

在上述四个输入数据中，Z_3、Z_4对锥度加工精度有很大影响，有必要规定正确的值，但因直接测量困难，所以常采用如图8-12所示的间接测量法。

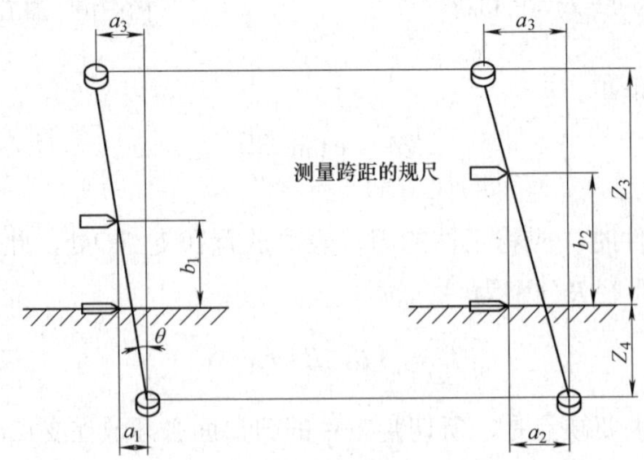

图8-12　导向器跨距间接测量

如图8-12所示，Z_3、Z_4分别用下列公式给出：

$$Z_4=\frac{a_2b_1-a_1b_2}{a_1-a_2}$$

$$Z_3=\frac{Z_4}{a_2}(a_3-a_2)+\frac{a_3b_2}{a_2}$$

式中 a_1、a_2——离电极丝垂直位置的偏移量（mm），由测量b_1、b_2跨距的规尺测量；

a_3——上导向器的移动量（mm）；

b_1、b_2——测量跨距的规尺高度（mm）。

8.6 多次切割工艺要点

8.6.1 第一次切割

第一次切割的主要任务是高速稳定切割。其各有关参数选用如下：

1. 脉冲参数

应选用高峰值电流大能量切割，采用分组脉冲和脉冲电源逐个增大方法，控制脉冲电流上升率，以获得更好的工艺效果。

2. 电极丝中心轨迹的补偿量f

$$f=\delta+d/2+\Delta+s$$

式中 f——补偿量（mm）；

δ——第一次切割时的平均放电间隙（mm）；

d——电极丝直径（mm）；

Δ——为第二次切割留的加工余量（mm）；

s——精修余量（mm）。

在高峰值电流加工的情况下，放电间隙δ约为0.02mm，精修余量s甚微，约为0.005mm；而加工余量Δ则取决于切割后的加工表面粗糙度。在试验及应用的条件下，第一次切割的加工表面粗糙度一般控制在$Ra \leqslant 3.5\mu m$，再考虑到往复走丝切割条纹的影响，$\Delta \approx 2\times$（5×0.0035）mm=0.035mm。这样，补偿量f应在0.05～0.06mm之间，选大了会影响第二次切割的速度，选小了又会在第二次切割时难以消除第一次切割时留下的换向条纹痕迹。

3. 走丝方式

采用整个储丝筒的绕丝长度全程往复走丝，走丝速度为8m/s。

8.6.2　第二次切割

第二次切割的主要任务是修光。其各有关参数选用如下：

1. 脉冲参数

要达到修光的目的，就必须减少脉冲放电能量，但放电能量太小，又会影响第二次切割的速度，在兼顾加工表面质量及切割速度的情况下，所选用的脉冲参数应使加工质量提高一级，即第二次切割的表面质量要达到Ra≤1.7μm，减少脉冲能量的方法主要靠减少脉宽，而脉冲峰值电流不宜太小。

2. 电极丝中心轨迹线的补偿量f

由于第二次切割是精修，此时的放电间隙很小，仅为0.005～0.007mm，第三次切割所需的加工余量甚微，只有几微米，两者加起来约为0.01mm。此时的补偿量f约为$d/2$+0.01mm即可。

3. 走丝方式

为了达到修光的目的，通常以降低丝速来实现，降低丝速虽可减少电极丝的抖动，但往复切割条纹仍难避免。采用一种短程往复走丝切割方法，并对进给速度进行限制之后，可以在第二次切割后基本消除往返切割条纹，加工表面粗糙度Ra=1.4～1.7μm。

8.6.3　第三次切割

第三次切割的主要任务是精修，以获得较理想的加工表面质量。其各有关参数选用如下：

1. 脉冲参数

应采用精微加工脉冲参数，脉冲宽度≤1μs，并采取相应的对策，克服线路寄生电容和寄生电感影响，保证精微加工时的放电强度。

2. 电极丝中心轨迹线的补偿量

由于此时的放电间隙很小，只有0.003mm左右，补偿量f主要取决于电极丝直径，设精修时电极丝直径为d，则$f=d/2+0.003$mm。

3. 走丝方式

由于第二次切割后留下的加工余量甚微（$\Delta \leqslant 0.005$mm），如何保证在第三次切割过程中能均匀精修，是一个技术难题。首先应保证电极丝运行稳定。以前的做法是将走丝速度降到1m/s以下，这虽然可以大幅度减少电极丝振动，获得良好的工艺效果，但常常会出现加工不稳定的现象，极易受工作液污染程度及其黏度影响，严重时甚至无法正常精修。考虑到工作液要求电极丝与工件之间要有相对运动速度，在6m/s的情况下采用超短程往复走丝方式，使每次往复切割长度控制在三分之一电极丝半径范围内，并限制其加工过程的最高进给速度，结果获得了很好的工艺效果。利用这种方法在不同机床上由不同操作人员进行三次切割，均能获得$Ra \leqslant 1\mu m$，且加工表面光泽无条纹的效果。

8.6.4　凹模板型孔小拐角的加工工艺与多次切割加工中工件余留部位的处理

1. 凹模板型孔小拐角的加工工艺

由于选用的电极丝（钼丝）直径越大，切割出的型孔拐角半径也越大。当模板型孔的拐角半径要求很小时（如$R0.07 \sim R0.10$mm），则必须换用细丝（如$\phi 0.10$mm）。但是相对粗丝而言，细丝加工速度较慢，且容易断丝。如果将整个型孔都用细丝加工，就会延长加工时间，造成浪费。经过仔细比较和分析，采取先将拐角半径适当增大，用粗丝切割所有型孔达到尺寸要求，再更换细丝统一修割所有型孔的拐角达到规定尺寸。但更换$\phi 0.10$mm的细丝需重新找正中心，重新找正中心的坐标值与原中心坐标值相差应在0.02mm左右。

2. 多次切割加工中工件余留部位的处理

随着世界范围内模具工业新技术、新材料和新工艺的发展，为了增强模具的耐磨性，人们广泛使用各种高强度、高硬度和高韧性的模具材料，这对提高模具的使用寿命极为有利，但它给电火花线切割工件余留部位加工后所带来的技术处理造成不便。只有处理好工件余留部位的加工问题，才能保证工件余留部位的表面质量和表面精度。特别是在塑料模、精密多工位级进模的生产加工过程中，能保证得到良好的尺寸精度，直接影响模具的装配精度、零件的精度以及模具的使用寿命等。由于加工工件精度要求高，因此在加工过程中若有一点疏忽，就会造成工件报废，同时也会给模具的制造成本和加工周期带来负面影响。对于高硬度、高精度和高复杂度，且加工表面为非平面的小工件来说，采用多次切割加工的方法处理工件余留部位显得更为重要。

参 考 文 献

[1] 张平亮．现代数控加工工艺与装备[M]．北京：清华大学出版社，2008.

[2] 刘晋春，白基成，郭永丰．特种加工[M]．5版．北京：机械工业出版社，2008.

[3] 袁根福，祝锡晶．精密与特种加工技术[M]．北京：北京大学出版社，2007.

[4] 李立．数控线切割加工实用技术[M]．北京：机械工业出版社，2008.

[5] 周湛学，刘玉忠，等．数控电火花加工[M]．北京：化学工业出版社，2006.

[6] 杨加俊，伍文进，阮成光，等．基于CAXA数控线切割的福娃工艺品设计、加工仿真与实际加工[J]．科技信息，2014（2）：67；70.

[7] 宋昌才．数控电火花加工培训教程[M]．北京：化学工业出版社，2008.

[8] 彭涛．高速走丝电火花线切割加工常见问题及解决方法[J]．金属加工（冷加工），2008（17）：27-28.

[9] 伍端阳．数控电火花线切割加工应用技术问答[M]．北京：机械工业出版社，2008.

[10] 吴石林，杨昂岳．数控线切割、电火花加工编程与操作技术[M]．长沙：湖南科学技术出版社，2008.

[11] 顾晔，楼章华．数控加工编程与操作[M]．北京：人民邮电出版社，2009.

[12] 苑海燕．数控加工技术教程[M]．北京：清华大学出版社，2009.

[13] 明兴祖，夏德兰，卢定军，等．数控加工综合实践教程[M]．北京：清华大学出版社，2008.

[14] 田萍．数控机床加工工艺及设备[M]．2版．北京：电子工业出版社，2009.

[15] 陈文杰．数控加工工艺与编程[M]．北京：机械工业出版社，2009.

[16] 彭欧宏．应用CAXA线切割进行数控加工自动编程[J]．CAD/CAM与制造业信息化，2004（5）：98-100.

[17] 创作者cj6yuHGzbQ．CAXA线切割计算机辅助编程软件[EB/OL]．（2018-11-01）[2021-12-06]．https://wenku.baidu. com/view/4bb56dabbb0d4a7302768e9951e79b89680268e7.html.